CW01670242

COLLECTION « ARCHÉ

dirigée par Alain FE

LA GÉOLOGIE
Les sciences de la terre

par
Jean-Paul BRAVARD, Cécile CAMMAS, Pierre NEHLIG,
Pierre POUPET, Pierre-Gil SALVADOR, Julia WATTEZ

editions errance

Illustration de couverture : Photographie d'une lame mince au microscope en lumière polarisée d'une roche volcanique (Photographie P. Nehlig, BRGM)

Dans la même collection :
La datation en laboratoire
La prospection
La construction en pierre

En préparation :
La botanique
La céramique
L'archéologie funéraire

OUVRAGE COLLECTIF PAR :

- Jean-Paul BRAVARD, Professeur de Géographie, UFR de Géographie, Université de Paris IV-Sorbonne, 191 rue Saint-Jacques, 75005 Paris.
- Cécilia CAMMAS, Chercheur associé à l'Unité de Micromorphologie, DEMOS-AGER, Laboratoire de Science du Sol et Hydrologie, INAPG, BP1, 78850 Thivernal-Grignon.
- Pierre NEHLIG, Chercheur au Bureau de Recherches Géologiques et Minières, BP 6009, 45060 Orléans Cedex.
- Pierre POUPET, Ingénieur de Recherches au CNRS, UMR 154, Centre de Documentation Archéologique Régional, 390 avenue de Pérols, 34970 Lattes.
- Pierre-Gil SALVADOR, Maître de Conférence de Géographie, UFR de Géographie et d'Aménagement, Université des Sciences et Technologies de Lille, 59655 Villeneuve-d'Ascq Cedex.
- Julia WATTEZ, Chercheur associé à l'Unité de Micromorphologie, DEMOS-AGER, Laboratoire de Science du Sol et Hydrologie, INAPG, BP1, 78850 Thivernal-Grignon.

NB : sauf indication contraire, les illustrations sont des auteurs des textes

7, rue Jean-du-Bellay 75004 Paris
Tél. : 01 43 26 85 82 - Fax : 01 43 29 34 88
ISBN : 2-87772-168-X

SOMMAIRE

* : les mots techniques renvoyant au glossaire sont signalés dans le texte par un astérisque (*) lors de leur première apparition

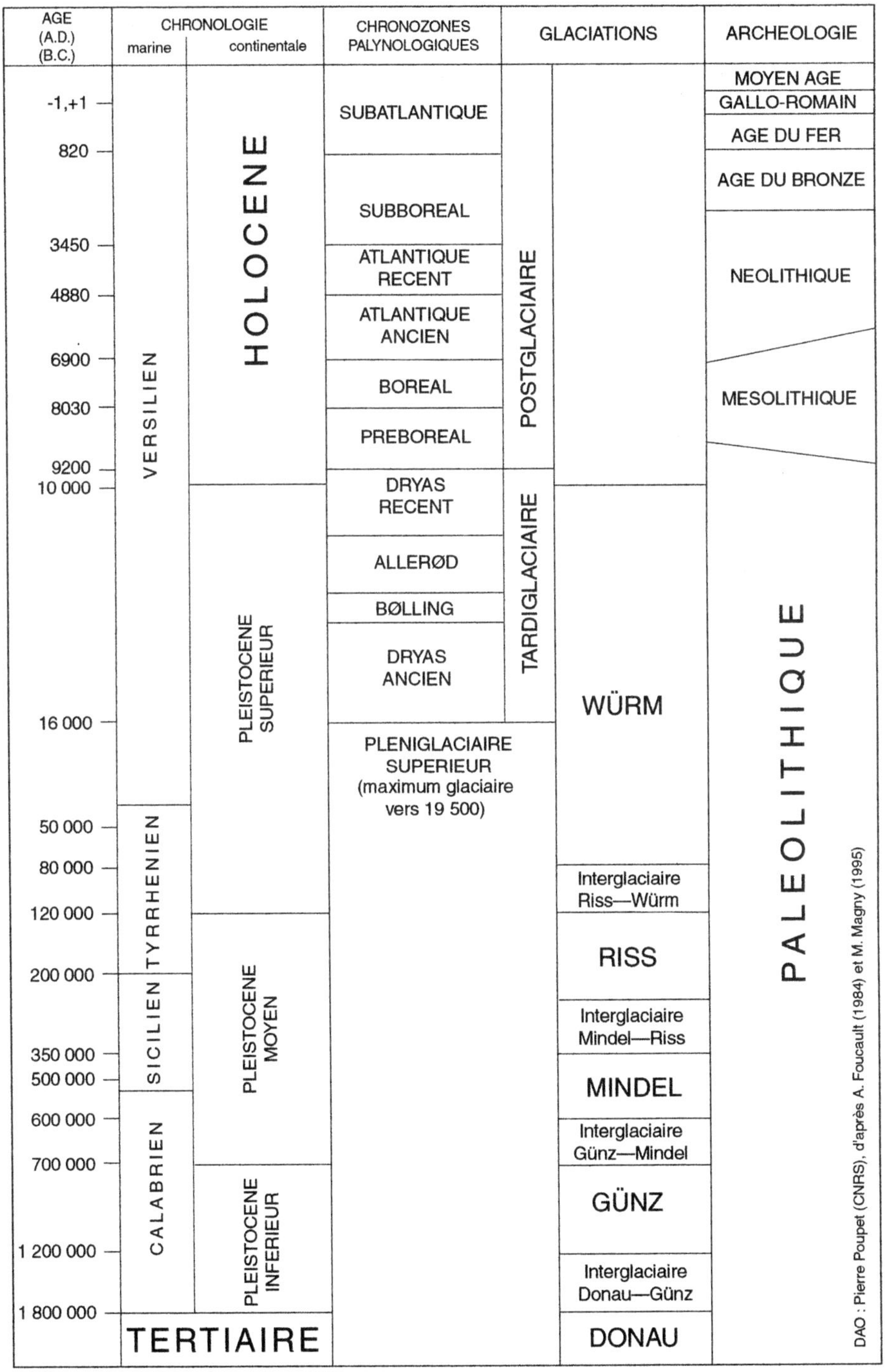

Tableau chronologique (Pierre Poupet)

INTRODUCTION

par Jean-Paul Bravard

Le champ des sciences de la terre s'est considérablement élargi depuis une vingtaine d'années, grâce à un recours accru aux techniques de laboratoire et grâce à des moyens d'investigation sur le terrain décuplés par les progrès des techniques de prospection. De ce fait, il est clair que le fossé tend à se creuser entre des disciplines condamnées à une spécialisation poussée, et que le dialogue interdisciplinaire entre les sciences humaines et les sciences de la nature, dont tout le monde reconnaît pourtant la nécessité, risquerait de devenir une utopie si des passerelles n'étaient lancées ou maintenues.

Ce dialogue est donc une nécessité reconnue. Quand, voici une quinzaine d'années, un géomorphologue descendait dans une tranchée creusée par un archéologue, quelle pouvait être la motivation des deux protagonistes ? L'archéologue, qui ignorait tout de la discipline de son collègue, pouvait se dire, qu'après tout, il ne courrait pas grand risque à consulter un spécialiste des sédiments sur un point qui lui paraissait épineux. La question la plus fréquemment posée était de savoir où commençait le « terrain naturel », de manière à ne pas risquer une perte d'informations archéologiques, faute d'avoir creusé la tranchée assez profondément. L'attente de l'archéologue concernait aussi une aide éventuelle au dessin des coupes stratigraphiques et à l'interprétation des unités sédimentaires ; avait-on confondu une couche archéologique avec un niveau naturel oxydé ou réduit ? Avait-on affaire à des couches de remblais ou à des niveaux de crue ? Dans ce cas, où était le fleuve qui avait déposé ses limons d'inondation ? Quant au géomorphologue, il trouvait là une occasion inespérée de lire des stratigraphies de versant ou des stratigraphies alluviales, magnifiquement préparées par l'équipe du chantier de fouilles, souvent datées avec une précision qu'il n'aurait osé imaginer. Donnant donnant, le dialogue interdisciplinaire a souvent débuté par un simple échange d'informations de nature technique.

Comment l'interdisciplinarité, qui suppose un échange de concepts et des problématiques communes, s'est-elle imposée ? Dans leur pratique quotidienne, l'archéologue et le naturaliste poursuivent chacun une quête qui dépasse le cadre de la coupe stratigraphique à étudier, et l'objectif est fondamentalement le même : comprendre l'espace, qu'il soit territoire des sociétés ou milieu naturel. Le dialogue s'est enrichi dès lors que l'archéologue a compris que le naturaliste est à la recherche des processus et des rythmes qui ont façonné un paysage, dès lors qu'il a admis que le milieu n'est pas statique, n'est pas un cadre géographique immuable. Il s'est enrichi lorsque le naturaliste a compris tout le parti qu'il pourrait lui-même tirer de l'intégration des actions humaines dans la dynamique des versants ou des fonds de vallées à l'Holocène. Passer du dialogue constructif à une véritable collaboration n'a certes pas toujours été aisé. Le financement de travaux spécialisés par l'archéologie ne va pas de soi lorsque la problématique des sciences de la terre n'est pas définie de manière très concertée et paraît trop autonome.

Ce volume de la collection « Archéologiques » vise à combler une lacune ; il n'existait pas, en effet, d'ouvrage présentant de manière simple et accessible les éléments de base nécessaires aux archéologues dans le domaine des sciences de la terre. Certes, des manuels existent dans chacune des spécialités proposées dans ce petit manuel, et les articles sont nombreux dans les revues scientifiques, mais la plupart des écrits auxquels on fait référence s'adressent à un public relativement spécialisé. Cet ouvrage, rédigé par des naturalistes, a pour ambition de donner aux archéologues avec lesquels ils sont amenés à travailler un état de l'art dans leur discipline, en insistant sur les concepts, le vocabulaire et les méthodes qu'ils emploient. Le dialogue interdisciplinaire achoppe souvent sur des questions très simples, faute d'employer le même langage ; les chapitres qui suivent devraient en partie remédier aux lacunes que chacun a pu identifier dans sa pratique professionnelle. Dans le cadre restreint de ce volume, il n'était pas possible de balayer l'ensemble des sciences de la terre et un choix a dû être effectué parmi les disciplines concernées par la collaboration avec les archéologues.

Le premier chapitre, rédigé par Pierre Nehlig, géologue au BRGM, traite des « outils et méthodes de la pétrochimie », c'est-à-dire des techniques utiles à l'identification en laboratoire des matériaux naturels que les sociétés du passé ont utilisés pour confectionner leurs outils ou certains éléments de leur habitat. Il ne présente pas les matériaux de construction, qui font l'objet d'un chapitre de Jean-Claude Bessac dans l'ouvrage de la collection consacré à la « Construction ». On y trouvera, en revanche, les informations nécessaires à la détermination des matériaux lithiques, comme le silex et les autres roches aptes à subir une taille, à la détermination des métaux et des alliages, des matériaux artisanaux comme les céramiques et les verres, etc. La présentation des méthodes utilisées dans la restauration des matériaux fait l'objet d'un développement qui sera utile.

Le deuxième chapitre, rédigé par Jean-Paul Bravard et Pierre-Gil Salvador, géographes et géomorphologues, fait le point sur la géoarchéologie des plaines alluviales. Le choix a été fait de se cantonner à ce type d'environnement, faute de pouvoir aborder les autres domaines de la géomorphologie. Pour être complet, il eût fallu d'autres chapitres pour traiter de la géoarchéologie dans le domaine des versants, dans les milieux arides, en milieu côtier, voire en milieu volcanique ou karstique, etc. Les auteurs de ce chapitre ont préféré présenter un domaine complexe qui donne lieu à de multiples collaborations en France et à l'étranger. L'accent a été mis sur les principes de base de la géomorphologie fluviale et sur les questions interdisciplinaires susceptibles d'intéresser les archéologues. La notion de métamorphose fluviale, employée depuis une vingtaine d'années, est, à ce titre, d'une importance particulière, dans la mesure où les rivières et les fonds de vallée réagissent fortement aux modifications du climat et aux impacts des sociétés humaines à l'échelle des bassins versants.

Sous la plume de Pierre Poupet, le troisième chapitre présente les bases de la pédologie, c'est-à-dire de l'étude des sols. Alors que le chapitre précédent mettait l'accent sur des formes de la surface terrestre et sur leur genèse, à l'échelle du paysage proche des sites ou du bassin versant, ce chapitre étudie un mince épiderme vivant situé au contact de l'écorce terrestre et de l'atmosphère. Le choix a été fait par l'auteur de restreindre l'analyse aux sols des quatre derniers millénaires, soit approximativement la deuxième moitié de l'Holocène, les sols des périodes antérieures ayant fait l'objet de nombreuses études en liaison avec les problématiques de l'archéologie préhistorique. En revanche, il a paru utile à l'auteur d'insister sur la période qui a connu le développement de l'agriculture ; les aspects culturels, des sociétés proche-orientales à la science moderne, en passant par les savoirs de la Méditerranée antique et arabe, ont fait l'objet de développements qui concernent directement les archéologues. Une part importante de ce chapitre est dévolue à la description des sols qui sont une des composantes de l'environnement des sites archéologiques ; elle prend en compte les processus naturels qui commandent la pédogenèse ainsi que les interférences directes qui existent entre les sols et les sociétés. L'étude scientifique du sol offre aussi les moyens de dater certains paysages construits par les sociétés antiques ; elle permet de reconstituer les différentes phases de l'occupation humaine d'un territoire.

La dernière contribution à ce volume, celle de Cécilia Cammas *et al.*, aborde la question de l'analyse micromorphologique appliquée aux stratigraphies archéologiques. La démarche du géoarchéologue se fait encore plus fine que celle du pédologue qui étudie traditionnellement des « horizons ». Le micromorphologue descend au niveau de la couche ou unité stratigraphique, telle qu'elle est étudiée directement par l'archéologue de terrain, dans le contexte du site archéologique ; comme le disent les auteurs, il s'agit d'une « archéologie du sédiment » des habitats de plein air ou de grottes, en milieu rural et urbain. Le microscope révèle les faciès de ces couches, qui sont créées par des processus naturels et par les activités humaines, comme la combustion, le piétinement, le traitement artisanal de matériaux, etc. Les méthodes de l'archéologie et de sciences de la terre fusionnent à l'échelle d'une unité sédimentaire de base, directement créée ou influencée par une société humaine.

A la lecture de cet ouvrage, il apparaît clairement que les disciplines constituées que sont la pétrographie, la géomorphologie et la pédologie, ont fortement évolué ces dernières années. Une fraction croissante de la communauté des chercheurs a pris conscience de l'importance des actions humaines dans la sélection des matériaux, dans la genèse des formes et des sols. Ce rapprochement des archéologues et des naturalistes travaillant sur des périodes protohistoriques et historiques est relativement récent puisqu'il n'a qu'une vingtaine d'années. Le souhait des auteurs de ce manuel est qu'il contribue à développer les conditions d'une collaboration interdisciplinaire fructueuse, tant il est évident que la géoarchéologie n'en est qu'à ses débuts. L'enjeu est d'importance dans un monde qui tend à la spécialisation disciplinaire.

LES OUTILS ET MÉTHODES DE LA PÉTROGÉOCHIMIE AU SERVICE DE L'ARCHÉOLOGIE

par Pierre Nehlig

Introduction

Les apports des sciences de la terre à l'archéologie ne datent pas d'aujourd'hui. Déjà au siècle dernier, Charles Lyell, un des pères fondateurs de la géologie moderne, a fait bénéficier la recherche archéologique de ses travaux sur l'âge des formations de la surface de la Terre. Ceux-ci ont eu pour effet de vieillir de manière significative l'histoire de la Terre et de l'humanité. Mais il a fallu attendre les trente dernières années pour qu'un échange important entre les deux disciplines prenne place. Cet échange s'est concrétisé par la naissance d'une nouvelle discipline – la géoarchéologie – et, par exemple, par la création en 1985 d'un périodique spécifique intitulé *« Geoarchaeology »*.

Cette collaboration permet maintenant à l'archéologie d'exploiter la variété des matériaux trouvés en fouille et de tirer de chacun le maximum d'informations, non seulement sur l'objet lui-même, mais aussi son environnement, le mode de vie des hommes qui l'ont façonné ou s'en sont servis.

Ainsi, nul aujourd'hui n'ignore plus que la géologie apporte des renseignements sur le sol et le sous-sol, l'évolution d'un site archéologique colluvionné, noyé ou exondé, qu'elle permet de trancher entre ce qui est anthropique et ce qui ne l'est pas, qu'elle peut, par l'analyse géochimique, révéler des traces de l'activité humaine invisible autrement.

Tout un ensemble d'outils et de méthodes sont aujourd'hui au point et permettent de déchiffrer les « archives du sol », d'interpréter des documents autrement muets ; le concept sous-jacent est que c'est le matériel qui fournit de l'histoire : métaux, minerais, roches, enduits, silex, céramiques, verres...

Les outils et méthodes de la géologie sont généralement mis en oeuvre au sein de laboratoires qui ont pris le nom de laboratoires d'archéométrie. Les disciplines de la géologie au sens large pratiquées par ces laboratoires peuvent être regroupées en grandes catégories : pétrographie, sédimentologie, pédologie, minéralogie, géochimie, paléobotanique, paléozoologie, datations absolues, techniques d'analyse (métal, céramique, verre, produits organiques, matériaux de construction), conservation et restauration.

La pétrogéochimie, au sens où nous l'entendons ici, regroupe plusieurs de ces catégories : minéralogie, pétrographie, pétrologie, techniques analytiques, géochimie des solides inorganiques.

PÉTROGRAPHIE ? PÉTROLOGIE ? GÉOCHIMIE ? PÉTROGÉOCHIMIE ? QUELQUES DÉFINITIONS

La **pétrographie**, science naturelle et d'observation, est une branche de la géologie en charge de la description et de la classification des roches, essentiellement à l'aide de l'examen microscopique de lames minces. Il s'agit d'une discipline plus réduite dans ses objectifs que la pétrologie.

La **pétrologie** est une branche de la géologie qui étudie l'origine, l'occurrence, la structure et l'histoire des roches. A cette fin, elle s'appuie sur la **géochimie,** dont l'objet est d'étudier la distribution et l'abondance d'éléments chimiques dans les minéraux, les roches, les sols, l'eau et l'atmosphère. Elle étudie aussi la circulation de ces éléments dans la nature, sur la base des propriétés de leurs atomes et ions, incluant les isotopes.

Ce que nous appelons la **pétrogéochimie** constitue la somme de la pétrologie et de la géochimie des matériaux inorganiques. Elle se situe à l'interface entre la cartographie géologique (petite échelle) et la géochimie (grande échelle). L'analyse pétrogéochimique porte essentiellement sur la structure des corps, leurs lithologies, leurs microtextures et leurs minéralogies. Elle s'effectue tant sur le terrain qu'au laboratoire et a pour outils essentiels ceux du terrain pour l'observation et l'échantillonnage, le microscope, le microscope à balayage, le spectromètre de masse et d'autres outils permettant une caractérisation au-delà du seuil de résolution de nos sens, et un code sémantique précis pour la description et la classification des observations et des mesures.

Ses outils et méthodes sont particulièrement utilisés en archéologie, qu'il s'agisse d'un besoin fréquent mais ponctuel d'identification de matériaux (lithiques, anthropiques...) issus des fouilles archéologiques (« comment s'appelle cette roche ? ») ou d'un besoin plus large et en retour générateur de problématiques archéologiques, d'études de l'interaction de l'homme et de son milieu (« d'où vient cette roche ? »). Mais elle sert aussi à comprendre les processus de transformation des matériaux (archéométallurgie...), d'altération, et est utilisée dans la restauration et la conservation des objets et des monuments. Enfin, elle est un préalable et accompagne la mise en oeuvre d'autres méthodes et outils (datations, sédimentologie...).

Par ailleurs, au-delà de la caractérisation d'un échantillon lithique par exemple, de l'approche des conditions de gisement (gîtologie), des techniques d'extraction et de taille des pierres, elle permet aussi d'aborder les modes et aires de diffusion, les chronologies et les cultures concernées.

Ce chapitre, qui se veut utile et pratique au quotidien, est destiné en priorité aux étudiants en archéologie et aux apprentis archéologues. Il est subdivisé en trois grandes parties. Sont exclus de cette présentation les roches meubles, les sols, les processus géomorphologiques, pour lesquels nous renvoyons le lecteur aux autres chapitres de cet ouvrage. Par ailleurs sont exclues de longues discussions sur les pierres de taille, pour lesquels nous renvoyons à l'ouvrage qui leur est consacré dans la même collection (« La construction en pierre »).

Ce chapitre n'a pas pour vocation de former des spécialistes de la pétrogéochime à l'usage de l'archéologie; les différents domaines de spécialités sont trop vastes pour être traités correctement en quelques pages, d'autant plus que certains savoirs ne peuvent que difficilement être transmis par le texte ou l'illustration et nécessitent de « mettre la main à la pâte ». Son seul souhait est de donner un ensemble de clefs de compréhension des outils et des méthodes mises en oeuvre, des philosophies sous-jacentes et, surtout, de donner envie d'en savoir plus. En particulier, il est toujours préférable de recourir aux services d'un géologue pour identifier la nature exacte des roches et pour rechercher leur provenance dans les affleurements géologiques.

Qu'apporte la pétrogéochimie à l'archéologie ? Quelles questions pour quelles réponses ?

D'où proviennent le silex, les meules, les matières premières des céramiques, des objets métalliques, les matériaux de construction ou de prestige ? De la réponse dépendent nos appréciations sur les circuits commerciaux, sur les échanges entre cultures et territoires d'approvisionnement.

Comment reconnaître, au sein d'une collection variée d'objets, non seulement les territoires d'approvisionnement des ressources, mais aussi ceux qui sortent d'un même atelier local ou lointain, afin de tracer les circuits d'échanges commerciaux ?

Comment caractériser et constituer des groupes de référence d'objets auxquels peuvent être comparés des objets nouveaux tirés de fouilles ? Peut-on constituer des corpus d'analyses : caractérisation d'officines, d'ateliers; origine des minerais (métaux) ou des carrières (pierres); technologies de fabrication; courants d'échanges culturels et économiques ?

Au travers de quelques exemples (les matériaux lithiques, les produits métallurgiques, la construction en pierre et la restauration des monuments, les mortiers, enduits, stucs, verres, glaçures…) nous verrons quelques apports passés et présents de la pétrogéochimie à l'archéologie et les démarches sous-jacentes.

Les matériaux lithiques

Un problème difficile, souvent posé par les archéologues, les historiens de l'art ou les restaurateurs, est celui de la reconnaissance de l'origine des matériaux lithiques. Plusieurs méthodes peuvent être utilisées, séparément ou en complémentarité. Le choix de la méthode d'analyse se fait en fonction des questions posées et des objets étudiés.

Les objets archéologiques lithiques sont porteurs d'informations très diverses, et leur étude permet bien souvent de remonter non seulement à leur lieu de production, mais aussi aux mécanismes de fabrication et de diffusion.

Silex

La carte d'identité d'un silex est fournie par une identification des roches rencontrées dans les sites archéologiques et la détermination de leur origine géographique et géologique.

La détermination d'un silex emprunte ses méthodes à la géologie : caractérisation macroscopique à l'aide des constituants de la roche, de la couleur, des inclusions. L'analyse pétrographique, à l'aide d'un microscope polarisant, permet d'identifier les minéraux constituant la roche, ainsi que leur texture. Elle permet aussi d'identifier les fossiles piégés.

Cependant, les silex – par leur nature même – se prêtent mal à l'étude optique des constituants principaux. Il faut alors se fonder sur l'étude d'impuretés soit minéralogiques, soit chimiques ou encore paléo-organiques. Celles-ci permettent alors d'établir une fiche d'identité du silex.

L'utilisation des microfossiles permet souvent de retrouver l'étage géologique de la roche d'origine et donc de cerner la localisation géographique : foraminifères, charophytes, bryozoaires, dinokystes observées au microscope.

L'observation optique (microscope optique ou électronique à balayage) permet en outre actuellement de reconnaître les traces laissées sur les silex au cours de leur utilisation (stries, écrasement, écaillures, poli) et de déterminer, en croisant ces données, quels ont été les gestes effectués (racler, gratter, scier…) et les matières travaillées (bois, viande, os, peaux…) : c'est la tracéologie.

SILEX

Avant de connaître les métaux, l'homme a fabriqué ses outils dans la pierre. Il avait besoin pour ce travail d'un matériau qui ne casse pas suivant des plans préexistants, mais dont la fracture pouvait être contrôlée pour donner des éclats coupants : certains calcaires, basaltes, rhyolites, grès silicifiés, silex, obsidiennes... Ces pierres ne sont pas présentes partout et ce fait entraîne une contrainte : la nécessité de rechercher des matériaux de qualité parfois fort loin des lieux d'utilisation. Ainsi, le silex ne se rencontre que dans certaines formations sédimentaires : calcaires marins ou lacustres, hydrothermalites volcaniques, alluvions remaniant les formations précédentes.

La géologie de la France, avec ses bassins sédimentaires riches en silex (Bassin parisien, Bassin aquitain, Bassin du Sud-Est, Limagnes, Fossé rhénan...) et ses affleurements de massifs anciens (Massif central, Bretagne, Vosges) ou plus récents (Pyrénées, Alpes), présente une grande diversité de roches de ce type.

Traçage de la région d'origine de silex

La région du Grand Pressigny (Indre-et-Loire) recèle le plus grand ensemble d'ateliers de taille de silex actuellement connus en Europe Occidentale. Les ateliers s'étendent sur des centaines d'hectares et ont fonctionné de 2800 à 2400 avant J.-C., pour fournir de grandes lames de silex blond qui servaient de poignards ou couteaux et ont été retrouvés jusqu'en Suisse occidentale et les Pays-Bas. D'autres gîtes à silex sont célèbres et ont alimenté un commerce important : Bergeracois, Ventoux, Bassin de Salinelles (Gard), Vassieux-en-Vercors (Drôme).

Un programme de recherche du Laboratoire de Recherche des Musées de France (LRMF) sur les silex magdaléniens du Bassin parisien utilise l'accélérateur du Grand Louvre (AGLAE), par méthode PIXE, afin d'identifier des groupes de silex représentatifs de zones géographiques pour y rapporter des silex archéologiques. L'objectif du travail est de faire une étude du comportement économique des hommes du Paléolithique supérieur vis-à-vis du silex, à partir d'une identification macroscopique et géochimique de silex géologiques et archéologiques.

Autres roches

Le silex n'est pas la seule roche utilisée : beaucoup de régions en sont totalement dépourvues et d'autres n'en possèdent que peu ou de médiocre qualité. Que ce soit à titre exclusif ou en appoint, les hommes de la préhistoire ont recherché d'autres roches aptes à être taillées : grès, quartzite, phtanites, quartz, microgranite, rhyolites, tufs, dolérites, granites à grains fins, hornblendites..., impliquant une connaissance certes empirique, mais détaillée de l'environnement géologique.

Ces quelques exemples d'application des outils et des méthodes de la pétrogéochimie montrent l'éventail des utilisations et des possibilités de cette discipline dans le domaine des matériaux lithiques.

Traçage des haches polies du Néolithique

Une étude pétrographique des haches polies en roches dures de Bretagne montrait dès 1952 que près de 40 % de ces outils étaient fabriqués avec la même dolérite. Le gisement d'origine fut localisé en 1964 dans la commune de Plussulien dans les Côtes-d'Armor. Les fouilles archéologiques qui ont suivi cette découverte ont permis de montrer que la production peut être estimée à environ 5 millions de pièces au moins entre 4000 et 2000 ans avant J.-C. Simultanément, l'étude des haches polies des différents musées et des collections d'Europe montre une diffusion importante de ces outils dans toute la France, ainsi que dans le sud de l'Angleterre.

De même, on peut citer les hornblendites de Quimper, qui ont alimenté la production d'une centaine de haches découvertes dans le nord de la France, ou encore les éclogites et jadéites des Alpes, qui ont permis la fabrication des outils en roche verte des Alpes (Fig. 1).

Traçage de marbres antiques

Un autre exemple de « traçage » d'objets archéologiques est fourni par les marbres trouvés à Metz, au cours de fouilles urbaines, en 1994.

Les objets étant assez gros et peu fragiles, des échantillons ont pu être prélevés pour y tailler des lames minces, les observer au microscope optique, en cathodoluminescence, quelques milligrammes de poudre de chaque objet ont pu être broyés pour obtenir les spectres de la cathodoluminescence (CL) de la calcite et analyser les isotopes stables du carbone et de l'oxygène. Ce travail a permis de différencier les sept variétés de marbres blancs qui avaient été utilisées dans ces constructions gallo-romaines et d'attribuer une origine (hypothétique) à chacune : trois ou quatre carrières grecques (Naxos, Paros, Mont Pentelli et peut-être Thasos), les carrières de Carrare, une carrière de l'ouest de la France (Bouère, en Mayenne). La dernière provenance repérée n'a pu être située par aucune des méthodes.

Les hypothèses sur l'origine de ces marbres n'ont pu être formulées que par la conjonction des résultats de quatre méthodes pétrogéochimiques utilisées : pétrographie optique, cathodofaciès, spectres sur les poudres en cathodoluminescence et analyses des isotopes.

Traçage de l'obsidienne

Dès le Néolithique en Europe, l'obsidienne, pour ses qualités de tranchant comme matériau d'outillage, ou la beauté de sa lumière sombre pour fabriquer des bijoux ou des sculptures, a été transportée loin de ses lieux de gisement, faisant l'objet de l'un des plus anciens commerces. Elle pose des problèmes de recherche d'origine relativement simples, n'étant pas une roche éruptive très fréquente. Les caractères d'homogénéité et de stabilité de l'obsidienne en font une matière idéale pour les études analytiques d'origine. Une coulée d'obsidienne peut présenter des compositions indiscernables, même en activation neutronique, sur de grandes distances. Sa composition ne peut être modifiée par la fabrication d'objets, à part une fine couche hydratée en surface. Ainsi, l'obsidienne du Néolithique en France, dont le poids total trouvé dans les fouilles archéologiques ne dépasse pas quelques centaines de grammes, proviendrait de sources éloignées, îles Lipari, Palmarola, Sardaigne, voire Panteleria, une île proche de la Tunisie (Fig. 2). Cependant, cela suppose que tous les gisements d'obsidienne soient bien connus, ce qui est loin d'être le cas. Ainsi, des sources d'obsidienne plus proches (Cantal) n'ont, à notre connaissance, pas été testées.

Les produits métallurgiques

Tous les métaux et alliages (*i.e.* mélanges de métaux) sont constitués de minéraux apparus à la cristallisation, dont le diamètre est de l'ordre de quelques microns à quelques mm. La grosseur et la forme des grains sont liés :

- à la composition de l'alliage et à l'anisotropie du système (notion de dendrites) ;
- au mode de coulée ;
- à la vitesse de refroidissement (moules de pierre ou de métal), les grains étant d'autant plus gros que le refroidissement est lent ;
- aux traitements mécaniques (martelage, forgeage, étirage, décorations, etc.) ;
- aux traitements chimiques (trempe, revenu, recuit, traitements de surface).

Leur étude est du domaine de l'archéométallurgie et permet de répondre aux questions : comment et pourquoi les objets ont-ils été fabriqués ? Quelle est leur origine ? Quel est l'usage des objets ?...

L'archéométallurgie utilise pour cela différents outils et méthodes :

- l'observation optique (à l'oeil, à la loupe, au microscope) donne des informations sur l'alliage et le traitement de mise en forme de l'objet utilisé ;
- la métallographie donne des informations sur l'état métallurgique de l'alliage (nombre de phases, taille et forme des grains, inclusions, défauts), et ainsi sur les procédés de mise en forme utilisés par les artisans pour réaliser l'objet (coulé, martelé, température et fréquence des recuits, tranchants rapportés...) ;
- la pétrologie expérimentale permet de construire les diagrammes d'équilibre des différentes phases en fonction de la composition des liquides, des températures, des fugacités de l'oxygène et du soufre..., et donc de remonter aux conditions physico-chimiques de production des métaux ;
- la gîtologie étudie les conditions de formation des occurrences minéralisées ;
- l'archéologie expérimentale : procédés de transformation du minerai en métal, puis du métal en objet : reconstitution de fours anciens dotés de matériels d'analyses (des températures, des compositions gazeuses, etc.) et tentatives de reconstitution d'objets

Fig. 1 - Carte compilant 900 spécimens de grandes lames polies en éclogite et en jadéite de plus de 15 cm retrouvées et recensées en Europe occidentale, et montrant la zone source du matériel dans la chaîne alpine (étoiles ouvertes). Un point représente un site ayant parfois livré plusieurs lames. (Figure extraite de Pétrequin A.M., Pétrequin P., et Casen S., 1998. *La Recherche* 312)

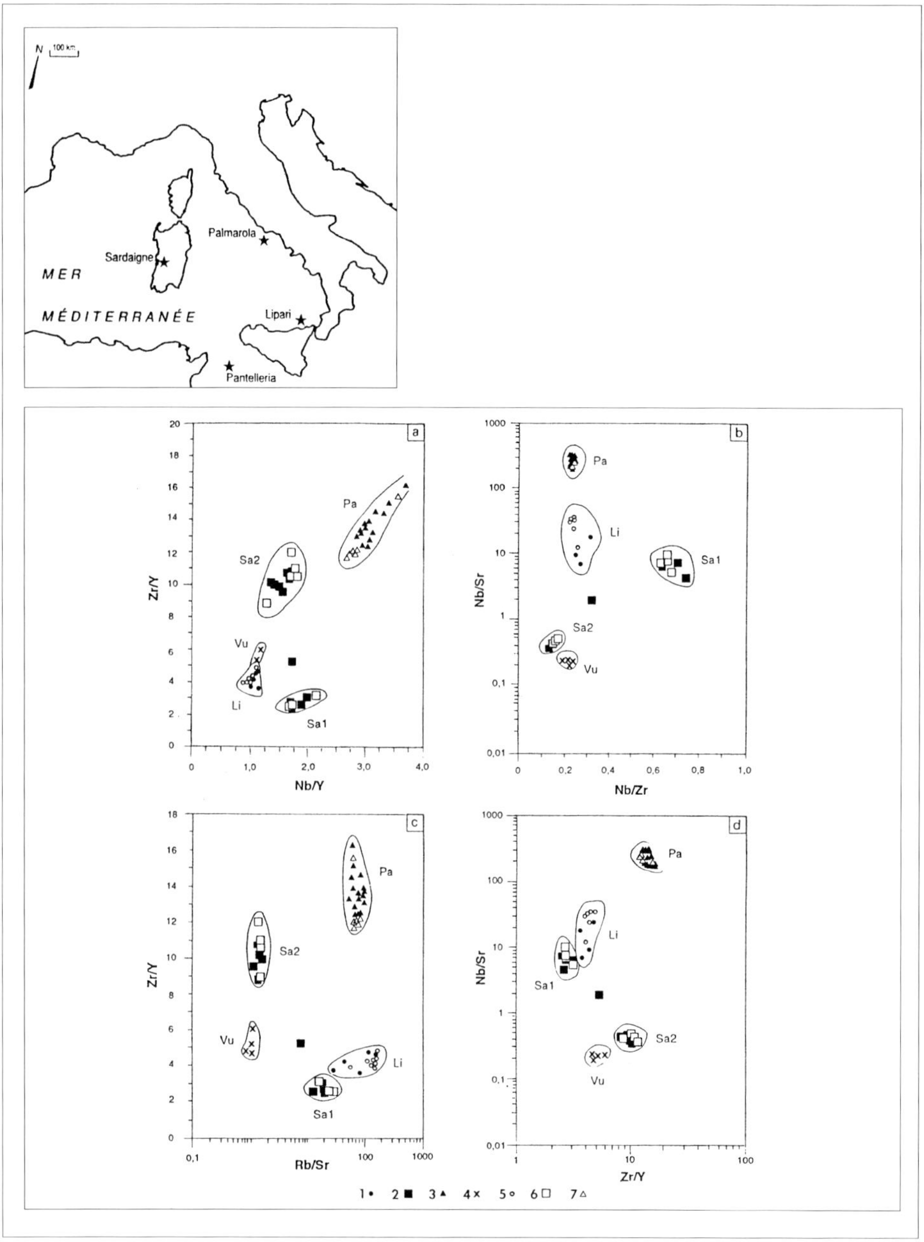

Fig. 2 - Gisements d'obsidienne de la Méditerrannée occidentale et diagrammes discriminants en fonction des teneurs en éléments traces des différentes obsidiennes des gisements primaires. Sa1. Sardaigne 1 ; Sa2. Sardaigne2 ; Li. Lipari ; Pa. Pantelleria ; Vu. Vulcano. La figure montre des groupes de composition nettement individualisés. L'analyse chimique d'un fragment d'obsidienne archéologique permet donc par comparaison d'en trouver la source.

Sr=strontium ; Y=yttrium ; Zr=zirconium ; Nb= Niobium ; Rb=rubidium.

(Figure extraite de Crisci M., Ricq-de-Bouard M., Lanzaframe U. et De Francesco A.M., 1994. Les Obsidiennes du Midi de la France, *Gallia Préhistoire*, 36, 299-327) semblables aux objets anciens en utilisant ces fours ; il est ensuite possible de relier les structures métallographiques observées aux conditions de transformation ;

- le microscope électronique à balayage permet l'étude de la répartition semi-quantitative des éléments ;
- la microsonde électronique permet une analyse chimique quantitative des phases présentes ;
- pour un alliage donné, l'absorption des rayons X dépend principalement de l'épaisseur et de la composition de l'alliage traversé et permet donc de déterminer les modes de fabrication, les malfaçons, le nombre de pièces, les réparations... ;

LES MÉTAUX

Il est probable que les métaux qui existent à l'état natif, comme le cuivre, l'or, l'argent et le fer météorique, ont été exploités très tôt et travaillés par martelage. L'exploitation d'autres sources de métaux requérait la réduction du minerai à des températures supérieures à 1000°C. Au Moyen et au Proche-Orient, le travail des métaux émerge dès le V millénaire avant J-C. Au V millénaire, il est déjà florissant dans la Méditérranée orientale. Les premiers ateliers métallurgiques apparaissent en Europe occidentale probablement vers 3200 avant J-C. (Rinaldone, Remedello en Italie). En France, les premiers ateliers connus le sont à Terrina en Corse, ensuite dans les Cévennes et la Montagne Noire, à Fontbouïsse dans la vallée du Rhône, à Véraza dans les Pyrénées, et Artenac dans le Quercy. Ailleurs en Europe, on peut citer la province pyriteuse sud-ibérique (Andalousie et Sud Portugal) ou le Mont Gabriel en Irlande.

Cette révolution technologique permet, par rapport aux objets lithiques, le recyclage des objets cassés, la possibilité d'une mise en forme initiale pour les bronzes (coulée, moules...) et le façonnage thermique ou mécanique pour améliorer la qualité de l'objet en fonction de sa destination.

Les minerais de cuivre riches en arsenic sont très recherchés car le métal qui en est issu est plus fluide au moment de la coulée et plus dur après le refroidissement.

Le bronze, alliage d'étain (entre 15 et 20 %) et de cuivre apparaît seulement vers 1700 avant J-C. en Europe occidentale, après la découverte des importants gisements de cassitérite de Cornouailles et de Saint-Renan (Finistère W), Pénéstin (Morbihan), Piriac et Abbaretz (Loire-Atlantique). Le bronze riche en étain est très fluide mais fragile au choc. Lorsqu'il est plus riche en cuivre, il supporte mieux le martelage. D'autres alliages apparaissent, bronze avec plomb, bronze avec antimoine. Les minerais de cuivre les plus simples à fondre sont les oxydes (cuprite) et les carbonates (azurites et malachites) qui étaient chauffés à 1100°C.

Au VIIIe siècle avant notre ère apparaissent les premiers objets en fer. L'abondance du minerai de fer et sa dureté par rapport au bronze entraînent la quasi-disparition de ce dernier pour les outils.

Le fer exige une métallurgie plus difficile à maîtriser, sa température de fusion, de 1535°C, ne permettant pas de le fondre, et l'opération de production consistant en une réduction du minerai oxydé. Le fer-métal (*i.e.* minerai réduit) était extrait des scories par martelage et mis en forme par forgeage. La métallurgie n'a pu se développer que grâce à des connaissances très précises, la disponibilité de minerai et de charbon de bois.

- l'étude de la surface de l'objet métallique recueille des témoins emprisonnés par les oxydes (tissus, bois, graines, cuirs...) et révèle, après nettoyage physique ou chimique, des décors, des inclusions, des traces d'usure, d'usage ou d'affûtage ;
- les analyses chimiques (fluorescence X, ICPMS...) définissent les composants principaux et les apports qui font les alliages spécifiques, comme l'acier pour certaines épées ;
- les isotopes du plomb permettent dans les cas favorables de tracer la provenance et la circulation des métaux.

Quelques exemples

Une étude non destructive du lot de 1756 monnaies gauloises (alliage cuivre-argent-étain) de Trebry (Côte-d'Or) par activation neutronique a permis de les classer en lots de fabrication. En effet, un objet fait d'un alliage métallique peut présenter en surface une certaine composition qui ne reflète pas sa composition en volume (altération par zones). On a ainsi montré par activation neutronique que ces monnaies, dont la surface est d'argent presque pur, avaient en fait été frappées dans un alliage assez pauvre, contenant environ la moitié en cuivre et quelques % d'étain. La corrosion avait pratiquement fait disparaître le cuivre et laissé en surface ce qui apparaît au microscope comme une éponge d'argent. L'analyse par activation neutronique de ces monnaies a fait apparaître la différence importante de la composition en volume avec la composition de surface. Par ailleurs, l'étude métallographique de quelques pièces sacrifiées, couplée à leur étude au microscope électronique à balayage ainsi qu'à la microsonde électronique, a permis de montrer que les pièces ont été martelées à chaud après avoir été coulées. Cette opération à chaud entraînait une expulsion vers la surface de l'étain et de l'argent encore partiellement fondus à 500°C et donc un blanchiment des pièces. Cette étude montre la technicité des ateliers de frappe, leur maîtrise des propriétés des alliages, de leur températures de fusion, ainsi que des recuits et de la frappe.

De même, dans un autre domaine, le sens de la coulée de statuettes à alliages contenant du plomb (en particulier bronzes au plomb) peut être directement connu; en effet, le plomb ne se mélange pas au cuivre et il est très dense. Ainsi, sur un lot de statuettes, les analystes ont pu montrer un enrichissement en plomb dans la tête, ce qui prouve que lesdites statuettes ont été coulées tête en bas.

Des anomalies de composition peuvent aussi mettre en évidence des refontes, des restaurations, etc.

Enfin, l'étude des produits de corrosion peut donner des indications sur l'histoire de l'objet, en particulier par la constitution de cartes de répartition des éléments dans ces produits.

Le Laboratoire de Recherche des Musées de France (LRMF) a un projet de recherche sur ce thème, intitulé « Métallurgie européenne des non-ferreux : cuivre, or, argent », dont l'objectif est de faire une étude de la place des techniques métallurgiques dans les sociétés protohistoriques européennes des Ages des Métaux : examen et analyse des objets conservés dans les musées ou récemment découverts lors de fouilles, approche physico-chimique des vestiges métallurgiques.

Une autre discipline fait largement appel à la pétrogéochimie : l'archéologie minière. C'est une discipline récente, qui n'a guère plus de 30 ans et qui regroupe des investigations diverses : étude de la vie matérielle des mineurs, études géologiques et minéralogiques, études des techniques d'extraction... Ainsi, à Brandes-en-Oisans, l'étude physico-chimique des résidus a permis de montrer les différentes phases du processus métallurgique.

Restauration des métaux

Enfin, un autre volet où la pétrogéochimie est appelée en renfort est celui de la restauration des métaux.

Que l'on s'adresse aux métaux archéologiques ou aux métaux plus modernes, les mécanismes d'altération sont du même ordre ; ce qui peut changer beaucoup, c'est évidemment l'importance de la corrosion, mais aussi les éléments métalliques mis en jeu.

De grandes différences pourront en effet apparaître entre les méthodes d'étude et de traitement des objets et structures métalliques, selon qu'ils ont été fabriqués avant ou après le début de l'ère industrielle ; en effet, l'industrie actuelle utilise plus de trente métaux purs ou en alliages, alors que les objets archéologiques n'en comportaient que neuf au maximum (dont deux en tant qu'éléments d'alliages) : or pur et allié, argent pur et allié, cuivre et alliages (bronze, laiton), fer et alliages (fonte de fer, acier), étain, plomb, zinc (en alliage), exceptionnellement l'aluminium.

Les méthodes et outils mis en oeuvre dans ce domaine commencent par l'observation méticuleuse des objets et de leurs altérations et sont suivies par :

- la radiographie X et la gammagraphie, principalement pour différencier les produits de corrosion du métal sain permettent d'aider aux nettoyages, surtout mécaniques, mais aussi de déterminer des décorations, par exemple ;
- la diffraction X qui renseigne sur les phases minérales présentes ;
- la caractérisation chimique des matériaux et la connaissance des alliages (spectrométrie...) ;
- la microscopie électronique à balayage, associée à une sonde d'analyse X, qui permet d'analyser très finement les éléments des plages visualisées ;
- la microsonde électronique, qui permet d'analyser la composition chimique des phases minérales.

Les matériaux de construction

Le choix des matériaux de construction (ce sujet fait l'objet d'un volume spécial dans la même collection) est fonction principalement de la géologie locale et des moyens financiers du maître d'œuvre. Les critères secondaires font intervenir le type de construction et donc la résistance souhaitée, les choix esthétiques, le climat (résistance au gel), l'outillage des carriers et des tailleurs, les moyens de communication routiers ou fluviaux, les choix politiques, les contraintes foncières... Certaines roches sont inutilisables pour la construction. C'est le cas de certaines pierres très fissiles (gneiss, schistes, micaschistes, certaines roches volcaniques), trop tendres (argiles, marnes), ou trop hétérogène (grès à galets). Certaines roches se taillent mais sont trop dures (granites), d'autres se prêtent à une taille précise (grès). Cela nécessite quelquefois des transports sur de longues distances. Pour connaître les courants de circulation des pierres de taille exploitées et commercialisées très tôt (marbres antiques...), il faut procéder à des études et des comparaisons pétrographiques entre les lieux d'origine supposés et les monuments étudiés.

Les matériaux de construction et leur mise en œuvre

L'étude dans le cadre du GDR 94 (Groupe 10 - intitulé « Les matériaux de construction et leur mise en œuvre ») d'un certain nombre de sites et des matériaux utilisés a montré la parfaite connaissance du matériau généralement utilisé : dureté, fissilité, résistance mécanique, porosité et résistance au gel, peut-être même une idée de la résistance à l'abrasion mécanique ou chimique à long terme par l'étude d'édifices anciens. Ainsi, à Cluny, le calcaire a été utilisé pour l'essentiel du bâtiment, alors que l'arkose (grès feldspathique) a été utilisé pour les éléments architectoniques, sauf dans les parties basses, où a été utilisé un calcaire micritique très gélif et non l'arkose. Un calcaire pisolithique blanc, qui se sculpte très bien, a été utilisé pour les statues du transept.

Un exemple de provenance lointaine et donc de circuits d'approvisionnement à longue distance est illustré par la base de l'enceinte du Haut-Empire de Strasbourg, dont la nature basaltique impose une origine distante au minimum de 50 km, de l'autre côté du Rhin, dans le massif volcanique du Kaiserstuhl. Un autre exemple est celui du calcaire fin oolithique du Bois de Lens (Gard), exploité par les Romains, situé à plus de 70 km de la côte méditerranéenne et qui a pu être tracé sur plus de 300 km jusqu'à Nice et Narbonne. D'autres pierres ont connu un succès très large et ont été largement exportées hors de la province d'extraction. Ainsi, la pierre de Caen, transportée très tôt vers l'Angleterre, a servi pour le palais antique de Fishbourne, l'abbaye de Westminster, la cathédrale de Canterbury. Il en est de même pour le tuffeau blanc, calcaire turonien (Crétacé) d'Anjou et de Touraine, qui pendant la période médiévale est livré en Bretagne aux ports de Nantes, Vannes, Quimper, Tréguier..., puis acheminé vers l'intérieur des terres. L'évolution de l'outillage dans les choix des pierres de taille est illustré par la région de Clermont-Ferrand, où l'on constate une distinction entre monuments romans de couleur claire (arkoses) et monuments gothiques sombres (en pierre de Volvic plus dure). C'est lors de la construction de la cathédrale de Clermont qu'aurait été utilisée pour la première fois la construction en lave massive. Cette apparition de la pierre de Volvic a été utilisée pour dater un certain nombre d'autres monuments auvergnats.

La restauration des monuments

Dans leur environnement naturel, les pierres subissent des agressions auxquelles elles s'adaptent en se transformant physiquement et/ou chimiquement.

Vouloir maintenir un bâtiment dans son intégralité à l'occasion d'une restauration oblige souvent à retrouver les carrières d'origine des pierres utilisées, voire des pierres voisines, et donc à prévoir aussi leur vieillissement, leur dégradation et les changements de teintes associées. Ainsi, une pierre neuve provenant de la même carrière n'aura pas la même patine qu'une pierre extraite antérieurement.

Un principe bien établi actuellement dans la restauration des monuments historiques est de refaire à l'identique les éléments à changer. La réfection d'un monument ancien suppose donc de connaître et la nature, et la provenance des pierres. Souvent, les carrières anciennes restent connues, de même que les niveaux spécifiques de ces carrières qui ont été utilisés. Cependant, dans certains cas, soit la localisation des carrières n'est plus connue, soit, plus fréquemment, celles-ci ne sont plus accessibles parce qu'urbanisées. Cela suppose alors de faire des études pétrographiques d'échantillons de ces monuments, afin d'en déterminer les caractéristiques et de les comparer aux pierres de remplacement potentielles.

Une consultation de la carte géologique au 1/50000 du secteur concerné permet souvent de se faire une idée des lithologies présente. D'autres sources de renseignements possibles sont les documentations du Centre de Recherche sur les Monuments Historiques, les Services Géologiques Régionaux, le Service de la Carte Géologique de France, les Départements de Géologie des Universités.

Par ailleurs, en restauration, on est aussi confronté à la difficulté de connaître les matériaux (souvent anciens et plus ou moins altérés, souvent très hétérogènes, parfois composites) sur lesquels il faut travailler et pour lesquels les références analytiques peuvent faire défaut.

Une étude pétrogéochimique permet alors souvent :

- de caractériser les matériaux lithiques;
- d'étudier les phénomènes d'altération qui compromettent leur conservation : altérations dues au vieillissement naturel, à l'environnement climatique, à la pollution, aux micro-organismes, et les traitements à appliquer;
- de proposer des conditions de conservation des monuments.

Elle permet d'apporter une aide aux maîtres d'œuvre des restaurations (architectes en chef et inspecteurs des monuments historiques, architectes des bâtiments de France, conservateurs des antiquités et objets d'art), aux responsables des monuments et des objets (conservateurs régionaux des monuments historiques), comme aux restaurateurs, afin qu'ils puissent, dans les meilleures conditions :

- établir un bon constat d'état et un diagnostic des altérations observées ;
- proposer les meilleurs remèdes ;
- définir les conditions de conservation les plus appropriées, afin de prévenir de futures altérations ;
- améliorer la connaissance de l'œuvre dans sa composition, ses techniques, son histoire.

L'exploitation, le transport, la taille et la pose des pierres de taille sont traités dans la même collection au sein d'un ouvrage consacré à « La construction en pierre ».

Nous ne traiterons donc dans cet ouvrage que de la classification des roches.

Quelques autres champs d'application : céramiques, mortiers, enduits, stucs, verres, glaçures

Le champ d'application des méthodes et outils de la pétrogéochimie déborde largement celui des objets lithiques ou métalliques et intéresse tous les matériaux inorganiques naturels, artisanaux ou manufacturés : céramiques, mortiers, enduits, stucs, verres, glaçures…, dont nous présentons quelques aspects.

Céramiques

La matière dont est faite une céramique (terre cuite) est presque toujours le résultat d'un mélange mis au point par le potier, qui lave l'argile pour en extraire les cailloux qui laisseraient des trous dans les parois fines au séchage, ou qui en ajoute pour donner plus de consistance aux parois épaisses, qui ne doivent pas crouler sous leur propre poids. L'analyse chimique des éléments majeurs ne sert donc généralement pas à grand chose. En revanche, l'analyse chimique des éléments en traces, où l'analyse par activation neutronique est très performante ainsi que la méthode PIXE, va permettre de caractériser, dans les cas favorables, un atelier. En effet, un potier peut avoir modifié fortement la teneur en silicium d'une argile en ajoutant du sable ou la teneur en sodium ou en potassium en ajoutant des feldspaths pilés (Fig. 3). Mais ces ajouts (ou retraits par lavage) de cristaux modifient peu les teneurs en traces, très faibles dans les cristaux.

Verres - glaçures

Il y a 6 000 ans, des artisans de la vallée de l'Indus découvraient le principe de la glaçure sur pierre. L'étude au microscope optique a permis de montrer qu'un enduit vitrifiable bleu vert recouvrait la quasi-totalité des perles en stéatite, variété massive du talc. Cette découverte est importante, car elle illustre un savoir-faire technique déjà élaboré, premier pas vers la découverte du verre qui apparaîtra au tournant des III-IIe millénaires avant notre ère. L'analyse chimique et au microscope électronique à balayage (MEB) de ces premières glaçures montre qu'elles contiennent de la silice, de l'oxyde de cuivre (le colorant), apparaissant sous forme de petites dendrites dans la matrice vitreuse, et des oxydes de sodium et de potassium agissant comme fondants, ainsi que du fer, du calcium et du magnésium, présents dans les matières premières. Les paramètres de chauffe de ces matières vitreuses ne sont alors pas encore maîtrisés et l'on voit croître dans le verre des cristaux de silicates de calcium et de magnésium, résultats d'un refroidissement trop lent. Ces cristaux seront absents dans les perles plus tardives. Les « recettes » mises en évidence sont assez différentes de celles existant à la même époque en Egypte et en Mésopotamie : il y a donc eu à la même période, dans des régions différentes, au début de la métallurgie du cuivre, émergence simultanée d'une découverte technologique capitale, la matière vitreuse.

L'analyse de perles en verre de l'Age du Bronze final du domaine rhodano-alpin par activation neutronique et par ICPMS (spectrométrie de masse couplée à un plasma inductif avec prélèvement par ablation laser) a permis de montrer une grande similitude chimique (l'agent colorant est le cuivre et la présence d'étain suggère l'ajout de bronze) avec un autre lot daté des XIe-Xe avant J.-C. du nord de l'Italie. Cette étude a aussi mis en évidence des corrélations étain/antimoine/arsenic/bismuth et constitue un premier pas dans la constitution d'un référentiel de données chimiques qui permet la comparaison à plusieurs échelles géographiques et entre types, et permettra donc, peut-être, de retrouver les grands circuits d'échanges commerciaux.

De même, une étude conduite par le Laboratoire des Musées de France de l'altération d'émaux peints de la Renaissance (1470-1530) par faisceaux d'ions en modes PIXE, complétée par des études au MEB, a permis la détermination de l'origine de l'altération des émaux peints et l'identification des mécanismes en vue de la conservation-restauration.

Cependant, dans l'analyse des verres se pose le problème du caractère relativement précieux de la matière et le fait que celle-ci soit réutilisable, et a donc été souvent recyclée dès l'Antiquité. Pourtant, les industries à gros débit ne pouvaient se contenter de récupérations et étaient liées à un approvisionnement de matière première « vierge ». Les analyses de certains éléments en traces permettront alors de caractériser leur fabrication.

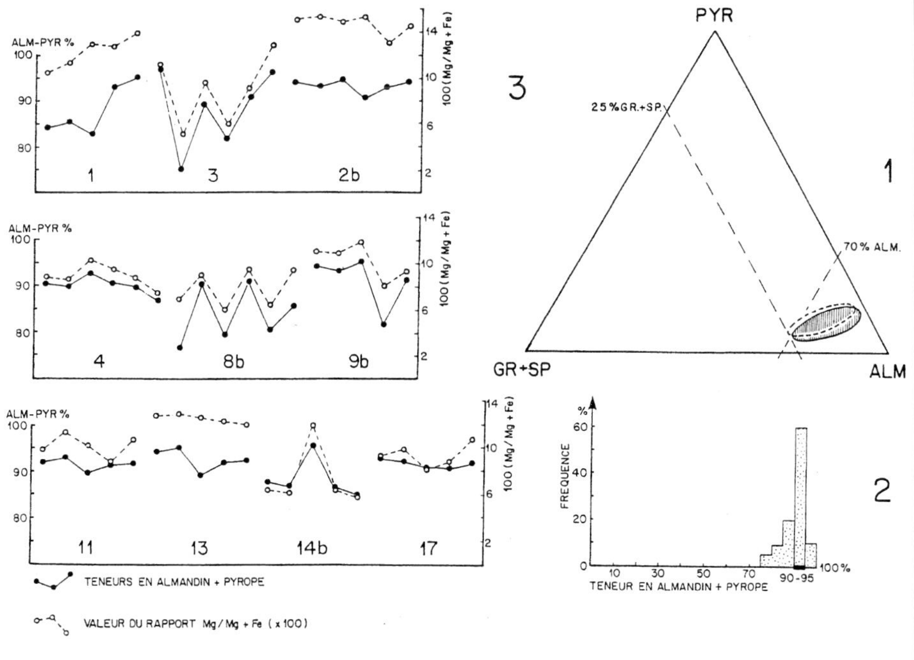

Fig. 3 - Exemple de traçage de l'origine des amphores massaliètes à partir de la composition chimique de minéraux utilisés comme dégraissant. Le diagramme triangulaire montre la composition minéralogique des grenats inclus dans les amphores (trait plein) et celle des grenats des micaschistes des Maures. La figure montre un parallélisme surprenant entre les deux champs de composition, permettant de conclure à l'utilisation d'un dégraissant allochtone, et pose donc le problème des aires de fabrication de ces amphores sur plus de 4 siècles.
PYR=pyrope, GR+SP = grossulaire+spessartine, ALM=almandin. La lecture d'un diagramme triangulaire est explicitée en légende de la Fig. 4.
(Figure extraite de Reille J.L., 1985. L'analyse pétrographique des céramiques et le problème de la provenance des amphores massaliètes, *Doc. d'archéologie médiévale*, 8, 101-112)

Un numéro spécial de *Techné* (N°6, 1997), la revue du Laboratoire des Musées de France, est consacré aux verres, émaux et glaçures et présente plusieurs études de cas sur leurs techniques de fabrication, leurs altérations et leur restauration.

Ces études pétro-géochimiques s'avèrent indispensables même pour des objets *a priori* connus, mais pour lesquels les termes utilisés ne sont plus les mêmes ou ont changé de sens. Ainsi, pour la période médiévale, l'imprécision des descriptions minéralogiques faisait que le même mot pouvait désigner plusieurs substances différentes (par exemple, *minium* désigne l'oxyde de fer, l'oxyde rouge de plomb, le sulfure de mercure ; *cinnabaris* désigne à la fois le sulfure de mercure et la gomme du dragonnier). A ces imprécisions au sein même de l'époque considérée se sont ajoutées toutes les mutations du vocabulaire au fil du temps.

Mortiers

En ce qui concerne les mortiers, des études à la loupe binoculaire et des analyses chimiques permettent de déterminer une partie des composants, d'en étudier la provenance, en particulier celle du calcaire nécessaire à la chaux.

Pétrogéochimie des matériaux inorganiques - Quelles séquences d'étude ?

L'éventail des possibilités analytiques est aujourd'hui tel qu'il est indispensable de définir au préalable le pourquoi de ces déterminations, c'est-à-dire le but recherché : du choix du type d'analyse à réaliser dépendent la manière d'exécuter le prélèvement, la méthode et l'outil analytique retenus. Il est donc nécessaire que l'échantillonnage corresponde bien à la problématique et soit surtout correctement effectué. L'interprétation ultérieure qui sera faite des résultats en dépend. Ce sont les premières sources d'erreurs qu'il convient de bien maîtriser : le pourquoi et le comment des prélèvements.

Prélèvement

Les protocoles de prélèvement des matériaux inorganiques sont très différents selon les objectifs. Ceux-ci sont d'une telle diversité qu'il est difficile de tous les passer en revue. Une séquence type est donnée ci-dessous :

- enregistrement relatif à l'objet en place dans son contexte archéologique ;
- dégagement de l'objet (processus irréversible) ;
- prélèvement d'un ou plusieurs échantillons dans l'objet par carottage, grattage, etc. (processus irréversible) ;
- nettoyage de l'objet en vue de sa conservation (irréversible) ; si l'objet est trop petit pour subir un échantillonnage par prélèvement, il doit être étudié avant nettoyage ;
- étude en laboratoire « archéométrique » des échantillons prélevés, par une « micro-fouille archéométrique » complète (ou de l'objet en entier s'il est trop petit) (existence de méthodes réversibles et irréversibles) ;
- conservation-restauration de l'objet si nécessaire (théoriquement réversible), pour mise en réserve ou en vitrine de musée.

L'échantillon à analyser peut donc être :

- soit l'objet en entier ;
- soit un ou plusieurs prélèvements à partir de coupes de l'objet ;
- ou encore, une surface plus ou moins grande de l'objet.

Représentativité des échantillons

Les erreurs d'échantillonnage sont presque toujours les plus importantes dans l'analyse physico-chimique, particulièrement en ce qui concerne les sols. Par ordre décroissant, on aura d'abord l'erreur d'échantillonnage liée au prélèvement sur le terrain, puis l'erreur liée au sous-échantillonnage de laboratoires, avant l'erreur de mesure proprement dite. L'obtention de données quantitatives, voire d'une montagne de données, fait souvent oublier l'importance de la représentativité, de la signification de l'objet analysé par rapport à l'objet étudié.

Premiers tests de terrains

Il est souvent nécessaire d'apprécier directement sur le terrain les premières caractéristiques du matériau inorganique, dans le but d'une part d'affiner la description des éléments et d'autre part d'orienter les analyses ultérieures de laboratoire. Pour cela, il est fait appel à des tests rapides, le plus souvent qualitatifs ou semi-quantitatifs. Il ne s'agit donc pas de mesures à proprement parler.

Détermination de la couleur

C'est une détermination essentielle dans la description. Elles sont déterminées par référence à un code et les appréciations directes sont à déconseiller, leur précision variant avec chaque individu et les termes utilisés étant très subjectifs. Le code recommandé est celui utilisé par les pédologues et s'intitule le *Munsell Soil Color Chart.* Il s'agit de 196 cartons colorés, classés en fonction de la couleur spectrale dominante, de la luminosité de cette couleur et de sa pureté.

Pour trouver la couleur, on compare l'échantillon ou un morceau d'échantillon aux cartons colorés et on retient la couleur la plus proche. Ces mesures se font dos à la lumière, sur échantillons secs ou intégralement mouillés, et de préférence les deux.

Tests tactiles

Ceux-ci permettent d'apprécier la texture et la consistance, quelquefois la conductivité thermique. La texture des matériaux meubles peut être appréciée en écrasant et en roulant un échantillon entre les doigts à l'état sec quand cela est possible, puis à l'état humide. D'après les réactions au toucher, on arrive rapidement, avec quelque expérience, à distinguer l'argile, qui est facilement malléable à l'état humide, du limon, qui ne colle pas au doigt à l'état humide, et du sable fin, qui donne une impression de rugosité plus ou moins prononcée.

Les tests olfactifs

Ils permettent d'apprécier des fermentations, la présence de matières organiques...

Les tests gustatifs

Ils permettent de déterminer la présence et quelquefois la nature des sels. Ceux-ci sont souvent exprimés dans les sols sous forme d'efflorescences, de poudres ou de croûte. Les sels très solubles ont une saveur très prononcée qui permet de différencier chlorure, sulfate ou carbonate de sodium. Les sels d'aluminium (aluns) ont un goût âcre caractéristique.

Tests chimiques

La présence de calcaire est détectée à l'aide d'acide chlorhydrique diluée, qui produit une effervescence liée au dégagement d'oxyde de carbone. Le PH des sols peut être mesuré sur place par des sondes spécifiques.

Préparation des échantillons

Il s'agit là aussi d'une phase essentielle, qui peut se traduire par des risques d'erreurs liés à l'hétérogéneité des matériaux (destruction de structure, broyage d'éléments grossiers intégrés à un matériel fin, perte d'éléments fins...) ou à l'apport de contaminants par la chaîne de préparation.

Cas des analyses des lots

Les différents traitements statistiques classiques ou géostatistiques des données analytiques qui seront appliqués par la suite aux résultats d'analyses de lots supposent que soit mis en place un protocole précis de prélèvement quant au plan d'échantillonnage et au nombre d'échantillons. Un traitement géostatistique nécessite par exemple la prise en considération d'un nombre minimum de mesures ou de déterminations analytiques pour permettre une interprétation valable.

Analyses

La diversité des objets, des questions à résoudre, des outils et des méthodes, la grande spécialisation des différents domaines de compétence, interdit toute démarche analytique simple. En fait, il y a autant d'approches diverses que de cas.

Méthodes d'analyses pour les objets lithiques

ETUDE MINERALOGIQUE ET PETROGRAPHIQUE DE LAMES MINCES

Analyse pétrographique standard de lames minces, comprenant analyse qualitative et quantitative, nom de la roche, genèse, structure, texture, matrice, ciment, diagenèse...

DIFFRACTOMETRIE DE RAYONS X

Déterminations minéralogiques par diffractogrammes de poudres (roches sédimentaires, associations minérales diverses, minéraux d'altération, phases minérales cristallisées synthétiques);

Déterminations minéralogiques de phases isolées de petite taille (par microdiffraction Debye-Scherrer ou Gandolfi);

Minéralogie des argiles par diffractométrie des rayons X sur lames orientées naturelles et traitées.

ANALYSES CHIMIQUES

Générale de roche par fluorescence X : Al2O3, MgO, SiO2, CaO, MnO, TiO2, Fe2O3, Na2O, PF, K2O, P2O5, Fe2+

Des terres rares par ICP/MS : Ce, Gd, Sm, Dy, La, Tb, Er, Lu, Tm, Eu, Nd, Y, Ho, Pr, Yb

Elémentaires par Absorption atomique : Ag, Cu, Ni, Al, Fe, Pb, As, Ga, Rb, Ba, Ge, Sb, Be, In, Se, Bi, K, Sr, Ca, Li, V, Cd, Mg, Zn, Co, Mn, Zr, Cr, Mo, Cs, Na

Des éléments infratraces par ICP/MS : Ag, Hg, Sr, As, In, Ta, Ba, Li, Te, Be, Mn, Th, Bi, Mo, Ti, Cd, Nb, Tl, Co, Ni, U, Cr, Pb, V, Cs, Rb, W, Cu, Sb, Y, Ga, Sc, Zn, Ge, Se, Zr, Hf

ANALYSES ISOTOPIQUES

Isotopes stables

Isotopes radiogéniques courte période

Isotopes radiogéniques longue période

ANALYSES MICROSCOPE ELECTRONIQUE BALAYAGE (MEB)

MICROSONDE ELECTRONIQUE (MSE)

SONDE IONIQUE

Méthodes d'analyses pour les objets métalliques

ETUDE METALLOGRAPHIQUE DE SECTIONS POLIES

Détermination des phases avec abondance relative

Etude minéralogique avec l'apport de l'analyse à la microsonde électronique et/ou MEB

DIFFRACTOMETRIE DE RAYONS X

Déterminations minéralogiques par diffractogrammes de poudres (associations minérales diverses, minéraux d'altération, phases minérales cristallisées synthétiques).

DIVERSES METHODES d'ANALYSES CHIMIQUES ET ISOTOPIQUES (cf plus haut et rapports isotopiques du Plomb)

Traçages d'objets - Identification de lots -

Par leur nature géologique spécifique, les objets lithiques (silex, haches polies, cuves baptismales, sarcophages...) ne peuvent en général provenir que de gisements bien localisés géologiquement et géographiquement. Une étude pétrographique de l'objet, suivie d'une consultation de la carte géologique au 1/50000 du secteur concerné, permet souvent de se faire une idée des lithologies présentes dans les environs. D'autres sources de renseignements possibles sont les documentations du Centre de Recherche sur les Monuments Historiques, les Services Géologiques Régionaux, le Service de la Carte Géologique de France, les Départements de Géologie des Universités.

En ce qui concerne la caractérisation de groupes d'objets, pour en faire le tri, trouver des analogies avec d'autres lots..., la réponse ne peut être souvent que statistique, du fait de diverses variations : hétérogénéités de composition, existence d'ateliers locaux, problèmes de corrosions et d'altérations.

Les caractérisations seront représentées, également par des méthodes statistiques, souvent graphiques : diagrammes binaires, histogrammes, analyses statistiques des données.

La séquence d'études passe généralement par les étapes suivantes :

- une mise en évidence d'une organisation des données possédant une signification archéologique, à partir des éléments chimiques analysés par exemple ; on distingue la typologie, qui permet de faire apparaître des groupes dans un ensemble, par exemple regroupement d'objets de composition voisine, et la mise en évidence de faciès culturels et des phénomènes d'évolution, souvent obtenus par analyse factorielle (projection simultanée entité-caractère) ;
- interprétation des groupes constitués par la mise en évidence de matériaux de même provenance, par exemple, ou encore de technologies de fabrication identiques ;
- attribution d'un objet de provenance inconnue à une catégorie d'objets bien situés.

Comment appelle-t-on ces roches ?

L'archéologue est souvent confronté à des problèmes de diagnoses et de nomenclatures d'objets lithiques. Qu'il s'agisse de nommer les objets, de les décrire ou encore de choisir une nomenclature adaptée, le choix n'est pas toujours simple. Ainsi, les critères de classification des roches utilisés par les carriers ne sont pas ceux des géologues : aux appellations plutôt vagues de « granits » sans « e » s'opposent non seulement les granites avec « e » mais aussi toute une variété de roches cristallines très différentes. Aux textures des pierres utilisées par les géologues et qui ont souvent des significations génétiques s'opposent les termes de pierres vacuolaires, grenues et microgrenues, compactes et clivables des carriers.

Nous proposons ici une version allégée de la nomenclature internationale des roches.

La nomenclature des roches repose avant tout sur des diagnoses fondées sur l'observation, depuis l'œil, la loupe de terrain, le microscope jusqu'aux outillages analytiques les plus précis issus de la physique appliquée. Celles-ci viennent en amont de la dénomination proprement dite et des interprétation qu'elle permet en aval.

Les classifications que nous proposons, qui sont celles retenues par l'IUGS (International Union of Geological Sciences), se veulent essentiellement descriptives. Elles n'en sont pas moins sous-tendues par un certain nombre d'interprétations génétiques. Il est en effet impossible, lorsque l'on se pose la question « quelle est cette roche ? » d'échapper totalement à la question complémentaire « comment s'est-elle formée ? ».

Notre objectif ici n'est pas de faire une présentation exhaustive des nomenclatures des roches, mais simplement d'en présenter rapidement les grandes familles, les logiques de subdivision, et de faire les renvois aux ouvrages de référence.

Faut-il le rappeler? Toute étude géologique, *a fortiori* lorsqu'elle est réalisée en équipe, implique un choix préalable de la classification à adopter.

Les roches peuvent être subdivisées en deux grandes familles, les *roches sédimentaires* et les *roches ignées*. Il s'y ajoute les *roches métamorphiques,* qui dérivent de l'une ou de l'autre des familles par transformations minéralogiques et donc en font plus ou moins partie.

Classification des roches ignées

Les roches ignées sont celles qui ont cristallisé à partir de magmas, en profondeur ou en surface. Elles regroupent principalement les roches volcaniques et les roches plutoniques. Les roches plutoniques sont celles qui présentent une texture grenue et qui ont cristallisé en profondeur (granite par exemple). Les roches volcaniques sont celles qui ont cristallisé en surface et qui, de ce fait, soit ne montrent pas de cristaux, soit révèlent quelques cristaux noyés dans une matrice vitreuse où aucun cristal ne peut être détecté à l'œil nu.

La classification de ces roches repose sur une détermination optique de leur teneur en minéraux. Cependant, la présence de verre volcanique dans certaines roches volcaniques impose une classification chimique. La large disponibilité de moyens analytiques, couplée à la baisse des coûts, a conduit à un usage très large des compositions chimiques pour classer les roches volcaniques.

La classification des roches plutonique et volcanique repose sur les proportions relatives des groupes minéralogiques suivants, pour lesquels l'abondance volumique relative doit être déterminée optiquement :

Q = Quartz, Tridymite, Cristobalite,

A = Feldspaths alcalins,

P = Plagioclase,

F = Feldspathoides,

M = Minéraux mafiques (micas, amphiboles, pyroxènes, olivine, opaques, épidote, grenat…)

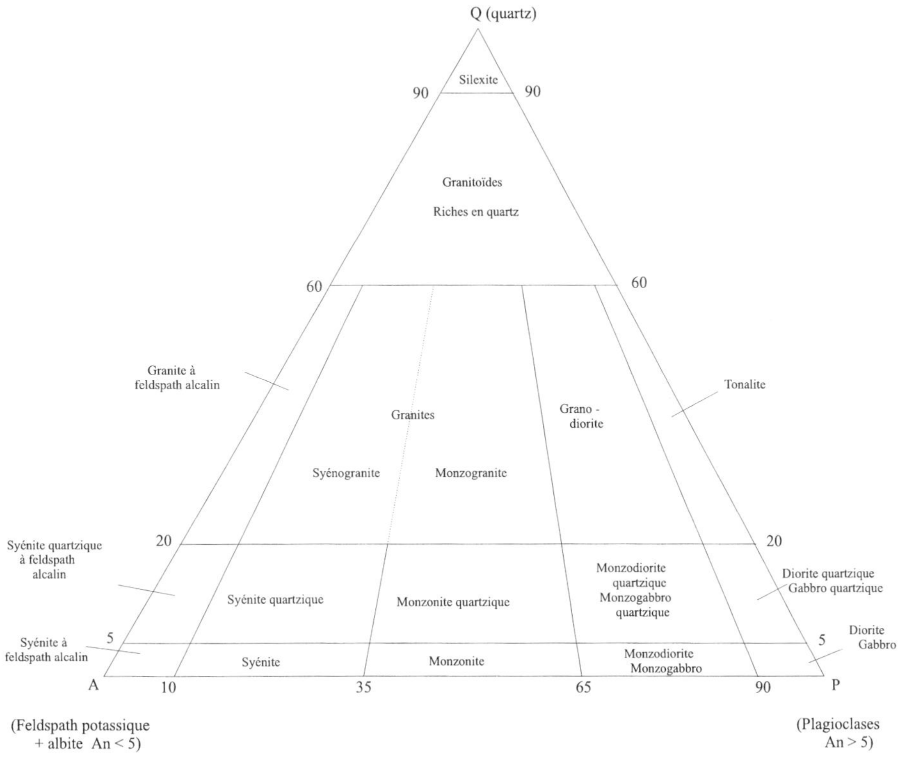

Fig. 4 - Classification minéralogique des roches plutoniques à M<90 %.
La construction (et la lecture) de ce diagramme triangulaire se fait en considérant les pourcentages de quartz (Q), de Feldspaths potassiques et sodiques (A) et de Plagioclases (P) tels que A+Q+P = 100 %. Une roche représentée sur l'un des pôles de composition ne renferme pas de minéraux des deux autres pôles de composition. De même, une roche dont la composition est représentée sur l'une des arêtes de composition ne renferme pas de minéraux du pôle opposé. Enfin, une composition du centre du diagramme renferme à parts égales les trois minéraux.

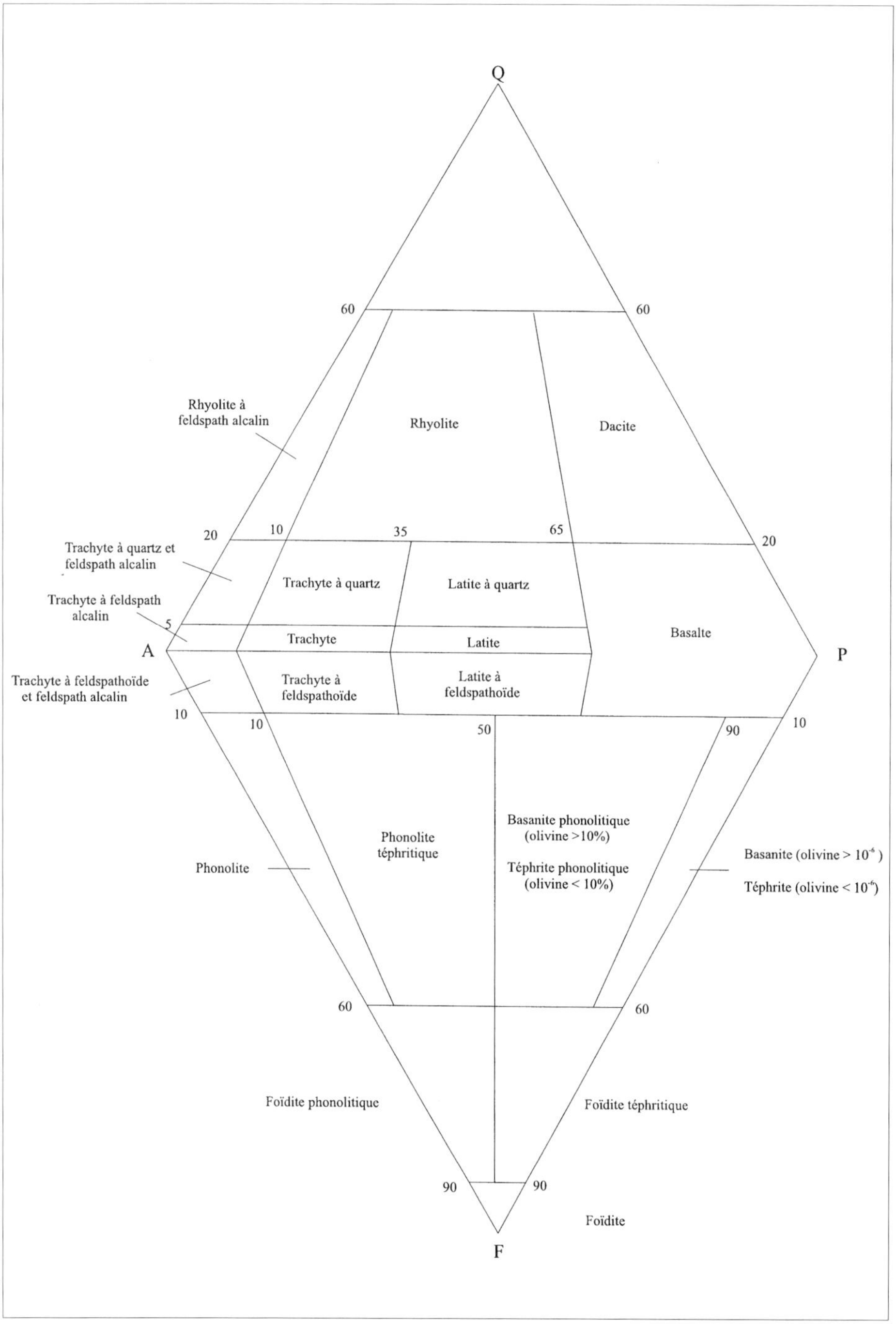

Fig. 5 - Classification minéralogique des roches volcaniques. Il s'agit de deux diagrammes ternaires accolés le long de l'arête AP. Q= quartz ; A = Feldspaths alcalins ; P=Plagioclases ; F=Feldspathoides. La lecture d'un diagramme triangulaire est explicitée en légende de la figure 4.

La somme de Q+A+P+F+M doit bien sûr être égale à 100 %, et Q et F, qui ne peuvent coexister à l'équilibre, sont mutuellement exclusifs.

Nous ne détaillerons pas ici certaines familles de roches atypiques comme les carbonatites (qui contiennent plus de 50 % de carbonates), les lamprophyres (il s'agit de dykes riches en potassium), les mélilites (qui contiennent plus de 10 % de mélilites), les charnockites (présence d'orthopyroxène).

La classification des roches plutoniques est indiquée en figure 4 et celles des roches volcaniques en figure 5.

Lorsque les roches volcaniques sont trop vitreuses et interdisent une détermination optique des phases minérales, leur classification repose alors sur leur composition chimique et est donnée en figure 6. Avant report des analyses dans le diagramme TAS (Total Alkali Silica), ceux-ci doivent être recalculés sur une base anhydre et leur compositions chimiques vérifiées. En effet, les roches qui répondent aux critères suivants ne rentrent pas dans la classification TAS :

- Boninite : $SiO_2 > 53\ \%$, $MgO > 8\ \%$, $TiO_2 < 0{,}5\ \%$
- Picrite : $SiO_2 < 53\ \%$, $Na_2O + K_2O < 2\ \%$, $MgO > 18\ \%$

Un cas particulier de roches volcaniques est constitué par les roches pyroclastiques et épiclastiques, produites respectivement par la fragmentation de matériel volcanique et par le transport et dépôt de matériel volcanique par des processus sédimentaires. Ces roches, consolidées ou non, sont classées en fonction de la taille et de la nature des éléments qu'elles renferment (Fig. 7).

Un cas particulier de roche plutonique est constitué par les roches ultrabasiques caractérisées par M>90 %. Leur classification est indiquée figure 8.

Classification des roches sédimentaires

Les roches sédimentaires sont les produits de l'accumulation de roches préexistantes, altérées mécaniquement ou chimiquement, transportées soit sous forme particulaire, soit en solution et déposées, généralement en lits, par des agents physiques, chimiques ou biologiques, agissant indépendamment ou de concert. Les sédiments subissent généralement des transformations chimiques postérieures au dépôt et qui ont pour effet principal d'indurer le sédiment (diagenèse) (Fig. 9).

Les roches sédimentaires sont volumétriquement peu importantes par rapport aux autres familles de roches (5 % de la lithosphère). Cependant, elles couvrent plus de 75 % de la surface de la Terre, et elles forment le sous-sol immédiat de beaucoup d'activités humaines (agriculture, infrastructures...). Par ailleurs, elles sont fréquemment utilisées comme matériaux de construction.

Les processus mécaniques ou chimiques de désintégration des roches sont à l'origine des deux grandes familles de roches sédimentaires :

- les roches détritiques
- les roches non détritiques.

La désintégration mécanique des roches est liée principalement aux cycles thermiques diurnes/nocturnes/saisonniers sur des minéraux possédant des coefficients d'expansion thermique différents, aux effets du gel et aux effets des racines dans les sols. L'altération chimique des roches est effectuée principalement par l'eau météorique, qui dissout les minéraux des roches. La plupart des minéraux des roches sont métastables et se dissolvent plus ou moins vite : les carbonates se dissolvent plus ou moins complètement, les minéraux silico-alumineux se transforment en argile et une

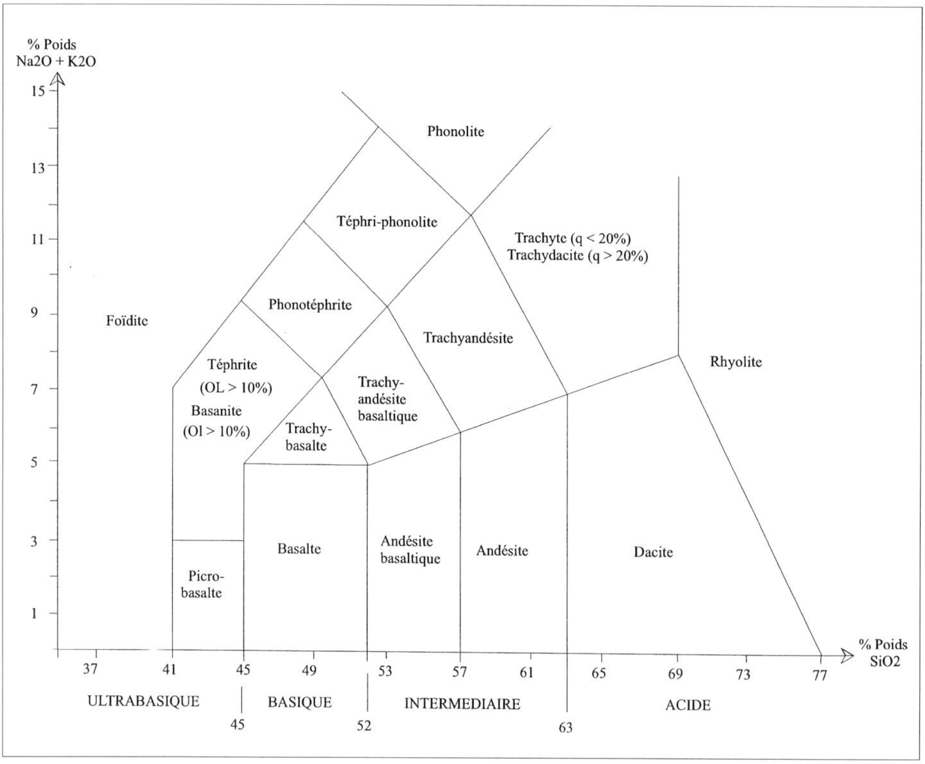

Fig. 6 - Classification chimique des roches volcaniques. Les appellations de roches ultrabasiques, basiques, intermédiaires et acides sont fonction de la teneur en silice (SiO2).

Taille des éléments (mm)	Pyroclaste	Pyroclastites — Non consolidé: Téphra	Pyroclastites — Consolidé: Roche pyroclastique	Tuffites (Mélange pyroclastes-épiclastes	Epiclastites (Éléments volcano-clastiques non volcaniques)
64	Bloc, bombe (= bloc déformé à l'état plastique)	Agglomérat, horizon de blocs ou bombes, téphras de blocs ou bombes	Agglomérat, brèche pyroclastique	Conglomérat tufacé	Conglomérat
2	Lapilli	Horizons de lapillis, téphras à lapillis	Tuf à lapillis	Brèche tufacée	Brèche
1/16	Particule cendreuse grossière	Cendre grossière	Tuf cendreux grossier Cinérite grossière	Grès tufacé	Grès
1/256	Particule cendreuse fine (poussière)	Cendre fine	Tuf cendreux fin Cinérite fine	Siltite tufacée	Siltite
				Argilite tufacée	Argilite
Quantité de matériel pyroclastique		75 à 100 %		25 à 75 %	0 à 25 %

Fig. 7 - Classification et nomenclature des pyroclastes, des roches pyroclastiques, des tufs et des épiclastites.

partie de la matière part en solution. Ainsi, l'altération chimique peut produire des particules solides dont l'accumulation donne les grès, les solutions peuvent précipiter des carbonates et les minéraux argileux donner naissance aux argiles. Ces trois groupes de roches composent près de 99 % du volume total de roches sédimentaires.

Les roches sédimentaires sont généralement subdivisées en deux groupes, en fonction de l'origine de leurs constituants : particules détritiques et précipitations chimiques et biochimiques. Cependant, il faut garder à l'esprit que la plupart des roches sont des mélanges des deux sources. Ainsi, une roche détritique peut avoir un ciment chimique, ou des sédiments biochimiques peuvent être désagrégés et produire une roche détritique carbonatée.

Les deux groupes sont subdivisés en fonction de leur granulométrie et de leur texture, pour les roches détritiques, et en fonction de leur chimie ou des agents biologiques responsables du dépôt, pour les roches chimiques et biochimiques.

Les roches détritiques

Les roches détritiques sont subdivisées en fonction de la taille des grains qui les constituent (Fig. 10).

La taille de grains des sédiments peut être analysée par granulométrie, si le sédiment est meuble ou s'il est possible de le broyer. Cependant, s'il est trop induré, un comptage au microscope peut s'avérer nécessaire.

Les données texturales (organisation des dépôts) informent sur les mécanismes de transport et de dépôts des sédiments, la maturité d'un sédiment et d'une roche sédimentaire étant d'autant plus importante que les éléments sont arrondis et que les particules sont triées. Par ailleurs, l'observation optique ou microscopique (MEB) de la surface des grains peut informer sur les conditions d'érosion de transport ou de dépôt du sédiment ou de la roche sédimentaire.

Les rudites forment une classe de roches sédimentaires dont les éléments ont en majorité un diamètre supérieur à 2 mm. Les roches qui en sont issues sont appellées des brèches ou des conglomérats.

Les arénites forment une classe de roches sédimentaires détritiques meubles ou consolidées dont les éléments ont des dimensions comprises entre 1/16 de mm (0,0625 mm) et 2 mm. Les roches consolidées sont généralement appelées grès.

Les lutites forment une classe de roches sédimentaires détritiques dont les éléments sont de taille inférieure à 1/16 de mm. Les roches consolidées prennent généralement le nom de siltite et d'argillite (Fig. 11).

Les roches sédimentaires non détritiques

Les roches sédimentaires non détritiques ont été déposées par des mécanismes chimiques et/ou biochimiques à partir de solutions. Elles ne renseignent donc que sur les mécanismes de dépôts et non sur la source et les mécanismes de transports, au contraire des roches détritiques. Entrent dans cette catégorie les calcaires (riches en $CaCO_3$; oolithiques, corraliens, à foraminifères...), les dolomites (riches en $MgCO_3$, souvent secondaires), les évaporites (anhydrite, gypse, halite, sylvite...), les dépôts ferrifères (quartzites rubannées ferrifères...), les silices (quartzites, cherts, silex...), phosphates, charbons et pétroles.

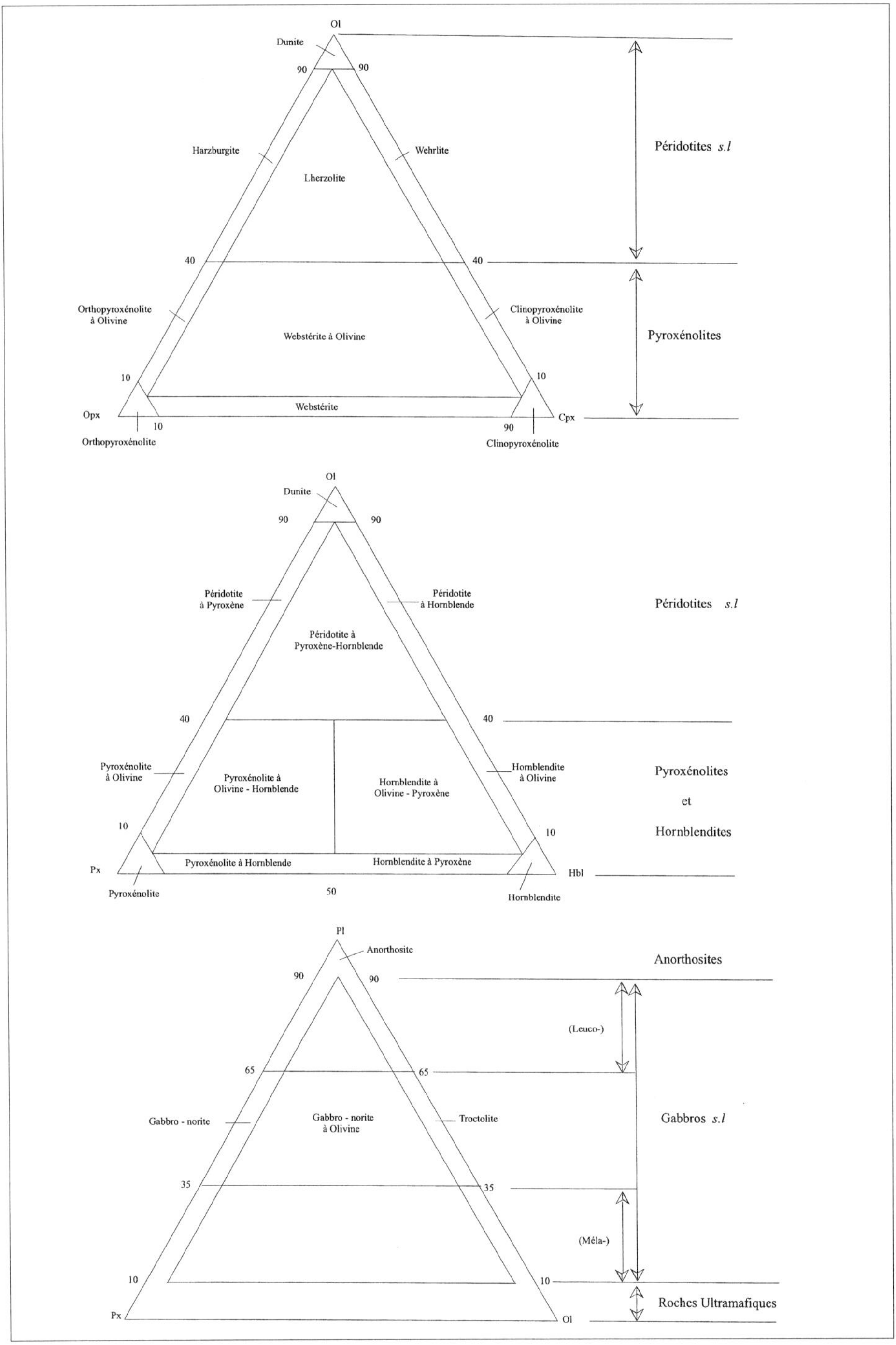

Fig. 8 - Classification minéralogique des roches ultramafiques (M>90 %). La lecture d'un diagramme triangulaire est explicitée en légende de la figure 4.

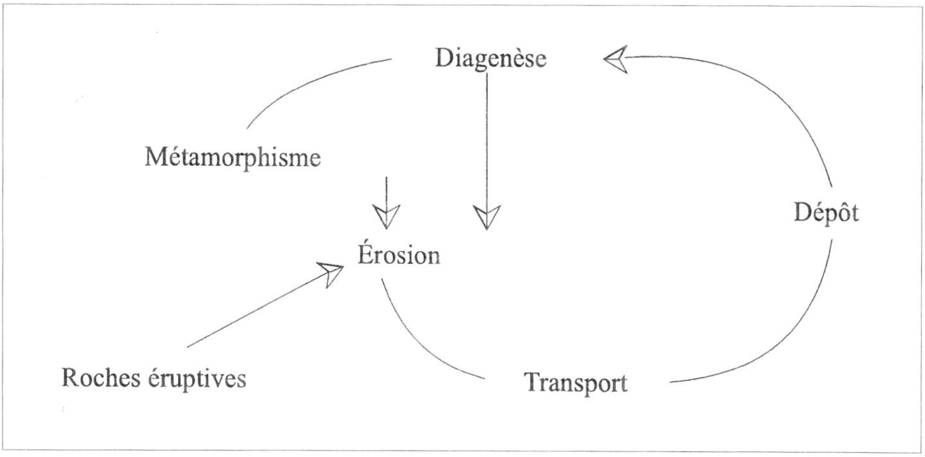

Fig. 9 - Exemple de cycle des roches sédimentaires.

mm	*Classes granulométriques*	*Eléments*		*Roches non consolidées*	*Roches consolidées*
	RUDITES	BLOC		Cailloutis	CONGLOMERAT
256		GALET, CAILLOU			
16		GRAVIER		GRAVIERS OU GRAVES	MICROCONGLOMERAT
2	ARENITES	Grain de SABLE	Très grossier Grossier Moyen Fin Très fin	SABLE — Très grossier Grossier Moyen Fin Très fin	ARENITE "GRES"
1/16	LUTITES	Particule silteuse		Silt	Microgrès Siltite "Pélite"
1/256		Argile		Argile	Argilite

Fig. 10 - Classification granulométrique des sédiments terrigènes et des principales familles de roches correspondantes.

La figure 12 présente quelques cas particuliers de roches sédimentaires intermédiaires entre les roches détritiques et non détritiques, à mélange de silice, argile et carbonate.

Les roches métamorphiques

Le métamorphisme est le processus de transformation d'une roche sédimentaire ou ignée à l'état solide, en réponse à des modifications des conditions physiques (pression et température) et chimiques autres que celles ayant présidé à la formation de la roche originelle. Cette transformation peut être totale ou partielle. Certains facteurs, tels que l'intensité du métamorphisme, la cinétique des réactions chimiques et l'intensité de la déformation, influencent le degré de préservation des caractères originels de la roche. Ainsi un granite métamorphisé dans le faciès des éclogites peut-il conserver les textures magmatiques primaires ; une pélite peut-elle préserver la trace de la stratification. Quelle information la personne qui est confrontée à ce genre de formation ou d'objet lithique doit-elle privilégier ? Doit-elle représenter la lithologie préexistante (le protolite) ou bien la lithologie actuelle (aujourd'hui observée) ? Deux cas extrêmes peuvent être envisagés :

– la formation métamorphique préserve ses caractères primaires. Ce cas se rencontre fréquemment lorsque le métamorphisme est faible en température ou lorsqu'une formation lithologique est affectée par un métamorphisme de contact (intrusion d'un granite) ;

– le métamorphisme oblitère les caractères originels de la roche. Cela peut être le cas lorsque le métamorphisme est de forte température.

Les caractères pétrographiques sont à la base de la nomenclature des roches métamorphiques. Généralement, les distinctions pétrographiques sont établies à partir d'observations macroscopiques calées par l'observation microscopique et font référence à la composition chimique de la roche, à sa minéralogie et à sa texture.

La composition chimique de la roche est un des premiers critères de classification des roches métamorphiques. En effet, les roches de composition chimique différente présentent, pour des conditions de pression et de température identiques, des assemblages minéraux différents.

Bien que dépendant de l'analyse en laboratoire des éléments majeurs (SiO_2, Al_2O_3, FeO, MgO, etc.), la classification chimique des roches métamorphiques peut en première approximation être fondée sur la reconnaissance et la proportion relative de certains minéraux (voit tableau suivant). Ainsi en est-il de la proportion de plagioclase parmi les feldspaths : sa proportion, peu sensible aux conditions du métamorphisme dans le faciès des amphibolites, permet de distinguer deux ou trois catégories de roches quartzo-feldspathiques. De même, l'abondance et le type de minéraux mafiques, de silicates d'alumine ou alumino-ferromagnésien permettent d'identifier les séquences lithologiques dérivant respectivement de roches basiques ou ultrabasiques et de pélites. Le tableau répertorie neuf classes, représentant l'essentiel des compositions chimiques de roches d'origines sédimentaires ou ignées.

Dans l'usage scientifique français, la nomenclature des roches métamorphiques est complexe et parfois imprécise, notamment pour les termes « gneiss » et « schiste ». Pour remédier à cette imprécision, on associera à la lithologie un adjectif qualificatif qui décrit généralement l'aspect macroscopique de la roche du point de vue :

– de la texture : gneiss œillé, rubané, lité, massif, etc. ;

– de la couleur : gneiss leucocrate, schiste lustré ;

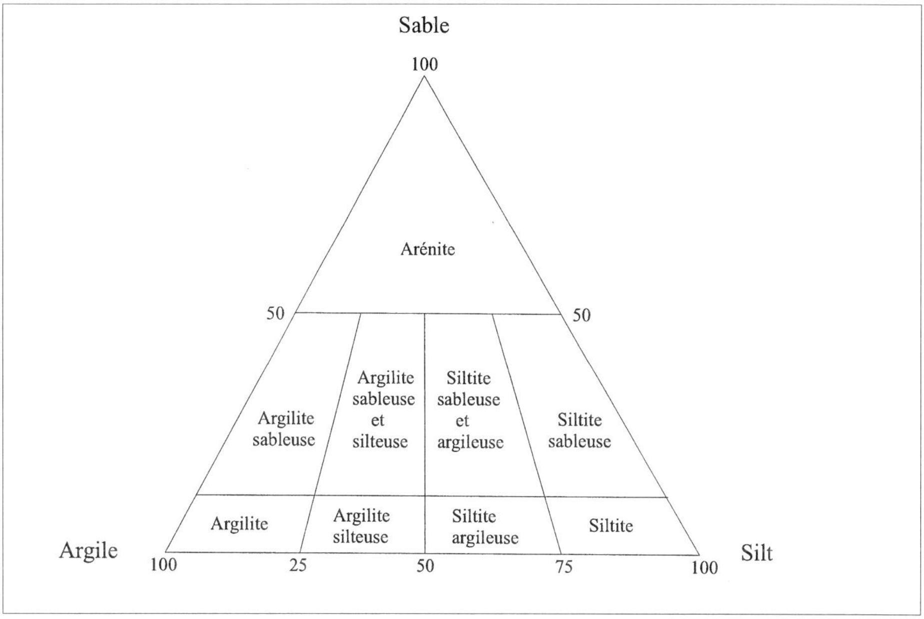

Fig. 11 - Classification des roches de la famille des lutites à éléments sableux. La lecture d'un diagramme triangulaire est explicitée en légende de la figure 4.

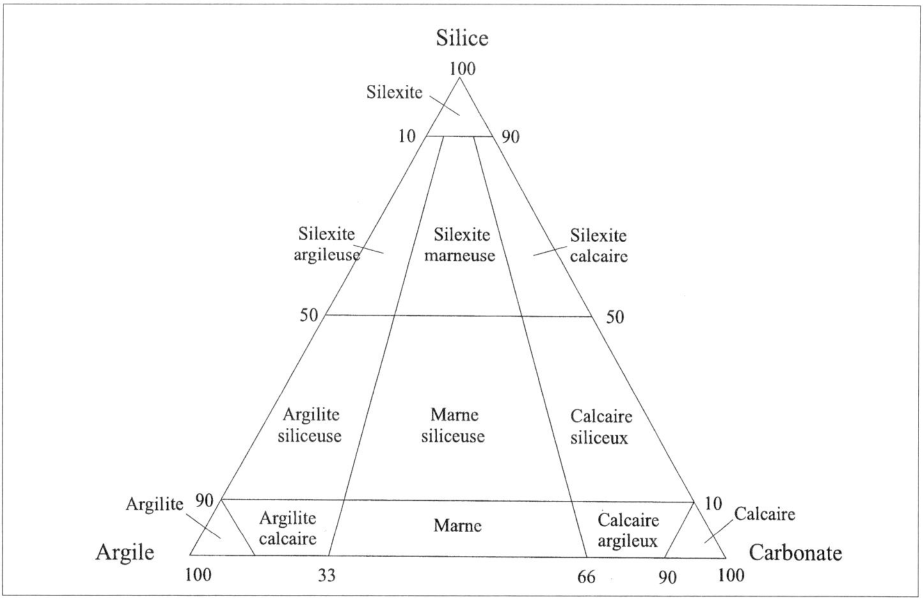

Fig. 12 - Classification des roches à mélange de silice, argile et quartz. La lecture d'un diagramme triangulaire est explicitée en légende de la figure 4.

– de la minéralogie : talcschiste, chloritoschiste, gneiss plagioclasique, etc.

Lorsque la roche est monominérale, on ajoute au nom du minéral constituant la roche le suffixe « ite » grenat*ite*, quarz*ite*, pyroxén*ite*, etc.

La texture d'une roche métamorphique définit l'agencement et les relations spatiales des minéraux entre eux. Une texture peut être caractérisée macroscopiquement ou microscopiquement :

– isotrope, mylonitique (ultramylonitique), cataclastique ;
– œillée, rubanée, nébulitique, tachetée, noduleuse ;
– schisteuse, gneissique.

La texture d'une roche métamorphique dépend de l'intensité de la déformation et/ou du degré de métamorphisme. Ainsi, lorsque la roche est peu, voire non déformée, ou lorsque le degré du métamorphisme est très faible, on reconnaît les caractères de la roche-parent (stratification, figures sédimentaires, textures magmatiques, etc.). Dans de tels cas, on nomme la roche par le préfixe « méta » : exemple : métagabbro, métabasalte, etc.

Composition chimique	Minéraux caractéristiques	Nom de la roche métamorphique	Origine sédimentaire	Origine ignée
Ultrabasique	Amphibole (trémolite, anthophyllite, cummingtonite) Pyroxène Talc Grenat Chlorite Olivine	Serpentinite Métapéridotite Pyroxénite		Pyroxénolite Péridotite Hornblendite
Basique	Amphibole Pyroxène Plagioclase Chlorite Épidote Grenat	Amphibolite Gneiss à pl + cpx		Gabbro Diorite Basalte Andésite
Carbonatée	Calcite Dolomite	Cipolin Marbre	Calcaire Dolomie siliceuse	Carbonatite
Calco-silicatée	Carbonates et/ou Silicates Ca-Mg	Gneiss à silicates Ca-Mg	Marne Calcaire impur Grès calcaro-dolomitique	
Alumino-silicatée (pélitique)	Peu de feldspath Micas Silicates Al et Fe-Mg	Schistes Micaschistes Gneiss alumineux	Pélite alumino-silicatée	Granitoïde ou tuf métasomatisé
Quarzo-feldspathique 1) Peralumineuse	- à plagioclase seul + micas et silicates Al et Fe-Mg	- Gneiss plagioclasique	- Grauwacke	
	- à kfs et plagioclase (ms, sil, cd, grt)	- Gneiss leucocrate, leptynite	- Tuf volcanique, grès feldspathique	- Granite alumineux
2) Méta-alumineuse	- à plagioclase dominant ou seul, bt, hbl	- Gneiss leucocrate à mésocrate		- Trondjhémite, tonalite
	- à kfs et plagioclase	- Gneiss, leptynite	- Tuf volcanique	- Monzogranite, granodiorite
Quarzitique	Quartz		Grès, chert	
Exceptionnelle	syénitique, hypo-alumineuse, alumino-magnésienne, ferrifère, manganésée, phosphatée			

Types chimiques essentiels des roches métamorphiques (modifié d'après E. Le Goff *in* BRGM 1997).

Quels outils et quelles méthodes ? Qu'apporte cette analyse ?

Dans l'état actuel des sciences des objets lithiques et dans sa pratique courante, celle-ci dispose de trois grands procédés d'investigation :

- le terrain ;
- l'examen au microscope ;
- la détermination, par des procédés analytiques purement physiques ou chimiques, de la nature, du pourcentage ou de la répartition des éléments qu'ils contiennent...

Méthodes d'examen (Microscopes)

Ces microscopes sont de deux types principaux : d'une part le microscope optique à transmission, pour les minéraux transparents, et le microscope métallographique, pour les minéraux opaques. Dans ce dernier cas, le matériel à étudier doit être poli et ce sont les propriétés de la réflexion qui sont utilisés pour caractériser les matériaux.

Microscopie optique par transmission

L'examen au microscope fait la jonction entre deux échelles d'investigation (terrain et chimie) et son but est la détermination précise des minéraux constitutifs et la texture des roches. Sous leur forme normale, les roches ne se prêtent pas à un examen direct au microscope ; elles doivent au préalable être taillées en lames très minces à faces parallèles. Sous l'épaisseur de ces lames (trois centièmes de millimètres), presque tous les minéraux sont transparents et alors susceptibles d'une détermination facile : seuls restent opaques quelques oxydes et sulfures d'importance secondaire et dont la reconnaissance est faite en lumière réfléchie.

Cet examen nécessite l'appréciation d'une série de caractères visibles, les uns en lumière ordinaire ou naturelle, les autres à l'aide d'une lumière spéciale dite polarisée.

Eléments de cristallographie

La pratique du microscope polarisant nécessite la connaissance des lois fondamentales de la cristallographie ainsi que celle des phénomènes optiques qui se produisent dans les cristaux lors de leur examen en lames minces.

Les différentes espèces minérales se présentent le plus souvent sous forme de polyèdres limités par des faces planes; ces polyèdres ont reçu le nom de *cristaux* et les corps qui les constituent sont à ***l'état cristallisé.*** Par opposition à l'état cristallisé, on définit un ***état amorphe,*** qui est celui sous lequel se présentent les corps de forme extérieure *toujours* quelconque, un verre par exemple. L'état cristallisé n'est pas nécessairement lié à l'existence d'une forme extérieure déterminée; ainsi, les fragments obtenus en brisant un cristal de quartz sont encore cristallisés, bien que non limités par des faces planes. Les aspects extérieurs particuliers des corps cristallisés ou amorphes traduisent un arrangement interne également particulier des molécules qui les constituent.

Les minéraux, à de rares exceptions près, sont formés d'atomes ou de groupements d'atomes disposés de façon périodique dans les trois directions de l'espace. Ces atomes, ou groupes d'atomes, représentent la maille élémentaire et leur répétition dans l'espace constitue le réseau cristallin dont les paramètres de la maille élémentaire permettent de définir sept systèmes cristallins : cubique, hexagonal, monoclinique, orthorhombique, quadratique, rhomboédrique, triclinique.

Eléments d'optique cristalline

A travers les milieux transparents, les rayons lumineux se propagent suivant une direction rectiligne. L'optique physique nous apprend qu'à la notion de lumière peut se substituer la notion de vibration, les particules étant animées d'un mouvement oscillatoire périodique perpendiculairement à leur direction de propagation, celle du rayon lumineux.

Un rayon lumineux quelconque, provenant du soleil ou d'une source artificielle ordinaire *(lumière naturelle),* résulte de la coexistence dans une même direction de plusieurs modes vibratoires, de longueurs d'ondes différentes; ceux-ci se font dans une orientation quelconque et variable par rapport à la direction du rayon lumineux. La vitesse de la lumière varie :

1° avec la nature du milieu parcouru et souvent même avec la direction suivie dans ce milieu,

2° avec la longueur d'onde, c'est-à-dire avec la couleur de la lumière.

Le microscope pétrographique polarisant (Fig. 13)

Le microscope spécialement adapté aux études pétrographiques est un microscope polarisant. Il dérive d'un microscope ordinaire par l'adjonction de deux dispositifs de polarisation. L'un de ces dispositifs dit « polariseur », est placé entre la source lumineuse et la préparation; il peut tourner sur une bague de façon à être orienté à volonté. L'autre dispositif, dit « analyseur », est situé entre l'objectif et l'oculaire et peut être instantanément mis en place ou enlevé par un dispositif à glissière. Il s'agit là des modifications majeures. D'autres modifications et ajouts incluent une platine tournante, un condenseur amovible à très court foyer, des lames auxiliaires destinées à être superposées aux préparations étudiées.

L'étude optique des roches ou d'autres matériaux au microscope polarisant permet d'obtenir des renseignements sur la composition minéralogique (couleur, clivages, macles, indices de réfraction, pléochroisme, relief, biréfringence...), la texture (orientation préférentielle planaire ou linéaire...), l'abondance des différentes phases (comptage)..., et donc non seulement de décrire le matériau, mais aussi de lui donner un nom, d'en trouver, par comparaison, la provenance, ou d'en déterminer le façonnage, pour les objets métallurgiques par exemple.

S'il est bien évidemment fondamental de déterminer avec précision les espèces minéralogiques que l'on observe dans une roche, il est également tout aussi fondamental d'analyser avec finesse l'habitus et les relations mutuelles des minéraux entre eux (microtextures). Il y a en effet, sur ce terrain, matière à glaner des informations très importantes, qu'il importe d'inventorier scrupuleusement en guise de préalable à toute interprétation sur l'origine, et, surtout, l'histoire des matériaux que l'on étudie.

Qu'est-ce qu'une lame mince ?

Une lame mince est une section de roche sédimentaire, métamorphique ou magmatique, d'une épaisseur de l'ordre de 0,03 mm, élaborée à partir d'un échantillon prélevé. La roche ainsi amincie devient translucide et pourra être observée au microscope en lumière transmise (naturelle et polarisée), afin d'en déterminer les constituants, la texture et les micro-structures.

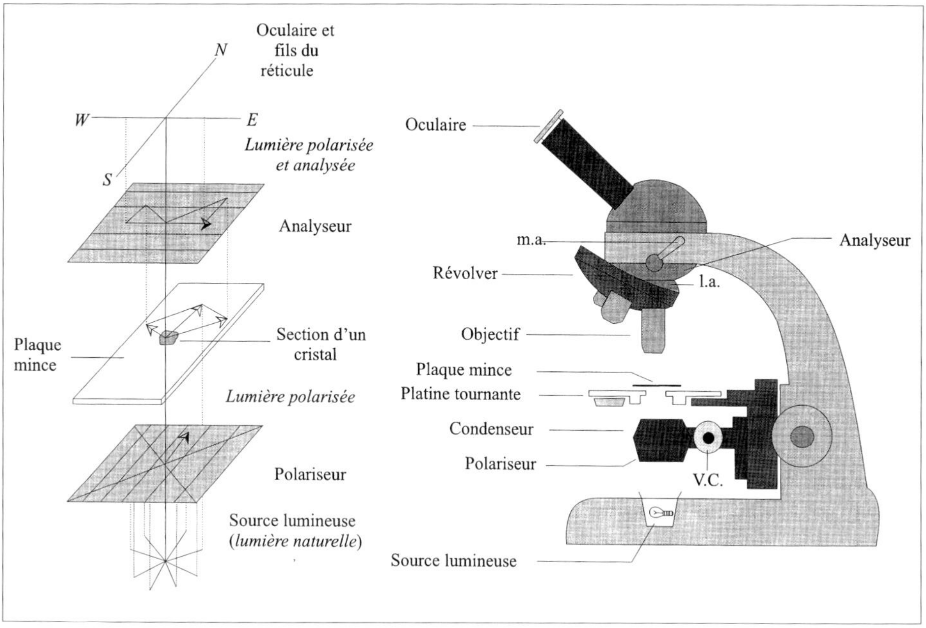

Fig. 13 - Principe de fonctionnement d'un microscope polarisant.

Que voit-on dans une lame mince ? Critères de déterminations :

En lumière naturelle :

Couleur du minéral : la première chose qui frappe l'observateur est la teinte du minéral. Celui-ci peut être très coloré; c'est le cas des biotites par exemple. La plupart du temps, pourtant, les minéraux sont peu colorés ou même complètement incolores.

Pléochroïsme : c'est le changement de teinte éventuel du minéral, accompagné d'une variation du pouvoir réflecteur, au cours d'une rotation de la platine du microscope. Certains minéraux présentent un pléochroïsme très intense : c'est le cas de la biotite. La plupart des minéraux ont cependant un pléochroïsme assez faible à distinct, parfois très faible.

Forme du minéral : La plupart des minéraux apparaissent xénomorphes en lame mince, c'est-à-dire sans forme précise. Cependant, un certain nombre d'espèces, généralement les variétés présentant la plus grande dureté ou la température de fusion la plus élevée, présentent une tendance à se développer avec leurs formes cristallographiques (on dit aussi « de façon automorphe »). C'est le cas de beaucoup de minéraux ferromagnésiens dans les roches ignées par exemple.

Zonage : le caractère zoné est en relation avec des variations de composition et apparaît surtout très bien dans le cas des minéraux automorphes.

Pouvoir réflecteur : dans la pratique, c'est l'impression subjective de brillance que l'on éprouve lorsque l'on examine une espèce minérale. Du point de vue purement théorique, c'est le rapport du flux lumineux réfléchi par le minéral au flux lumineux incident. Il dépend de l'indice de réfraction du minéral et de son coefficient d'absorption. Dans le cas des métaux et des espèces minérales à éclat métallique, la majeure partie de la lumière est réfléchie, et le pouvoir réflecteur est proche de l'unité. En revanche, dans le cas des minéraux transparents en lame mince, une grande partie de la lumière pénètre et est absorbée dans la masse du minéral et une faible partie seulement est réfléchie.

Clivages : ils constituent un bon élément de détermination. Certains minéraux présentent des clivages abondants et parfaits.

En lumière polarisée :

Couleurs de polarisation : elles constituent de loin le meilleur critère de détermination. En effet, grâce à leurs teintes très franches et très colorées, qui contrastent avec les faibles nuances observées en lumière naturelle, on arrivera à déterminer des inclusions souvent très fines (de l'ordre de quelques microns).

Autres critères de détermination :

Ils font appel non plus aux caractères optiques du minéral lui-même, mais à la reconnaissance des espèces minérales qui lui sont associées ; c'est le cas des structures dites de remplacement et des associations minérales ou paragenèses.

Associations minérales : il est incontestable que, dans les roches, les éléments et les minéraux présentent, les uns pour les autres, certaines affinités.

Ce caractère est évidemment très important et permet de guider utilement l'observateur dans sa détermination des divers minéraux d'une paragenèse.

Exemples d'application de l'étude microscopique :
L'ANALYSE PÉTROGRAPHIQUE DES ROCHES SÉDIMENTAIRES

LA COMPOSITION LITHOLOGIQUE

L'analyse microscopique d'une roche sédimentaire en lame mince permet de déterminer assez précisément sa composition lithologique : assemblages minéralogiques pour les roches physico-chimiques, nature des éléments biologiques pour les roches biogènes, nature des éléments et du liant pour les roches détritiques (ou clastiques).

Les roches détritiques, terrigènes (= silico-clastiques) ou carbonatées (le plus souvent biodétritiques), sont les roches sédimentaires les plus largement répandues.

Les éléments qui les composent sont classés en différents groupes. Il apparaît nécessaire, par souci d'homogénéisation, de rappeler ici la signification des principaux termes utilisé.

+**Les bioclastes** représentent tout élément fossile d'origine biologique, entier ou en fragment, ayant subi un transport et/ou un dépôt. Les études biostratigraphiques et paléoécologiques réalisées à partir de ces éléments donnent des indications sur l'âge et le milieu de dépôt du sédiment et/ou de la roche d'origine, suivant le degré de remaniement de ces éléments.

+**Les ooclastes** regroupent la famille des ooïdes et la famille des oncoïdes :

- la famille des ooïdes comprend essentiellement les oolites (ou oolithes). Ce sont des éléments carbonatés sphéroïdes de diamètre inférieur à 2 mm, composés d'un nucléus de nature quelconque, enrobé d'une enveloppe à structure laminaire concentrique ou radiale (on peut parler alors de sphérulite), ou parfois les deux. Les oolites superficielles ou proto-oolites présentent un simple enrobage superficiel du nucléus. Les pseudo-oolites possèdent un cortex dont la structure n'est ni rigoureusement concentrique ni radiée. Le nucléus est parfois invisible. Il s'agit généralement de grains micritisés. L'association de plusieurs oolites constitue un agrégat d'oolites;

- la famille des oncoïdes englobe les oncolites et les pisolites. Les oncolites ou biopisolites sont des concrétions calcaires de forme souvent irrégulière, de taille millimétrique à centimétrique, formées de couches concentriques d'origine biologique (annélides, foraminifères ou algues – cyanophycées pour les oncolites *stricto sensu*). Les pisolites sont des concrétions calcaires sphéroïdes de diamètre supérieur à 2 mm (taille supérieure à celle des oolites), d'origine physico-chimique ou biologique (pisolites algaires).

+**Les pellets** (ou pelote, pelletoïde, grumeaux, boulette) sont des granules ovoïdes de petite taille (<0,2 mm), composés de calcaire cryptocristallin souvent riche en matière organique, sans structure interne et aux contours parfois assez flous. Ces grains micritiques sont en général d'origine biologique (pelotes fécales). Lorsque le contour des grains est net, on peut utiliser le terme de pseudo-oolite et, lorsque leur diamètre dépasse 0,2 mm, on emploie le terme intraclaste. Les coprolites qui sont aussi des excréments fossiles, se distinguent des pellets par leur plus grande taille (0,5 à 1 mm) et par la présence de structures internes (ex. : petits trous alignés pour les coprolites de crustacés).

+**Les lithoclastes** (s.l.) désignent l'ensemble des débris de roche, de taille et nature variées, remaniés dans le sédiment. On peut distinguer quatre principaux types de fragments de roche :

- les agrégats sont constitués d'éléments composites le plus souvent jointifs et parfois entourés d'une pellicule calcaire d'origine algaire;
- les intraclastes sont des fragments de sédiment carbonaté pénécontemporain du dépôt, provenant d'un remaniement avec faible transport, dans un état peu ou pas consolidé. Leur composition est identique ou proche de celle du sédiment encaissant;
- les extraclastes correspondent à des débris de roche carbonatée de nature différente de celle du dépôt. Ils sont issus du remaniement (avec transport) de sédiments plus anciens (extraclastes hétérochrones) ou de sédiments déposés dans un environnement éloigné (extraclastes hétéropiques); l'appellation gravelle se rapporte à des fragments de roche généralement roulés, provenant d'une source unique et de nature différente de celle du sédiment étudié;
- le terme lithoclaste (*stricto sensu* devrait être réservé aux fragments de roche non carbonatés. Il est toutefois nécessaire de déterminer la nature de ces éléments détritiques (quartz, feldspath, mica, glauconie, minéraux lourds, fragments de roches divers, etc.

Les éléments d'une roche détritique consolidée sont soudés entre eux par une phase de liaison. On distingue deux types de liant : les matrices et les ciments.

+Une matrice est constituée d'éléments détritiques de taille inférieure à celle des éléments.

Les matrices terrigènes sont sableuses (gréseuses), silteuses ou argileuses suivant la granulométrie des dépôts. Elles peuvent être homogènes ou composites.

Les matrices carbonatées correspondent en général à une boue carbonatée très fine, formée de calcite microcristalline, appelée micrite. Dans ce cas où la micrite est d'origine détritique, ce terme est synonyme de calcilutite.

+Un ciment est un liant d'origine chimique ou biochimique ayant précipité dans les espaces intergranulaires de manière précoce, c'est-à-dire juste après le dépôt du sédiment, ou de manière plus tardive. Il est alors souvent polyphasé et son analyse permet de retracer l'évolution diagénétique du sédiment. Les ciments peuvent être de nature diverse : siliceux, calcaire, dolomitique, sulfaté, phosphaté, ferrugineux, etc.

Il existe plusieurs termes pour désigner les ciments carbonatés, en fonction de la taille des cristaux de calcite ou dolomite :

- sparite ou dolosparite, pour une cristallinité supérieure à 80 microns;
- microsparite ou microdolosparite, pour une cristallinité comprise entre 10 et 80 microns;
- micrite ou dolomicrite (recristallisée), pour une cristallinité inférieure à 10 microns.

Ces cristaux se développent selon des structures variées. Ex. : calcite en frange, en mosaïque, calcite drusique, poecilitique, épitaxique ou syntaxiale, etc.

INDICATIONS SUR LES ENVIRONNEMENTS DE DÉPÔT

Outre les composants lithologiques, plusieurs critères pétrographiques nous renseignent sur les mécanismes de dépôt et les environnements sédimentaires, et donc sur les roches :

- le degré d'usure et la granulométrie des éléments figurés témoignent de la distance et de l'agent de transport, de sa compétence et de l'agitation du milieu de dépôt ;
- le classement de ces éléments reflète le type de mécanisme de transport-sédimentation et le degré d'évolution du sédiment ;
- la texture de la roche, exprimée par le caractère jointif ou non des éléments et le pourcentage de matrice et/ou de ciment par rapport à ces éléments, dépend aussi du mécanisme et des conditions hydrodynamiques de la sédimentation ;
- l'interprétation de ces mécanismes est complétée par l'analyse des microstructures sédimentaires.

ÉVOLUTION DIAGÉNÉTIQUE DU SÉDIMENT

L'analyse microscopique du réseau poreux et des différentes phases de cristallisation et de dissolution qui affectent les constituants d'une roche permet de retracer l'évolution diagénétique du sédiment. L'évaluation des propriétés de réservoir d'un ensemble sédimentaire passe par cette compréhension des phénomènes diagénétiques, responsables de l'amélioration ou de la détérioration de la porosité primaire du sédiment originel.

Etudes métallographiques au microscope polarisant

Les minéraux métalliques sont des corps fortement absorbants, en général opaques en lame mince et par conséquent non étudiables en lumière transmise par la technique microscopique utilisée en pétrographie. On est donc conduit à les examiner en lumière réfléchie, en confectionnant des sections polies, étudiées ensuite à l'aide d'un microscope dit métallographique.

Celui-ci ne diffère que très peu d'un microscope pétrographique ordinaire. Il est équipé également de deux nicols (ou Polaroïds) permettant d'effectuer des observations en lumière non analysée ou entre nicols croisés. La principale différence réside dans un système d'éclairage (illuminateur) latéral, amenant la lumière de la source lumineuse à travers un système de condenseurs et diaphragmes, et à l'aide d'un prisme (ou d'une plaque de verre semitransparente), perpendiculairement à la surface polie étudiée. Le faisceau lumineux est partiellement absorbé, partiellement réfléchi par le minéral et passe de nouveau à travers l'objectif, puis le prisme et l'oculaire, jusqu'à l'oeil de l'observateur.

Les phénomènes optiques en lumière réfléchie sont cependant beaucoup plus complexes qu'en lumière transmise. De ce fait, l'obtention des constantes optiques devient extrêmement difficile, pour ne pas dire impossible. Par exemple, la mesure de l'indice de réfraction, si simple en lumière transmise, nécessite, en lumière réfléchie, des mesures de pouvoir réflecteur dans l'air et dans l'huile, suivies de calculs assez complexes. Signalons à ce propos que le pouvoir réflecteur est l'une des rares constantes optiques que l'on puisse arriver à chiffrer sans trop de difficultés.

Méthodes d'analyses

Pour connaître un essor remarquable, la pétrogéochimie appliquée à l'archéologie n'en est pas moins une science récente et permet aujourd'hui d'aller bien au-delà de la simple caractérisation visuelle des objets archéologiques d'origines lithiques. Il n'est plus rare aujourd'hui de voir apparaître des analyses chimiques d'éléments majeurs ou en traces, voire d'isotopes, des objets et de leurs constituants, qui permettent soit de caractériser les matériaux, soit d'en trouver la source, ou encore d'en déterminer l'âge. Dans ce sens, les analyses physico-chimiques sont des moyens très puissants de réinsertion des objets dans leur histoire et dans l'Histoire tout court.

Plutôt qu'un grand nombre de mesures, souvent réalisées plus ou moins en aveugle et de qualité moyenne, il faut privilégier un petit nombre, adapté à la question posée et faites avec précision : l'analyse ne vaut que si elle permet de répondre à une question ou de générer une problématique.

Il n'existe évidemment pas de méthode universelle, et, suivant le type de matériel ou de question à résoudre, il faudra choisir la méthode la plus appropriée.

Après quelques précisions concernant les différentes familles de méthodes analytiques, nous détaillerons sommairement celles d'entre elles qui sont les plus utilisées.

Certaines analyses supposent une destruction de tout ou partie de l'échantillon. D'autres n'affectent pas l'intégrité de l'échantillon à analyser. Certaines pénètrent profondément la surface et d'autres n'affectent que sa partie superficielle.

Quelques rappels

Qu'est ce qu'un échantillon ?

Un échantillon est un volume matériel caractérisé par une composition chimique, une densité, des surfaces. A une certaine échelle d'observation, il est soit homogène, soit hétérogène, si certaines parties en sont différentes. Dans ce dernier cas, l'hétérogénéité peut être soit isotrope, si elle est distribuée aléatoirement, soit anisotrope, dans le cas contraire. Le géologue dispose quant à lui souvent d'une grande quantité de matériel et peut en faire une analyse destructive approfondie. Il n'en est souvent pas de même des objets archéologiques, fréquemment plus petits, et il n'est généralement pas déontologiquement acceptable de les détruire.

Précision, fidélité, sensibilité d'une mesure

La précision d'une mesure dépend de la justesse (aptitude à donner un résultat proche de la valeur réelle), de la fidélité (aptitude à donner le même résultat à chaque mesure nouvelle) et de la sensibilité (rapport de l'accroissement de la grandeur mesurée et de l'accroissement de la concentration) de l'appareil utilisé. C'est l'utilisation de standards internationaux qui permet de vérifier ces paramètres.

Qu'est ce qu'un élément chimique ?

Un élément chimique est en première approximation constitué d'un noyau fait de protons et de neutrons autour duquel gravitent des électrons. La classification périodique des éléments comprend 92 éléments, dont seuls 21 sont composés d'un seul isotope (même nombre de protons et de neutrons). La plupart des éléments comprennent donc plusieurs isotopes, qui sont soit stables (271), soit instables (radioactifs, plus de 1200).

Structure de l'atome

Dans une roche, les atomes s'associent pour former des corps cristallisés (minéraux) ou des corps amorphes (verres...). Les atomes sont constitués d'un noyau central, entouré d'orbitales électroniques correspondant à plusieurs niveaux d'énergie. Le numéro atomique d'un atome correspond au nombre de protons (+) dans le noyau et au nombre d'électrons (-) équilibrant la charge. Le poids atomique prend en compte les neutrons et la présence d'isotopes. L'état des électrons est caractérisé par le nombre quantique « n », qui détermine leur répartition sur les couches successives d'énergie variable, K, L, M, N, O, P, Q, chaque couche se saturant avec $2n^2$ électrons (K= 2 électrons; L = 8 électrons; M = 18 électrons...).

Le remplissage par les électrons se fait dans l'ordre croissant des couches dont l'énergie est de plus en plus élevée. Lorsqu'une couche est remplie, ses électrons forment un ensemble compact qui ne participe pas aux liaisons chimiques. Seuls les électrons de la dernière couche représentent le niveau chimiquement actif (couche de valence).

Chaque couche est composée de sous-couches (définies par le nombre quantique « l ») dénommées s, p, d, f, dont les orbitales ont une énergie croissante et peuvent éventuellement, à partir de la couche M, se superposer avec la couche supérieure. Cela modifie la progression des énergies, l'orbitale 4s ayant alors une énergie légèrement inférieure à l'orbitale 3d, impliquant de ce fait le remplissage préférentiel de 4s... Ces anomalies sont mises à profit en analyse, la cohésion des structures électroniques étant liée à la stabilité de l'élément et à son comportement sous l'effet d'un rayonnement. Les électrons et le noyau sont aussi dépendants du nombre quantique « s », qui correspond au moment angulaire « m » propre de l'électron, ou « spin ».

Pour aborder l'étude des phénomènes observés dans la nature, l'analyste dispose d'un large éventail de méthodes chimiques, physico-chimiques et physiques, utilisable aussi bien pour caractériser une roche que pour en tracer la source.

La plupart des méthodes analytiques inventoriées sont fondées sur la nature ondulatoire de la propagation de la lumière (réfraction, diffusion, diffraction, interférométrie...) et sur des rayonnements divers; suivant les énergies mises en jeu, on peut obtenir des renseignements précis sur la chimie structurale des atomes et des édifices moléculaires. Les méthodes chimiques ou électrochimiques ont un domaine plus limité, ne mettant en jeu que la couche externe des atomes pour leur identification et quantification.

Principes généraux des techniques instrumentales

Méthodes chimiques

Sur le plan structural de l'atome, elles mettent en œuvre des réactions qui intéressent essentiellement la couche la plus externe (couche de valence). Elles sont peu utilisées dans les domaines qui nous intéressent ici, mais peuvent fournir très vite des renseignements sur l'état d'oxydo-réduction, le Ph...

Méthodes électrochimiques

Les dosages sont ici basés sur le potentiel et l'intensité des quantités d'électricité mises en jeu lors de réactions chimiques en fonction du temps.

Méthodes utilisants les rayonnements

Toute mesure physique fondée sur une interaction entre un rayonnement et un objet est fonction d'un signal provenant d'une transition électronique ou nucléaire. Les techniques mettant en œuvre ces principes permettent de préciser les propriétés physiques, la nature et la constitution cristallochimique des minéraux.

Comment, pour faire quoi ?

Pour les études de structure, les méthodes de diffraction utilisent les rayonnements X, neutroniques ou électroniques, qui permettent d'explorer les caractéristiques cristallographiques des minéraux.

Pour la caractérisation des minéraux, les spectroscopies d'absorption optique infrarouge (IR), ultraviolette (UV), les rayons X (RX)... permettent de provoquer des transitions électroniques, des vibrations moléculaires, des transitions nucléaires... dont la réponse peut être quantifiée.

Les spectrométries d'émission (X, Raman, UV...) utilisent les rayonnements ré-émis à la suite d'un processus interne. Cette ré-émission peut être de même nature que le rayonnement incident, ou différente.

Les réactions nucléaires modifient la nature de l'atome et peuvent induire un changement de numéro atomique ou de la masse atomique, et une émission de rayonnement ; ces phénomènes sont largement mis à profit pour les analyses de traces par activation neutronique.

Echelles de mesures

Toute mesure doit être choisie en fonction de la taille de l'échantillon analytique disponible et de la concentration de l'élément ou constituant recherché. Les techniques instrumentales permettent actuellement de déterminer des quantités très faibles d'éléments dans un assemblage allant jusqu'à 10^{-15} g (soit 0,000 000 000 000 001 g)

Dans la présentation des outils d'analyses pétrogéochimiques qui suit, nous les avons subdivisées en plusieurs familles, en fonction des informations apportées à l'archéologue :

- détermination des états de surfaces (Auger...) ;
- analyses cristallographiques et des types de liaison (diffraction de RX, Raman) ;
- d'autres méthodes fournissent principalement une image grossie et améliorée de l'échantillon (cathodoluminescence, microscope électronique à transmission et à balayage) ;

- analyses élémentaires (spectrométrie des rayonnements électromagnétiques (ICP, microsonde électronique) et spectrométrie des particules et des rayonnements nucléaires (spectromètres de masse, sondes ioniques, spectrométrie de masse par accélérateur, sonde nucléaire et activation neutronique).

Les moyens de micro-caractérisation des matériaux adaptés à l'étude des surfaces

La surface d'un échantillon est généralement constituée d'une zone de contamination qui surmonte une zone chimiquement altérée. L'épaisseur cumulée de ces zones sur un échantillon réputé inaltéré est typiquement de l'ordre de 10^{-5} mm et peut être supprimée par un polissage ou par une abrasion chimique préalable à l'analyse.

La caractérisation de la topographie fine d'un l'échantillon peut se faire par différentes méthodes :

- profilomètres (système à palpeur), qui permet une cartographie 3D de la surface avec une précision inférieure au micron ;
- microscopie à effet tunnel, utilisée pour les échantillons conducteurs (c'est l'étude du courant électrique entre l'échantillon et le palpeur qui est utilisé) ;
- microscopie de force atomique (c'est l'oscillation d'un bras en fonction de la topographie qui est utilisée) ;
- microréflectométrie : la mesure du pouvoir réflecteur d'un échantillon, en intensité et en amplitude, permet la détermination de la nature d'une couche sur un échantillon ;
- spectroscopie d'électrons ;
- microscope électronique à balayage ;
- microscopie électronique à transmission.

La caractérisation chimique de la surface fait appel à des techniques spécifiques : spectrométrie d'électrons (Auger, ESCA), spectrométrie de masse (sonde ionique, ablation laser, spectrométrie vibrationnelles, spectrométrie X).

Spectroscopie d'électron Auger (AES-Auger Electron Spectroscopy)

L'AES utilise un faisceau d'électrons pour générer des électrons secondaires près de la surface d'un échantillon solide. Certains de ces électrons (les électrons Auger) ont des énergies caractéristiques des éléments de l'échantillon et dans certains cas des liaisons qui les lient. Cette méthode permet donc de caractériser la composition élémentaire et dans quelques cas la chimie de la surface de l'échantillon. Lorsque la méthode est associée à un bombardement d'ions qui permet d'éroder la surface, la spectroscopie Auger permet d'analyser l'évolution de la composition en profondeur.

Détermination des sites cristallochimiques et des types de liaison (Diffraction X, Raman)

Analyses cristallographiques (RX)

En diffraction X, un faisceau de rayons X focalisé est diffracté par les phases cristallines de l'échantillon. La diffraction est fonction de l'écartement des plans atomiques de la phase cristalline. L'intensité des rayons diffractés est mesurée en fonction de l'angle entre l'échantillon et le faisceau incident et permet d'identifier les phases cristallines et de mesurer leurs propriétés cristallographiques.

La diffraction des rayons X est une méthode universellement utilisée pour identifier la nature et la structure des produits cristallisés. En effet, cette méthode ne s'applique qu'à des milieux cristallins (roches, cristaux, minéraux, pigments, argiles...) présentant les caractéristiques de l'état cristallin, c'est-à-dire un arrangement périodique, ordonné et dans des plans réticulaires tridimensionnels des atomes constitutifs.

Les corps cristallins peuvent être considérés comme des assemblages de plans réticulaires plus ou moins denses. Les plans contiennent les atomes : certains plans contiennent bien plus d'atomes que d'autres en fonction de la formule chimique du minéral. Ces plans réticulaires sont séparés par des distances caractéristiques (d) selon la nature du cristal ou du minéral considéré. Trois ou quatre distances réticulaires bien choisies permettent une reconstitution du réseau cristallin du minéral.

Avec un rayonnement de longueur d'onde suffisamment petit, on peut obtenir des diffractions par les plans réticulaires (de la même manière que les rayons lumineux sont diffractés par les petites fentes d'un réseau en optique). Cette réfraction est d'autant plus intense que le plan est « dense », c'est-à-dire riche en atomes.

Selon la nature du renseignement que l'on désire obtenir – identification minéralogique simple ou structure cristalline – et selon la nature du matériau, deux méthodes principales sont utilisées : la méthode des poudres ou la méthode du cristal tournant.

La méthode des poudres est la plus utilisée lorsque le matériau est réductible à une fine poudre (les grains sont de l'ordre de 0,01 mm), ce qui est presque toujours possible. On fait tomber le faisceau de rayons X qui est ici monochromatique sur la poudre microcristalline disposée sur une petite baguette de verre, dans un petit capillaire ou encore étalée sur un lame mince spéciale. L'hypothèse de base est que parmi tous les petits cristaux présents (en principe non orientés), il s'en trouvera suffisamment pour présenter des faces cristallines telles que des diffractions pourront se faire selon l'angle 2 de Bragg. Sur le diffractogramme, on obtient une succession de « pics » correspondant à des angles précis : chacun de ces pics correspond à une distance réticulaire.

Pour la méthode du cristal tournant, il faut disposer d'un monocristal. Le cristal de petite taille est placé au centre de la chambre. Il tourne autour de son axe et reçoit le faisceau incident de rayons X monochromatique. Chaque rayon réfracté se traduit par l'apparition d'une tache sur la plaque photographique. On peut ainsi étudier le réseau cristallin.

En association avec les méthodes d'analyses élémentaires (qui ne donnent accès qu'à l'élément chimique et non à la formule complète), la diffraction permet une détermination parfaite des minéraux constitutifs. Par exemple, l'azurite et la malachite ne donnent qu'un signal cuivre en analyse élémentaire. Seule la diffraction des rayons X permet de les différencier.

Les produits de corrosion des métaux dont les bronzes, qui sont des chlorures, des sulfates, des oxydes de cuivre sont bien identifiés en diffraction X alors qu'en spectrométrie d'énergie ils ne donnent qu'un signal Cu.

La Spectrométrie Raman

La diffusion Raman résulte d'une interaction lumière-matière qui met en jeu différents niveaux d'énergie vibrationnels d'une molécule. Après excitation par la lumière et passage à un niveau de plus haute énergie, le système revient sur le niveau électronique initial, soit sur le niveau vibrationnel de départ ; un photon est alors émis à la fréquence du photon excitateur, soit sur un autre niveau vibrationnel, d'énergie plus grande ou plus faible, et le photon émis aura une fréquence différente, plus ou moins grande selon les niveaux concernés. C'est ce changement de fréquence qui constitue l'effet Raman. Il est de très faible intensité, de l'ordre de la millionième partie de la lumière diffusée.

Le spectre du rayonnement diffusé est constitué par un ensemble de raies. Les fréquences des raies Raman, généralement exprimées en nombre d'onde, cm^{-1}, sont rapportées à la raie excitatrice prise comme origine. Ces valeurs sont reliées aux énergies de vibration dans la molécule et dépendent des atomes mis en jeu, des constantes de force et donc des distances interatomiques, des structures cristallines... Le spectre Raman est une empreinte vibrationnelle du composé qui permet son identification au niveau moléculaire et parfois cristallin.

L'analyse peut être effectuée sur tous les états physiques de la matière et ne demande aucune préparation particulière de l'échantillon. Elle peut donc s'appliquer sur des composés cristallisés ou amorphes, minéraux ou organiques.

On obtient une analyse du volume éclairé. Si plusieurs composés y sont présents, le spectre obtenu est la somme des spectres de chacun des produits.

Comme toute observation visuelle, l'étude par spectrométrie Raman n'altère pas l'échantillon.

Une condition opératoire d'un intérêt capital est la possibilité d'éclairer l'échantillon à travers un microscope optique classique, ce qui permet de réduire la zone éclairée aux limites fixées par la diffraction. Ainsi, avec les longueurs d'onde du domaine visible et un grossissement de x100, classiquement utilisé, la tache de focalisation de la lumière a un diamètre de l'ordre de 1 µm. Il devient possible d'étudier soit des zones soigneusement repérées dans des objets de taille classique, hétérogénéités ou couches stratigraphiques, soit des échantillons de taille microscopique.

Résonance magnétique nucléaire

La résonance magnétique nucléaire utilise l'interaction entre les moments magnétiques nucléaires et des ondes électromagnétiques de fréquence radio. Un échantillon solide (cristallin ou amorphe) est placé dans un fort champ électromagnétique externe et soumis à des impulsions radio afin de faire passer les spins des noyaux atomiques de leurs niveaux d'équilibre à un niveau d'excitation supérieur. Lors du retour à l'équilibre, l'échantillon réémet un signal radio dont la transformée de Fourrier fournit un spectre qui identifie la présence d'un atome, son abondance et les liens structuraux qui le lient à ses voisins.

Analyses élémentaires (spectrométrie des rayonnements électromagnétiques et spectrométrie des particules et des rayonnements nucléaires (Spectrométrie d'absorption atomique (AAS), spectromètres de masse, ICPMS, Activation neutronique, PIXE, EPMA)

La spectrométrie d'absorption atomique (AAS)

La spectrométrie atomique étudie les émissions ou absorptions de lumière par l'atome libre, c'est-à-dire lorsque celui-ci voit son énergie varier au cours d'un passage d'un de ses électrons d'une orbite électronique à une autre.

L'absorption des radiations électromagnétiques des régions visibles et UV du spectre par les atomes libres résulte d'un changement dans la structure électronique. On l'observe lorsque la radiation caractéristique (de résonance en général) d'un élément passe dans un nuage de vapeur atomique de l'échantillon. L'échantillon est vaporisé par aspiration de la solution dans une flamme ou par évaporation d'une surface chauffée électriquement.

Le dispositif expérimental utilisé en absorption atomique se compose d'une source (la lampe à cathode creuse), d'un brûleur (air-acétylène 2500°C p.ex.) et d'un nébuliseur, d'un monochromateur et d'un détecteur relié à un amplificateur et un dispositif d'acquisition.

Quelques applications :

La spectrométrie d'absorption atomique permet le dosage de nombreux matériaux inorganiques (roches et minerais, métaux et alliages...). Elle est donc très adaptée à l'étude du matériel archéologique :

- l'analyse des altérations du bronze ;
- l'analyse des constituants majeurs et mineurs de céramiques archéologiques ;
- le dosage du Ca, Sr, Zn dans les os ;
- analyse des éléments traces pour identification des pierres ;
- la dégradation des verres.

Spectrométrie de masse

Parmi les méthodes d'analyses physico-chimiques, la spectrométrie de masse occupe une place importante grâce à ses performances (limite de détection, sensibilité et sélectivité) et aux diverses techniques d'ionisation et de détection, qui permettent les investigations les plus variées (analyses élémentaires, mesures isotopiques, identifications de structures, réactions ions-molécules, mesures de masses moléculaires élevées...).

La spectrométrie de masse est employée en archéométrie pour trois types d'applications : les datations, les analyses élémentaires et isotopiques, et les identifications de matériaux organiques complexes.

Un spectromètre de masse est constitué de cinq parties principales :

- un système d'introduction qui fait pénétrer l'échantillon dans le spectromètre de masse ;
- une source d'ions dans laquelle les molécules sont ionisées après bombardement électronique. Il existe plusieurs méthodes d'ionisation, le choix de celles-ci est directement lié à la nature de l'échantillon et au type d'analyse souhaité ;
- un analyseur qui réalise le tri des ions produits en fonction du rapport masse/charge par l'application d'un champ magnétique et/ou électrique ;
- un détecteur qui collecte les ions fragments et amplifie le signal associé aux ions ;
- un ensemble informatique de traitement des données qui permet de transformer les informations reçues par le détecteur en spectre de masse.

ICPMS (Inductively Coupled Plasma Mass Spectrometry)

L'ICPMS utilise un plasma pour générer des ions qui sont ensuite analysés par un spectromètre de masse avec des limites de détection très basse de l'ordre de 1ppb pour la plupart des éléments. La technique permet des analyses quantitatives et semi-quantitatives. Les échantillons introduits sont généralement liquides, mais des développements récents permettent un échantillonnage direct des solides par ablation laser et de gaz.

Activation neutronique (NAA – Neutron Activation Analysis)

Dans l'analyse par activation neutronique, les échantillons sont placés dans un réacteur nucléaire et soumis à un champ de neutrons. Des éléments présents à l'état de traces deviennent radioactifs après piégeages de neutrons. L'échantillon est ensuite extrait du réacteur et analysé par spectroscopie gamma. La désintégration radioactive produit des photons hautes- énergies et des rayons gamma qui sont analysés. Chaque radio-isotope émet un signal gamma caractéristique et les photons sont fonction de leur abondance.

L'unité de mesure est ici le ppm (partie par million), soit un gramme par tonne, voire le ppb (partie par billion), soit 1g pour 1000 t.

La méthode consiste à irradier un échantillon et un étalon de composition connue dans un flux de neutrons thermiques, c'est-à-dire très lents. Un noyau atomique de symbole chimique X, de numéro atomique Z et de masse atomique A capture avec une probabilité intrinsèque que l'on appelle section efficace un neutron, formant un noyau radioactif de même numéro atomique Z, mais de masse A+1. Ce noyau se transmute en général par radioactivité dans un noyau d'un autre élément de symbole Y, de numéro atomique Z+1.

On relève le spectre final de rayons gamma du noyau-fils. Leur énergie est caractéristique de ce noyau et donc du noyau-père. On mesure ensuite à l'aide d'un détecteur semi-conducteur le spectre de rayons gamma émis lors de la désexcitation du noyau final. On choisit pour la mesure de chaque élément un pic photo-électrique le plus intense et le plus dégagé de chevauchements correspondant à l'absorption d'un rayon par le détecteur. L'aire de ce pic est une mesure de l'abondance de l'élément initial.

En France, c'est au Laboratoire Pierre-Süe à Saclay que la méthode est appliquée dans les meilleures conditions. En particulier, le retour du coeur du réacteur des échantillons irradiés par convoyeur rapide permet d'y étudier les radioéléments de périodes très courtes.

Cette technique occupe une place très particulière parmi les méthodes analytiques de plusieurs points de vue :

1 - par son incomparable sensibilité pour le dosage d'éléments peu abondants (ppm-ppb) ;

2 - c'est la seule méthode non-destructive qui permet une analyse de l'ensemble du volume d'un échantillon.

PIXE (Particle induced X-Ray Emission - Emission de RX induite par particules chargés)

La spectroscopie PIXE est une méthode puissante qui permet de déterminer, de manière non destructive, la composition des éléments présents en traces.

L'analyse PIXE est une méthode quantitative qui repose sur la spectrométrie de rayons X caractéristiques, émis lors de l'irradiation d'un échantillon par des ions haute énergie. Le processus est analogue à d'autres méthodes d'émissions de rayons X après bombardement de photons ou d'électrons (EDS, EPMA, XRF). Après corrections, le signal X peut être transformé en concentrations. La méthode PIXE, plus précise que XRF, est utilisée pour l'analyse d'échantillons fins, de surfaces, d'échantillons avec peu de matériel, alors que le bombardement par photons (XRF) est utilisé pour des échantillons plus gros ou des échantillons en roche totale. Les analyses PIXE tout comme XRF peuvent être réalisées à l'air libre, celles avec EPMA et EDS nécessitent de mettre l'échantillon dans le vide. Le faisceau incident est constitué de protons, mais il est possible d'utiliser d'autres ions accélérés. On parle alors de méthode HIXE pour des ions d'hélium, ou DIXE pour des deutons.

Fluorescence X (XRF - X Ray Fluorescence)

Un faisceau de rayons X traversant la matière est soumis à trois processus : l'absorption, la dispersion et la fluorescence. La fluorescence X est une émission secondaire de rayons X, caractéristique des éléments atomiques qui composent l'échantillon. Les rayons X fluorescents émis par l'échantillon sont analysés par un spectromètre. Les rayons émis sont diffractés par un cristal avec différents angles et peuvent être utilisés pour identifier les éléments, les concentrations étant fonction de l'intensité du signal.

L'analyse quantitative sert à différencier et à caractériser les matériaux afin de connaître la technique de fabrication des objets, d'établir des classifications des collections et de retrouver les provenances à partir d'objets de fouilles découverts dans les ateliers et utilisés comme éléments de référence.

La fluorescence X est une utilisée pour l'analyse de la composition chimique des matériaux minéraux.

Elle peut être appliquée à l'analyse de tout matériau conducteur ou non. Elle sert au Laboratoire de Recherche des Musées de France (LRMF) à l'analyse des matériaux minéraux (verres, céramiques, mosaïques, mortiers, pierres dures, pigments). Ces matériaux ne peuvent être analysés sans avoir subi une préparation des échantillons (perles). En effet, la granulométrie et la nature des minéraux influent sur le rayonnement de fluorescence X, ce qui nécessite d'avoir des étalons de composition voisine.

EPMA (Electron Probe X-Ray Microanalysis) Microsonde électronique

La microsonde électronique (EPMA) est une technique d'analyse élémentaire qui repose sur le bombardement de l'échantillon par un faisceau d'électrons focalisés afin d'induire l'émission de rayons X. Les rayons X émis sont mesurés par des spectromètres. Les calculs de correction interélémentaires permettent d'analyser très vite, après calibrage par des standards, une large gamme de composition. La distribution d'éléments peut être visualisée qualitativement par des scans.

Imagerie

Cathodoluminescence

Un faisceau d'électrons bombarde un solide placé dans le vide et génère l'émission de photons dans l'ultraviolet, le visible et le proche infrarouge. Le principe est utilisé en microscopie et spectroscopie et permet d'obtenir une caractérisation uniforme (microscopie) ou sur les propriétés électroniques (spectroscopie) des matériaux.

Microscope électronique à balayage

Le pouvoir séparateur d'un microscope optique (*i.e.* son grossissement) est limité par la longueur d'onde de la lumière visible; aucun détail de dimension supérieure à 0,2 µm ne peut être observé. Aussi l'utilisation de particules accélérées de plus courte longueur d'onde associée permet-elle d'augmenter le grossissement. Le choix d'électrons accélérés, pour produire un rayonnement de courte longueur d'onde, est déterminé par plusieurs critères :

- la masse faible de ces particules qui peuvent être accélérées et focalisées au moyen d'un champ électrique ou magnétique ;
- une source d'électrons est aisée à mettre en œuvre ;
- les électrons sont plus facilement focalisés que les particules plus lourdes ;

- l'interaction des électrons avec la matière est plus faible que pour des particules plus lourdes ;

Comme pour les microscopes optiques, il existe deux types de microscopes électroniques :

- à transmission : ils ne permettent d'observer que des échantillons d'épaisseur suffisamment faible pour être transparents aux électrons (quelques dizaines de nanomètres) ;
- à réflexion : opère à la surface d'objets massifs.

Ces microscopes sont dits à balayage lorsque l'image est obtenue point par point (6 à 10 nm).

Le microscope électronique à balayage est souvent le premier instrument analytique utilisé lorsqu'un aperçu rapide d'un échantillon s'avère utile et lorsque le microscope optique n'offre pas la résolution suffisante. Dans cet instrument, un faisceau d'électrons balaye la surface de l'échantillon. L'interaction des électrons avec la surface génère différents signaux (électrons secondaires, courants internes, émission de photons...) qui sont détectés, analysés et utilisés pour générer une image sur un écran. Cette image est fortement agrandie et a l'aspect d'une image optique traditionnelle, mais avec une profondeur de champ très importante. Avec quelques detecteurs annexes, l'appareil est capable de faire des analyses élémentaires.

La plupart des matériaux peuvent être étudiés au moyen du microscope électronique à balayage : céramiques et pierres [observation et analyse des minéraux, étude de la stratigraphie d'un décor de céramique (glaçures)] ; verres [analyse chimique (fondants, colorants, opacifiants...), détermination des techniques de fabrication, caractérisation des phases cristallines dans la masse vitreuse] ; métaux [étude de la structure des alliages (forme des grains), mise en évidence des défauts de surface, des ségrégations, étude des corrosions].

Microscope électronique à transmission

En microscopie électronique à transmission, un échantillon fin (<200nm) est placé dans le vide et bombardé par un faisceau mono-énergétique d'électrons. Le faisceau est suffisamment puissant pour traverser l'échantillon. Une série de lentilles électromagnétiques grossissent ce signal électronique. La diffraction des électrons sur la face incidente permet de déterminer la structure atomique des matériaux. Les électrons transmis forment des images de petites parties de l'échantillon et renseignent sur la structure atomique de l'échantillon.

Pour conclure

L'intervention des outils et méthodes de la pétrogéochimie dans l'archéologie est de plus en plus sollicitée, avec toujours les mêmes heureux résultats ; elle élargit le domaine des recherches aux dimensions d'une archéologie d'où la quantification n'est plus absente.

Bien sûr, cet étalage d'outils et de méthodes ne doit pas faire oublier l'objet premier de la recherche archéologique, et ce n'est pas parce que les moyens techniques ou humains permettent d'accumuler une masse de données sur le moindre objet qu'il faut oublier l'objectif de la recherche. S'il est bien évidemment fondamental de déterminer avec précision la nature des objets recueillis en fouille, il est également tout aussi fondamental de déterminer leurs liens avec leur environnement et de traduire ces résultats en terme d'histoire des relations des sociétés avec leur espace, leur territoire d'approvisionnement, les ressources qu'elles y exploitent.

Ainsi, l'un des gros problèmes de l'archéologie en général et des études physico-chimiques en particulier est l'accumulation de données analytiques pour lesquelles il s'agira, au-delà de la phase nécessaire d'accumulation de données qualitatives et quantitatives brutes, de passer à l'élaboration de synthèses débouchant dans le champ de la réflexion historique.

Enfin, si des points d'intérêts, des hypothèses se dégagent de ces jeunes recherches, ils forment encore autant de questions : les études pétrographiques et physico-chimiques appliquées à l'archéologie, pour assurer leurs théories, doivent utiliser un échantillon statistiquement pertinent.

C'est un dialogue constant sur les objectifs, les problématiques, les protocoles d'analyses..., entre les spécialistes et les archéologues, qui conduira au perfectionnement de ces méthodes.

Mais l'étude des objets anthropiques ne nous renseigne pas uniquement sur leur histoire ou celle de ceux qui les ont conçus. En retour, elle peut aussi être utilisée à des fins prédictives de conservation et de restauration. Au-delà, l'altération d'un verre ancien et bien daté, de vitraux médiévaux, d'anciennes scories minières... permet aussi d'étudier l'altération des vitrifiats de déchets industriels ou nucléaires, de prévoir le vieillissement des matériaux céramiques... En cela, l'archéologie, les moyens et les techniques qui la servent, ont des applications industrielles directes. Mais il s'agit là d'un domaine de recherche nouveau dont les champs restent très ouverts.

Remerciements : Je tiens à remercier ici Elisabeth Legoff pour ses apports en ce qui concerne les roches métamorphiques, Jack Roger et Philippe Razin pour leur aide dans la rédaction des pages consacrées aux roches sédimentaires, Joëlle Burnouf et Alain Ferdière pour leurs relectures constructives, Gaelle Prouteau pour ses réserves quant à la pertinence du terme pétrogéochimie, et Yohan Peru pour les illustrations.

Pour en savoir plus

Quelques références

BERDUCOU M.C., *La conservation en archéologie*, Ouvrage collectif, Masson, 1990.

BRGM, *Notes d'orientation pour l'établissement de la Carte géologique à 1/50 000*. Orléans : Service géologique national, 3e éd., 1997, 240 p.

CALAS G., 1986. *Méthodes spectroscopiques appliquées aux minéraux*. Société Française de Minéralogie et de Cristallographie, 1-2, 680 p.

Chambre syndicale de la recherche et de la production du pétrole et du gaz naturel, *Normalisation des figurés, symboles et abréviations utilisés en exploration et production pétrolières*, Technip, Paris, 1991, 85 p. + annexes.

EBERHARDT J.P., 1989. *Analyse structurale et chimique des matériaux*, Ed. Dunod, 614 p.

HERZ N. et GARRISSON E.G., *Geological method for archaeology*. Oxford Univ. Press, 1997, 352 p. 110 fig.

HOLLOWAY P.H. et VAIDYANATHAN P.N., *Characterization of metals and alloys*. Edited by Butterworth-Heineman et Manning, 1993.

LE MAITRE R.W. (ed.), *A classification of igneous rocks and glossary of terms*. Recommendations of the International Union of Geological Sciences Subcommission on the Systematics of Igneous Rocks, Oxford : Blackwell Scientific Publication, 1989, 193 p.

LORUSSO S. et SCHIPPA B., *La méthodologie scientifique appliquée à l'étude des biens culturels, Dossiers de l'Archéologie* N° 39 et 42, 1995.

MORZADEC H., *Pétro-archéologie des céramiques armoricaines du Néolithique à la fin de l'Age du Fer*, 1996, 206 p.

PANSU M., GAUTHEYROU J. et LOYER J.Y., *L'analyse du sol, Echantillonnage, Instrumentation et Contrôle*, Ed. Masson, 1998, 497 p.

PICOT P. et JOHAN Z., *Atlas des Minéraux métalliques*, Mémoire N°90 du Bureau de Recherches Géologiques et Minières, 1977.

PHILIPPON J., JEANNETTE D. et LEFEVRE R.A., *La conservation de la pierre monumentale en France*, ouvrage collectif, co-édition Ministère de la Culture-Presses du CNRS, 1992.

RAPP G., HILL C.L., *Geoarchaeology. The Earth-Science Approach to Archaeological Interpretation*, XIII, 1998, 274 p., nbr. ill., relié.

ROUBAULT M., *Détermination des minéraux des roches au microscope polarisant,* Lamarre-Poinat éd., Paris, 1982, 382 p.

Techniques de l'ingénieur, *Analyse chimique et caractérisation*, 1992, 1300 p.

Quelques revues consacrées à l'étude des matériaux archéologiques :

Archaeometry / Research Laboratory for Archaeology and the History of Art, Oxford University. En anglais. - Semestriel. - ISSN 0003-813X

TECHNE, revue semestrielle d'environ 130 pages, éditée par la Réunion des Musées Nationaux (présentation du sommaire de chaque numéro à l'adresse suivante : http ://www.culture.fr/culture/editions/r-tekne.htm). Application des sciences exactes à l'étude du patrimoine culturel : études significatives, recherches approfondies, méthodes scientifiques mises en oeuvre sur les peintures, les sculptures, les objets d'art ou d'archéologie.

Quelques sites Internet

Nous ne saurions que trop conseiller une visite sur Internet à la sélection des sites suivants consacrés à l'archéologie en général et à l'archéométrie en particulier :

Un site qui fait l'inventaire de toutes les ressources Internet consacrées à toute l'archéologie :
http ://www.archnet.uconn.edu/

Le site du ministère de la culture :
http ://www.culture.fr/culture/conservation/fr/cours/cours.html

GÉOMORPHOLOGIE ET SÉDIMENTOLOGIE DES PLAINES ALLUVIALES

par Jean-Paul Bravard et Pierre-Gil Salvador

Introduction

Généralités sur la géomorphologie

Il est peu fréquent que les sites archéologiques soient localisés dans des environnements parfaitement stables à l'échelle des siècles ou des millénaires. Les mouvements tectoniques déforment l'écorce terrestre, provoquent des séismes destructeurs, ennoient ou perchent des sites côtiers. En complément de ces déformations liées au jeu des forces internes, les processus d'érosion affectent les continents et retouchent de manière variée la surface de l'écorce terrestre. Le vent exhume ou fossilise des formes dans les milieux arides et côtiers ; l'érosion marine fait reculer ou progresser le trait de côte, en particulier sur les littoraux meubles. Si les processus glaciaires ont perdu de leur intensité, la progression des glaciers à l'époque moderne a affecté les aménagements réalisés au Moyen Age dans certaines vallées des Alpes.

Surtout, les versants et les vallées sont le siège de processus d'érosion, de transport et de dépôt liés à la gravité et à l'action de l'eau ; en d'autres termes, il s'agit d'une longue redistribution de la matière des points hauts vers les points bas des bassins versants. Les sites archéologiques et les aménagements agraires, caractéristiques d'une époque de l'histoire humaine, coïncident avec un moment de la longue histoire de l'épiderme de la terre, un simple instantané dans l'histoire des versants ou des plaines. Après l'abandon d'un terroir par une société, la dynamique naturelle se poursuit, plus ou moins active selon la résistance du milieu et l'agressivité des agents de l'érosion, elle-même sous la dépendance du climat et de la protection assurée par les sols et la végétation. L'étude des processus qui conduit à la transformation physique des formes composant les paysages est l'objet de la *géomorphologie*. Nous avons fait le choix de retenir, dans une discipline multiforme, la géomorphologie des *plaines alluviales* qui concerne de très nombreux sites de vallée. Nous avons aussi développé un des aspects qui concerne les sciences de la terre, la *sédimentologie*, car l'étude des dépôts alluviaux est de première importance pour le géoarchéologue ; il s'agit, bien sûr, d'expliquer la genèse de ces dépôts, en général liés aux crues des rivières, mais aussi de comprendre le support d'une partie des sols étudiés par ailleurs dans ce volume.

Importance des plaines alluviales pour les sociétés humaines

Les cours d'eau et les plaines alluviales qui les drainent ont toujours attiré les sociétés humaines. Les cours d'eau naturels étaient riches en ressources alimentaires, puisqu'ils fournissaient des poissons autochtones et migrateurs, des oiseaux et des mammifères, comme les castors, par exemple (les noms de rivières françaises dérivés du latin *biber*, qui a donné *Bièvre*, sont nombreux); ces ressources naturelles étaient d'autant plus variées que les milieux aquatiques étaient complexes, avec leurs lacis de chenaux et de bras morts (Phot. 1).

A certaines saisons, des groupes humains s'installaient sur des gués naturels, comme à Pincevent où les Magdaléniens chassaient le renne. Faute de voies terrestres, les rivières ont sans doute été des axes de circulation précoces dans l'Ancien Monde, comme elles le furent dans le Nouveau aux XVIe-XVIIe siècles; elles transportaient le bois et les marchandises. Les plaines alluviales ont aussi attiré les agriculteurs grâce à la fertilité renouvelée et à l'humidité de leurs sols, malgré les risques que faisaient peser les inondations. N'oublions pas non plus que, comme les montagnes et les îles, les milieux humides de fond de vallée ont eu vocation à servir de refuges à des groupes humains : la plaine alluviale du Danube, en Hongrie, abrita jusqu'au XVIIIe siècle une société de pêcheurs, cueilleurs et agriculteurs qui échappaient aux dangers de la steppe de la Grande Plaine. Cette société avait élaboré une économie complexe, fondée sur le piégeage des poissons en hiver, la greffe des arbres de la forêt alluviale, la récolte du miel, etc. Dès le IIIe millénaire avant notre ère au moins, les Sumériens avaient appris à détourner l'eau des fleuves de Mésopotamie pour irriguer les plaines et, au Moyen Age, les rivières d'Europe ont été aménagées pour produire de l'énergie.

Intérêt particulier des plaines alluviales pour l'archéologie et l'histoire des paysages. Complexité de la question

Les conditions de la mise en place des sédiments alluviaux par les cours d'eau font que leurs plaines adjacentes sont des milieux particulièrement riches sur le plan archéologique, et susceptibles d'archiver sur la longue durée des témoignages de périodes culturelles multiples. Le déplacement des chenaux fluviaux* dans les plaines alluviales est certes destructeur, mais il permet la fossilisation de sites ou de simples « artefacts » sur les rives construites par le dépôt de sédiments ou sous les dépôts de débordement. Par ailleurs, dans les vallées qui n'ont subi que des fluctuations modérées de la nappe phréatique* accompagnant le cours d'eau, les objets et la matière organique issus des formations végétales naturelles sont conservés pendant des millénaires, ce qui confère un fort potentiel archéologique à ces milieux (Phot. 2); en revanche, dans les vallées qui ont connu des fluctuations verticales de la nappe phréatique, moins de façon saisonnière qu'à l'échelle des décennies ou des siècles, la matière organique est très mal conservée et le potentiel de datation très affaibli. La vallée de la Saône restera ainsi dans l'histoire de l'archéologie française une de celles qui ont permis les progrès des connaissances les plus précoces : à partir de 1865, les archéologues de Ferry puis Arcelin découvraient, au niveau de l'étiage* de la Saône et de sa nappe et sous plusieurs mètres d'alluvions, un niveau à tourbe et restes humains aujourd'hui attribué à l'Alleröd (12 000 - 11 000 BP); ce niveau, localement visible sur une longueur de plus de 100 km, était fossilisé par des couches de limons de débordement fins, révélateurs d'inondations non destructives, qui incorporaient des niveaux successifs de l'Age du Bronze, de l'Age du Fer et de l'époque gallo-romaine; la régularité en était telle que fut proposée la notion, aujourd'hui abandonnée, de « chronomètre alluvial » : l'épaisseur des couches alluviales était censée se substituer à l'enregistrement archéologique du temps.

Phot. 1 - Une vallée du Wyoming (Etats-Unis) ou la diversité d'un paysage de fond de vallée aménagé par des castors. Cette photographie donne un aperçu des paysages que l'Europe a pu connaître dans un passé lointain.

Phot. 2 - Une tourbière d'âge atlantique exhumée par l'érosion fluviale au confluent de l'Arve et du Giffre (Haute-Savoie). Les vallées conservent la matière organique grâce à la présence de la nappe phréatique.

Les dépôts sédimentaires des plaines alluviales, qu'ils soient minéraux ou organiques, sont aussi des archives du paysage. Comme nous le verrons, les sédiments sont des descripteurs du fonctionnement du cours d'eau. Leur granulométrie* renseigne sur l'énergie des courants de crue qui les ont déposés, tandis que leur composition pétrographique* indique leur origine spatiale. Grâce à l'humidité conférée par la nappe alluviale, des pollens sont conservés et renseignent sur l'histoire du paysage végétal de la plaine et de ses abords. Une analyse diachronique* (les sondages carottés intègrent le temps) permet de procéder à la reconstitution des phases de la construction des plaines. Sur une épaisseur de plusieurs mètres, la plupart des plaines alluviales françaises conservent des sédiments et de la matière organique déposés depuis le Tardiglaciaire*, soit depuis environ 12 000 ans. La profondeur d'enfouissement a permis aux artefacts d'échapper à une destruction par le travail des champs, comme dans certains sites de bas de versant à accumulation colluviale*.

La question se pose de l'origine des éléments anthropiques comme des restes organiques trouvés dans les plaines alluviales, quand on sait que les cours d'eau et les débordements de crue sont susceptibles de les déplacer. Les recherches géoarchéologiques doivent veiller à bien distinguer ce qui a été produit et déposé sur place, d'une part, et ce qui a une origine allochtone, d'autre part. C'est particulièrement vrai pour les pollens, qui peuvent être transportés par les eaux et refléter les conditions du bassin aussi bien que les conditions locales ; c'est vrai pour des troncs d'arbres, qui peuvent avoir été déracinés et déposés par une seule crue, mais qui peuvent aussi avoir été déposés lors d'un épisode hydrologique*, fossilisés puis repris et enfin redéposés par un autre épisode : dans ce cas, le géoarchéologue obtient l'âge de la mort de l'arbre et non l'âge du dépôt sédimentaire qui le contient. La même question peut se poser pour la position de fragments de céramique dans les stratigraphies. Les crues ne font pas que déposer et fossiliser ; elles peuvent éroder la surface des lits majeurs*, tronquant ou ravinant des couches et déplaçant des objets vers l'aval.

Le fonctionnement des hydrosystèmes fluviaux* : flux et réponses

Il est certes possible de cantonner l'étude de l'environnement des sites archéologiques à de simples aspects physiographiques*, comme l'emplacement ou la taille des chenaux fluviaux. Cette approche présente cependant l'inconvénient d'être statique, au mieux de donner, au fil des siècles, une vision diachronique de la topographie des lieux. En revanche, une approche dynamique, fondée sur la variabilité du comportement fluvial en réponse à celle des flux qui sont en jeu à l'échelle du bassin versant, se révèle beaucoup plus féconde.

Les composantes et le fonctionnement du système fluvial

Le bassin versant et le réseau hydrographique

L'entité spatiale qui doit être prise en compte dans l'analyse du fonctionnement des cours d'eau est le bassin versant* (Fig. 1). En effet, de manière en apparence paradoxale, le cours d'eau, qui est un milieu linéaire, dépend du fonctionnement d'un territoire, le bassin versant. C'est que le réseau hydrographique est composé d'une organisation hiérachisée de chenaux qui véhiculent des flux formés dans le bassin versant (Fig. 2). Celui-ci est délimité par une ligne de partage des eaux topographique, ce qui n'exclut

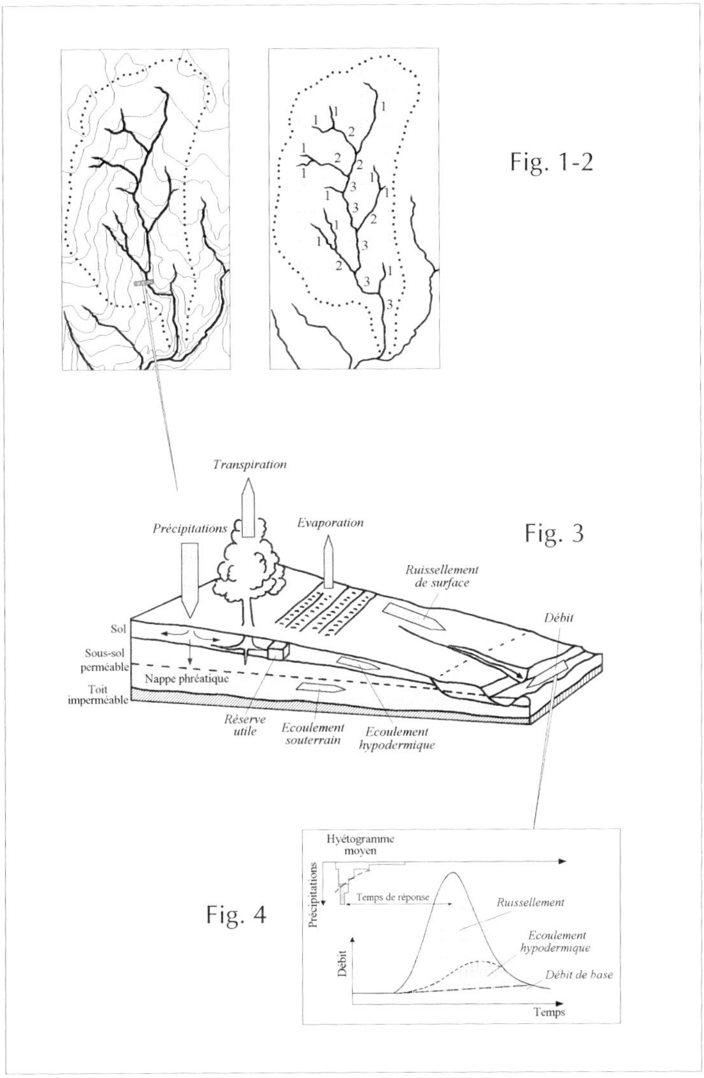

PLANCHE 1 - Thème « Réseau hydrographique et écoulement »

Fig. 1 - Limites du bassin-versant topographique. (D'après Gregory K.J., Walling D.E., *Drainage Basin Form and Process: A Geomorphological Approach*, London, Ed. Arnold, 1973)

Fig. 2 - Ordination du réseau hydrographique selon Strahler.

Fig. 3 - Le cycle de l'eau à l'échelle du bassin versant et l'origine des écoulements. (D'après Mounier J., Pagney P., Schule A., Raffy J., L'air et l'eau. *Historiens et Géographes*, 285, 1133-1196, 1981)

Fig. 4 - L'hydrogramme de crue.

(D'après Roche M., *Hydrologie de surface.* Gauthier-Villars/Orstom, 1963, 430 p.

pas que des apports souterrains provenant d'un espace plus vaste puissent contribuer à l'alimentation des rivières.

Les flux fournis aux chenaux fluviaux

Les flux qui circulent dans le réseau hydrographique sont de plusieurs types. Ce sont :

Les flux hydriques : ils proviennent de précipitations essentiellement pluvieuses ou neigeuses (Fig. 3). Les précipitations sont interceptées par la végétation qui permet l'évaporation directe d'une partie de l'eau. Dans les milieux forestiers, on estime que toute l'eau qui atteint le sol s'infiltre dans le sol dont elle remplit les pores ; après saturation, l'excédent gagne la nappe phréatique par percolation (quand le substratum* perméable se prête à la présence d'une nappe) ou circule de manière oblique et à faible profondeur vers le bas des versants : il s'agit de l'écoulement hypodermique.

Dans les régions boisées, l'écoulement des rivières est « tamponné » par la présence de la végétation et des sols, puisque l'essentiel de l'eau passe par une série de « réservoirs » qui diffèrent dans le temps le pic d'écoulement* par rapport à la période des précipitations. L'écoulement observé dans des conditions naturelles possède trois composantes (Fig. 4) :

- l'écoulement de base, très différé et assuré par l'eau des nappes phréatiques, qui permet l'écoulement d'étiage en saison sèche. Il est aujourd'hui démontré qu'un couvert forestier dense consomme de l'eau, au détriment de l'écoulement de base ;
- des pulsations de débit, assurées par l'arrivée de l'écoulement hypodermique ;
- l'écoulement rapide de crue, créé par les précipitations qui tombent directement sur les sols saturés des fonds de vallons.

Les défrichements affectent le bilan de l'eau, car ils réduisent l'interception et la consommation de l'eau précipitée. Ils favorisent donc les deux dernières composantes de l'écoulement présentées ci-dessus. Lorsque des versants sont mis en culture, la disparition de la litière et de l'horizon humifère des sols, ainsi que son tassement, limitent la capacité d'infiltration des précipitations. Une nouvelle composante de l'écoulement se manifeste : c'est le ruissellement, en nappe ou concentré. Cette forme d'écoulement gagne très rapidement les talwegs et produit des crues brutales et « pointues ». Les régions méditerranéennes cumulent, vis-à-vis des crues, le handicap d'être soumises à un climat à précipitations courtes et violentes, de présenter des pentes fortes et d'être mal protégées par le couvert végétal.

Les flux de sédiments : ils sont produits par l'érosion de la surface terrestre. La lithologie* et la granulométrie des sédiments qui entrent dans les chenaux fluviaux dépendent des caractères des roches du bassin, de l'énergie du relief et des processus qui permettent leur préparation et leur mobilisation. Les bassins versants montagnards produisent des matériaux hétérométriques* par l'effet des mouvements de masse (glissements, écroulements), des avalanches, de l'érosion glaciaire et torrentielle. Une grande partie des sédiments mobilisés gagne les lits fluviaux, mais les cônes de déjection assurent un stockage important dans les grandes vallées. Les régions de collines et de plaines permettent la mobilisation des particules issues de l'érosion des sols ou des dépôts fins d'origine périglaciaire* (les loess*, par exemple) ; la mise en culture est responsable d'un très fort accroissement de l'érosion. En règle générale, la charge grossière* en transit dans les lits fluviaux est héritée de la dernière période froide (le

Weichsélien dans le bassin de la Seine) ; elle est en général reprise sur le fond ou empruntée aux berges et provient rarement des versants, même défrichés.

A la surface du globe, la dégradation spécifique* est estimée à 5,7 tonnes/ha/an. Les plaines agricoles d'Europe fournissent 0,3 à 0,5 tonnes/ha/an alors que les valeurs naturelles seraient inférieures à 0,1 tonne/ha/an, mais les Alpes fournissent 1,2 tonne/ha/an. Dans les bassins dotés de larges vallées et d'un relief peu énergique, une part importante des sédiments produits par les versants est stockée en bas de pente ou à la surface des lits majeurs. Le taux de fourniture sédimentaire* aux océans y est donc modeste par rapport aux quantités enlevées aux versants. Un exemple américain donnera un aperçu de ce que les versants des régions européennes défrichés au Néolithique ont pu perdre comme matière : dans le Wisconsin, au relief de très basses collines couvertes de dépôts glaciaires et de loess, les défrichements réalisés par l'agriculture sur des sols vierges ont produit environ 30 tonnes/ha/an entre 1853 et 1938 ; les rivières n'ont pourtant exporté que 6 % de ces matériaux qui ont été stockés à proximité des lieux de production. Les mesures de « conservation » des sols se sont avérées efficaces, mais les rivières continuent de transporter des quantités de sédiments analogues à celles des années 30 : c'est que les rivières empruntent aujourd'hui aux stocks constitués lors de la précédente phase de mise en culture intensive.

Autres flux importants pour la vie des rivières : elles véhiculent aussi une charge dissoute importante, puisque celle-ci représente de 50 à 90 % des tonnages fournis aux océans par les grands fleuves d'Europe. Ces substances favorisent la production primaire* dans les eaux douces ; ainsi, les rivières coulant dans des bassins composés de roches carbonatées ont une productivité plus forte que celles qui coulent dans des bassins formés de roches métamorphiques. En outre, il ne faut pas négliger la matière organique particulaire*, comme le bois mort ou les feuilles, qui est transportée par les eaux, car elle participe au cycle du carbone ; on a parlé de flux spiralés pour décrire la circulation vers l'aval de la matière organique, du chenal vers les lits majeurs et des lits majeurs vers les chenaux. Il a été montré que les eaux amazoniennes issues des Andes sont riches en substances nutritives et en éléments minéraux ; de ce fait, elles sont beaucoup plus productives que les eaux noires des affluents, colorées par l'humus acide issu des régions boisées, sur socle lessivé ; ces rivières sont dites *rios do fame*, car les populations riveraines souffrent de malnutrition.

Les flux minéraux, de la source à la mer

Les flux ne circulent pas à la même vitesse dans le système fluvial. A l'échelle des sociétés, les crues circulent de manière instantanée, de sorte qu'il existe un synchronisme quasi parfait entre l'amont et l'aval. En revanche, la vitesse de circulation des sédiments dépend de leur mode de transport par les eaux.

Le transport des particules : les matières en suspension (ou M.E.S.) sont des particules de petite dimension (diamètre en général inférieur à 100-500 microns), mises en suspension par la turbulence créée par l'augmentation de la vitesse de l'eau. Elles descendent vers l'aval presque à la même vitesse que la masse d'eau, mais une partie se dépose dans le lit mineur*, ce qui permet une reprise aisée par les crues suivantes ; une autre partie se dépose à la surface du lit majeur ou sur des formes durables comme les bancs de convexité établis dans la partie interne des méandres. Le « temps de résidence » des particules minérales dans le lit majeur peut être de plusieurs décennies à plusieurs millénaires, avant une reprise par le cours d'eau.

Les particules de grosse taille, celles que la turbulence ne peut mettre en suspension, sont transportées sur le fond du lit par charriage et composent la charge de fond (il est à noter que le sable de la Loire est transporté par roulement lors des crues faibles et par suspension lors des crues fortes). Les particules individuelles roulées sur le fond parcourent quelques centaines de mètres à chaque crue et s'immobilisent à la décrue, souvent sur les bancs de convexité ou ceux localisés dans la partie médiane du chenal. Le déplacement saccadé des particules a fait comparer le travail des cours d'eau à forte énergie à celui d'une bande transporteuse.

Les vagues sédimentaires : il a été montré que les particules grossières se déplacent aussi en masse, mais la vitesse de ces « vagues » sédimentaires est beaucoup plus lente, de l'ordre de quelques kilomètres par siècle. Bombées, larges et de nature caillouteuse, ces mégaformes* sont injectées dans les systèmes fluviaux lors des phases de dégradation climatique qui s'accompagnent de processus d'érosion efficaces dans les massifs montagneux (Fig. 11). Les fonds de vallée sont donc des espaces de stockage à lente mobilité amont aval. La lenteur de la propagation des vagues sédimentaires est d'une grande importance pratique. Un site de fond de vallée placé loin à l'aval des zones d'apports enregistre avec retard l'arrivée des sédiments, sous la forme d'une aggravation des niveaux de crue. Ainsi, la ville de Grenoble n'a souffert des crues de l'Isère qu'au début du XVIIIe siècle, alors que les crues du Drac se faisaient sentir dès le XVe siècle environ (Fig. 5). La raison en est que l'exhaussement du lit du Drac par accumulation sédimentaire a été précoce dans un bassin versant à production sédimentaire abondante et à vallées étroites, alors que la large vallée du Grésivaudan permettait le stockage des sédiments de la haute Isère et de l'Arc. Par ailleurs, l'inertie des masses sédimentaires en mouvement est telle que leur déplacement peut se poursuivre pendant une période défavorable à la production des flux.

On conclura de cette présentation qu'une analyse cantonnée à l'examen d'un site archéologique fluvial doit prendre en compte d'autres échelles spatiales et temporelles : au moins celle de la vallée et celle des siècles encadrant la période étudiée.

L'ajustement des chenaux fluviaux à la variabilité temporelle des flux

Les mécanismes de l'ajustement

Les chenaux fluviaux sont des enveloppes déformables qui ajustent leur géométrie à la réalisation du transfert optimal d'eau, de sédiments et, dans une moindre mesure, de débris organiques grossiers. Il est à noter que la charge de fond joue un rôle plus important que la charge en suspension dans le contrôle des formes. La géométrie des chenaux est ajustable dans les trois dimensions, de sorte que les rivières possèdent des degrés de liberté (Fig. 6 A et B) : les variables susceptibles de s'ajuster sont la longueur d'onde* (λ) des sinuosités observées en plan, la pente (P), la profondeur (p) et la largeur (l) du chenal fluvial. Elles sont qualifiées de variables internes ou d'ajustement, alors que les flux Q_l (liquides) et Q_{sf} (solides) sont des variables externes ou de contrôle. Le jeu des variables d'ajustement produit différents paysages de base, ou styles fluviaux, qui sont les tresses* et les méandres* ou chenaux uniques et mobiles à sinuosité prononcée (Si).

L'évolution relative dans le temps des flux d'eau et de charge grossière conduit à la modification des variables internes de la façon suivante :

variables de contrôle	variables ajustées	style fluvial	
$Q_l^+ > Q_{sf}^+$	l^+, p^+, l/p^+, λ^+, P^+, S_i^-	incision tresses	(1)
$Q_l^- < Q_{sf}^-$	l^-, p^+, l/p^-, λ^-, P^-, S_i^+	incision méandres	(2)
$Q_l^- > Q_{sf}^-$	l^-, p^-, l/p^-, λ^-, P^-, S_i^+	exhaussement méandres	(3)
$Q_l^+ < Q_{sf}^+$	l^+, p^-, l/p^+, λ^+, P^+, S_i^-	exhaussement tresses	(4)

Ces équations qualitatives montrent que les phases à écoulement relativement abondant par rapport au travail à effectuer pour le transport de la charge de fond, en (1) et (2), confèrent aux rivières une forte énergie nette. Il en résulte un déstockage* sédimentaire, traduit par l'incision du lit fluvial; cette incision peut aller jusqu'à la formation d'une terrasse, qui est une ancienne plaine alluviale perchée par rapport au talweg, de sorte que les crues n'en permettent que rarement ou jamais l'inondation. Inversement, en (3) et (4), lorsque le débit liquide est insuffisant par rapport aux entrées de charge de fond dans le système, le lit tend à s'exhausser.

Lorsque le débit solide se réduit, que le débit liquide soit relativement faible (2) ou fort (3), le cours d'eau ajuste également sa forme en plan. L'allongement du tracé est une façon de dissiper l'énergie, puisque la pente est réduite. Cet allongement produit des sinuosités, qualifiées de méandres lorsque la sinuosité* Si dépasse 1,2 ou 1,5. Au contraire, les tresses sont dues à la division de l'écoulement en eaux moyennes et basses par les bancs d'alluvions; le tressage est très marqué en (4), mais se produit aussi lorsque le débit permet l'évacuation des sédiments si les entrées en sont abondantes (1).

Des cours d'eau affectés par la modification des paysages de leur bassin versant

Le fonctionnement des rivières et leur paysage sont affectés par les modifications que les sociétés humaines font subir à leur bassin versant. Prenons le cas du défrichement d'un bassin versant montagnard qui subit une occupation agricole de la part d'un groupe humain (Fig. 7). Le débit liquide tend à augmenter par altération du cycle de l'eau, car le ruissellement est renforcé au détriment de l'infiltration et de l'écoulement hypodermique. Cette augmentation du débit liquide est inférieure à l'augmentation du débit solide liée à la mobilisation de particules grossières sur les versants; en d'autres termes, l'augmentation du débit ne suffit pas à l'évacuation d'un excès de charge de fond. Le chenal, qui évacue difficilement ces flux, s'élargit et perd sa profondeur; la réduction de la sinuosité en plan, corollaire de l'augmentation de la pente, permet une meilleure évacuation des sédiments vers l'aval, ce jusqu'à l'équilibre, si le jeu relatif des flux se stabilise.

Dans le cas inverse, celui d'une progression de la friche puis d'un reboisement du bassin versant, on assiste à une très forte réduction des apports solides aux cours d'eau et à une réduction, moins importante, des débits liquides, notamment des débits de crue. Le chenal, où se dissipe une énergie capable d'évacuer la charge et de se fournir en matériaux complémentaires, s'enfonce et se rétrécit. Il adopte une forme en plan susceptible de réduire la pente par augmentation de la sinuosité, le style à méandres.

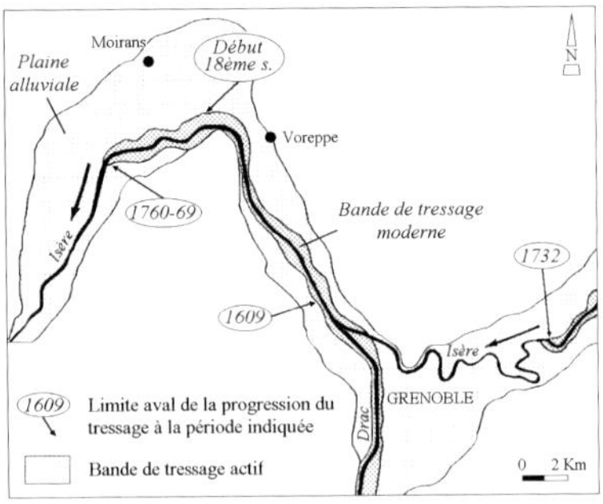

Fig. 5

Fig. 6

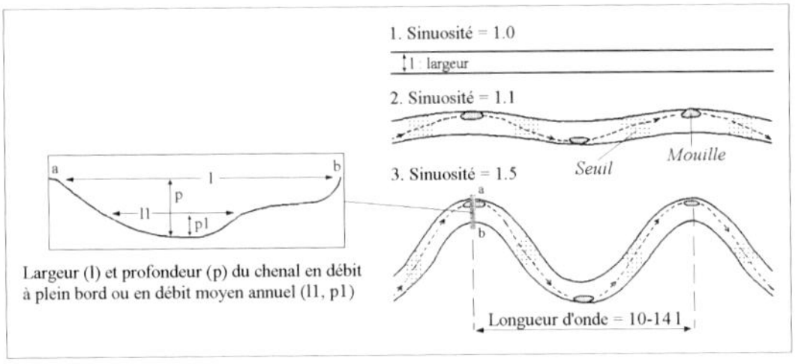

A B

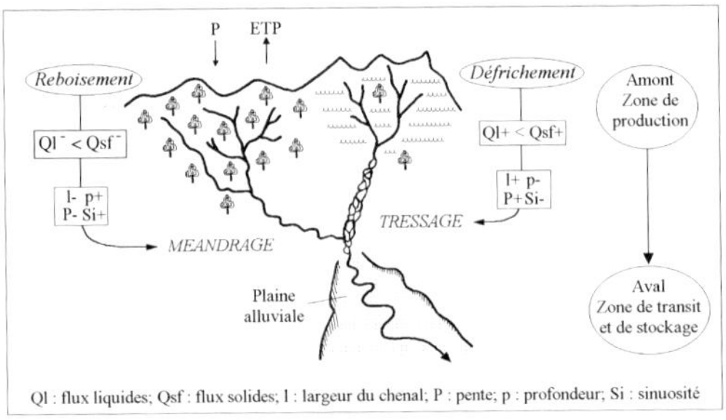

Fig. 7

PLANCHE 2

Fig. 5 - Suite à la crise érosive du Petit Age Glaciaire, le style fluvial tressé progresse sous la forme d'une vague sédimentaire vers l'aval du réseau hydrographique, plus rapidement sur le Drac que sur l'Isère. [D'après Salvador P.G., *Le thème de la métamorphose fluviale dans les plaines alluviales du Rhône et de l'Isère (bassin de Malville et ombilic de Moirans).* Thèse de géographie, Lyon 3, 1991, 498 p.]

Fig. 6A - Paramètres élémentaires de la géométrie d'une section de chenal. - Fig. 6B - Sinuosité et longueur d'onde. (D'après Richards K., *Rivers. Forms and Process in Alluvial Channels.* Methuen, London, 1982, 346 p.)

Fig. 7 - Conséquences de la modification du paysage d'un bassin versant sur le style fluvial adopté par les cours d'eau d'un réseau hydrographique.

La question est rendue complexe par le fait que les pas de temps du changement varient d'un compartiment du système à l'autre. Si le climat se modifie dans une région sèche, dans le sens d'une augmentation relativement brutale des précipitations, les formations végétales s'adaptent, au profit d'une couverture plus dense qui doit assurer une meilleure protection des versants vis-à-vis de l'érosion ; l'humidification se traduira donc par une réduction du transport solide (soit un scénario de type Q_l^+ & Q_{sf}^- ; cf. tableau ci-dessus). Comme le temps de réaction de la végétation peut prendre plusieurs décennies, la phase de changement climatique devient en réalité une phase de crise érosive qui mobilise des quantités importantes de sédiments en direction des lits fluviaux ; alors que le scénario esquissé laissait attendre une tendance à l'incision et au méandrage, la crise se traduit par un exhaussement des lits fluviaux et une tendance au tressage.

On a évoqué précédemment le cas de sédiments appartenant à la charge de fond. Dans les régions de plaines et de plateaux de l'Europe moyenne, les défrichements par les premières sociétés d'agriculteurs ont eu pour résultat l'injection d'une quantité très importante de particules fines, issues de l'érosion de la couverture loessique mise en place lors des phases froides du Quaternaire (son épaisseur peut dépasser 10 m). Ces sédiments fins ont formé un épais revêtement en fond de vallée, qui a eu pour effet d'influencer la dynamique fluviale et le paysage des rivières : la cohésion accrue des sédiments de berge a sans doute favorisé une modification de la géométrie en travers des lits fluviaux au profit de lits plus étroits et plus profonds ; ce processus progressif a sans doute accéléré la simplification des tracés à chenaux multiples hérités du Tardiglaciaire*. Les processus de fourniture sédimentaire par les versants n'ont cependant pas été continus, car des phases de déprise* humaine, de recolonisation végétale et de pédogenèse* se sont intercalées à plusieurs reprises pendant l'Holocène*.

La métamorphose fluviale

Les éléments précédents montrent que les cours d'eau sont des systèmes à processus-réponses qui peuvent réagir de manière réversible, lorsque les chenaux fluviaux ne sont pas trop perturbés par les aménagements humains. Un même tronçon de vallée peut successivement connaître un enfoncement et un exhaussement du lit de son cours d'eau, et un passage des tresses aux méandres (et inversement), en fonction de la dynamique relative des flux dans l'histoire du système. On qualifie de métamorphose ce changement de dynamique et de paysages.

Les vallées polonaises ont livré la démonstration de l'existence de métamorphoses successives depuis le Tardiglaciaire (Fig. 8). Les plaines alluviales y possèdent les reliques des styles fluviaux, sous la forme de paléo-trains de méandres et de paléo-bandes de tressage* (cf. ci-dessus & sur le paysage) inscrites sur leurs marges. Sachant que la longueur d'onde des méandres est approximativement corrélée avec le débit de formation, des tentatives de reconstitution de la paléohydrologie ont été entreprises. En France, la vallée de l'Isère conserve de remarquables traces de paléoméandres, sur les marges de l'ancien ombilic glaciaire de Moirans (Fig. 9). Leur remplissage organique a été daté de l'époque gallo-romaine, ce qui laisse penser à un fonctionnement et à un recoupement survenus à cette époque ; il est fort probable que les flux solides étaient réduits. Ce paysage relictuel contraste avec la bande de tressage de l'actuelle Isère qui a progressé dans l'ombilic de Moirans aux XVIIe-XVIIIe siècles, en réponse à la péjoration climatique du Petit Age Glaciaire (mais avec le temps de retard explicité *supra*)

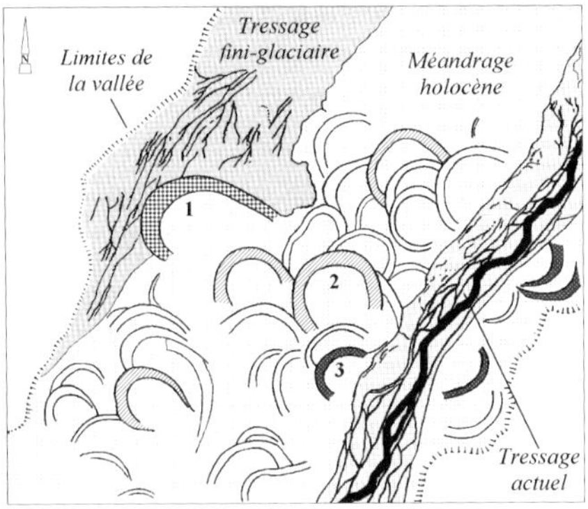

Fig. 8

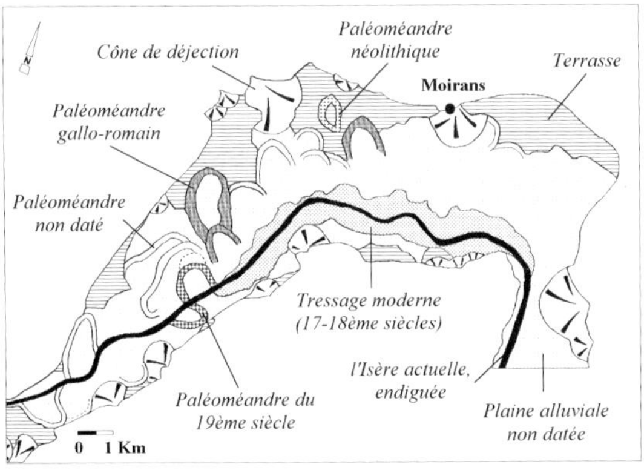

Fig. 9

PLANCHE 3 - Thème de la métamorphose fluviale

Fig. 8 - La vallée de la Vistule dans la région de Tarnobrzeg. Tressage fini-glaciaire auquel succède le méandrage (3 générations), et, à nouveau, à l'Actuel, du tressage. (D'après Mycielska-Dowgiallo E., Channel pattern changes during the last glaciation and Holocene, in the northern part of the Sandomierz basin and the middle part of the Vistula Valley, Poland. In Gregory K.J. (Ed.), *River Channel Changes*, Wiley and Sons, 1977, 75-87)

Fig. 9 - L'Isère dans l'ombilic de Moirans. Méandrage d'époques atlantique (néolithique) et gallo-romaine, tressage du Petit Age Glaciaire dans la partie amont, chenalisation actuelle. (D'après Salvador P.G., *Le thème de la métamorphose fluviale dans les plaines alluviales du Rhône et de l'Isère (bassin de Malville et ombilic de Moirans)*. Thèse de géographie, Lyon 3, 1991, 498 p.)

(Fig. 5). Pour trouver une abondante littérature sur la question, on se reportera avec profit à des ouvrages qui traitent principalement de vallées du nord de l'Europe.

Le potentiel archéologique des plaines alluviales : une question de style

En fonction du mode d'ajustement des chenaux au transit des flux, on distingue deux grands types de styles fluviaux, les lits en tresses et les lits à méandres (cf. ci-dessus les mécanismes de réajustement). En règle générale, le style en tresses caractérise le cours amont des rivières qui, dans les régions à relief contrasté, est alimenté par une charge grossière et abondante, déplacée par des crues puissantes. La rivière passe progressivement vers l'aval à un style composite, puis à un style à méandres. La granulométrie de la charge en transit s'affine vers l'aval, tandis que le débit augmente ; le cours d'eau possède de ce fait une énergie nette excédentaire qu'il dissipe par la réduction de la pente, les méandres étant, comme on l'a vu, une des façons de la diminuer. Le fait qu'une rivière développe un style en tresses ou un style à méandres a de multiples implications, d'ordre écologique et humain.

Quel que soit le style fluvial considéré, les rivières sont bordées par des lits majeurs (notion hydrologique) ou plaines alluviales* (notion géomorphologique). Ces espaces, plus ou moins vastes, sont sujets aux débordements des crues et subissent une sédimentation d'intensité variable, qui conduit à leur lent exhaussement. L'intensité de l'exhaussement se réduit avec le temps et les matériaux fins sont recyclés par le retour au cours d'eau que crée l'érosion latérale, plusieurs siècles ou millénaires plus tard.

Paysage, écologie humaine et potentiel archéologique des vallées à rivières en tresses

Le paysage

Les rivières en tresses se définissent par l'existence d'un paysage dynamique dans la bande de tressage (Fig. 10 A-B-C, 11 et 13). Cet espace, large de quelques mètres à plusieurs kilomètres selon la taille des rivières naturelles, associe d'une part des bancs de galets nus ou stabilisés à des degrés divers par la colonisation végétale, d'autre part des chenaux faiblement sinueux et peu profonds, à morphologie de seuils* et de mouilles* faiblement individualisés (Phot. 3). En marge de la bande active, la plaine alluviale, ou le lit majeur, est parcourue par des courants de débordement rapides ; le fait que les bandes de tressage tendent à s'exhausser par excès de charge dans les systèmes sujets à une crise érosive aboutit à ce que la fréquence des débordements y est particulièrement forte et que des phénomènes d'hydromorphie* s'y manifestent (sols à gley*, marais temporaires ou permanents, dans les cas extrêmes).

L'écologie humaine

Cette description suggère que les fonds de vallée pourvus de rivières en tresses au Premier Age du Fer ou au Petit Age Glaciaire ont été des milieux répulsifs ou, tout au moins, des milieux où l'occupation ne pouvait être que temporaire, du fait de la sévérité des contraintes hydriques. Dans la réalité, les choses sont moins simples. Il existe des cas où la pression démographique était telle que l'agriculture labourée était tentée, même sur des bancs de galets exposés aux crues d'été ; tel était le cas vers 1730 sur le

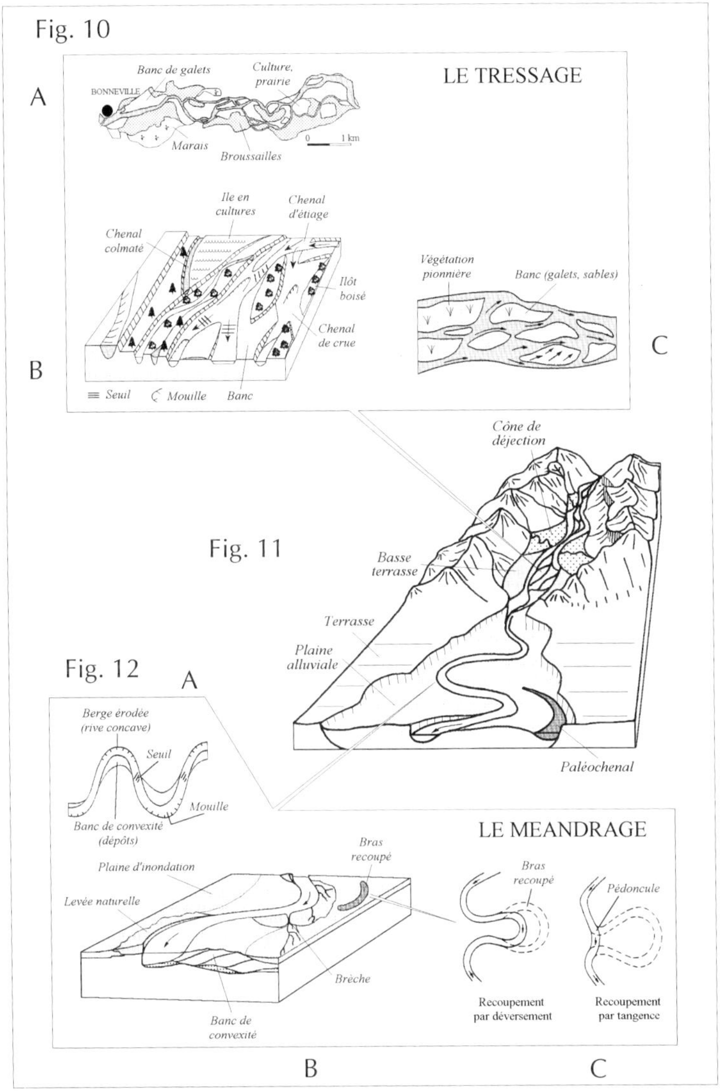

PLANCHE 4 - Thème des styles fluviaux

Fig. 10 - Le tressage. - Fig. 10A - Bande active (en pointillé clair) et marges au XVIIIe dans la vallée de l'Arve (1730). [D'après Peiry J.L., *Approche géographique de la dynamique spatio-temporelle des sédiments d'un cours d'eau intra-montagnard : l'exemple de la plaine alluviale de l'Arve (Hte Savoie).* Thèse de géographie, Lyon 3, 1988, 378 p.] - Fig. 10B - Vue en bloc diagramme. (D'après Baumgart-Kotarba M., Mechanisms of braided alluvial plain formation. Coarse gravel sedimentary environment as example. *Quaestiones Geographicae*, 2, 1989, 5-16) - Fig. 10C - Bande active, associant chenaux mobiles et bancs végétalisés ou non.

Fig.11 - Le continuum géomorphologique : tressage amont et méandrage aval. (D'après Peiry J.L.)

Fig. 12 - Le méandrage. - Fig. 12A - Les formes élémentaires d'un chenal à méandres - Fig. 12B - Les formes de construction de la plaine alluviale. (D'après Reineck H.E., Singh I.B., *Depositional Sedimentary Environments.* Springer-Verlag Berlin, 1975, 439 p.) - Fig. 12C - Les deux types de recoupement d'un méandre.

Haut-Rhône, dans la plaine de Chautagne (Fig. 13), selon la « mappe sarde » ou cadastre savoyard (cet exemple n'est pas sans rappeler ce que l'on constate dans toutes les sociétés à forte densité humaine sur les flancs des volcans actifs). Dans d'autres cas, des villes ont pu s'établir dans des espaces soumis à des débordements érosifs. A Lyon, des bâtiments augustéens autour du tournant de l'ère ont été construits dans la Presqu'île ; ils ont été affectés par plusieurs crues débordantes au Ier siècle après J.-C. et reconstruits sur des sols faiblement exhaussés par des apports de remblai alors que le bon sens, prêté facilement aux Gallo-Romains, eût dû commander une délocalisation ou la construction de digues, dont aucune preuve n'existe à ce jour. Comme explication, il convient d'invoquer la relative permanence de l'habitat lorsque changent durablement les conditions naturelles, peut-être parce que toute société, développée ou non, est encline à considérer l'aléa comme non renouvelable s'il est neuf à l'échelle de la vie humaine. Comme dans le cas de la Chautagne, il faut aussi prendre en compte les intérêts multiples – ils nous échappent aujourd'hui – que présentait l'occupation de ce type de milieu.

Malgré des apparences défavorables, les plaines à cours d'eau en tresses présentaient certains avantages. En premier lieu, les rivières étaient facilement franchissables, y compris par des chariots, puisque les seuils, certes mobiles, étaient facilement guéables, du fait que la division du chenal en réduisait la profondeur. Par ailleurs, ce type de cours d'eau était très favorable à la vie et donc à la pêche des salmonidés comme la truite et le saumon ; les eaux étaient en effet rapides et bien oxygénées, les fonds graveleux et mobiles favorables à la fraie et aux macro-invertébrés qui composent une partie de la nourriture des poissons. De plus, des eaux peu profondes et relativement claires sont favorables à la pêche au filet. Elles sont aussi favorables, à partir du Moyen Age, au travail des moulins à nef, que l'on déplaçait de façon à les maintenir dans le fil du courant. La navigation n'était pas empêchée par les conditions hydrauliques décrites, car les hautes eaux (eaux dites « marchandes » à l'époque moderne) permettaient la descente des radeaux de bois, si elles interdisaient la remonte des bateaux. Les îles étaient utilisées comme pâturages par le gros bétail et fournissaient du bois de chauffe.

Le potentiel archéologique des plaines de tressage

Les bandes de tressage sont pauvres sur le plan archéologique, mais l'expérience montre que les bancs de gravier peuvent contenir du matériel perdu par la navigation (des cargaisons de pierres et des meules, des ancres ont été retrouvées sur le Haut-Rhône), des structures appartenant à des pêcheries, etc. Le potentiel n'est pas nul dans et sous les nappes de galets mises en place lors des phases hydro-climatiques favorables au tressage. Il convient de ne pas éliminer la possibilité d'y faire des découvertes. Ainsi, une structure maçonnée a été découverte sur le site de la place de la Bourse à Lyon, au coeur d'une nappe de galets sur laquelle a été installé le bâti gallo-romain du Ier siècle après J.-C. Cette nappe doit cependant être de peu antérieure au Ier s. et correspondre à une réactivation de la nappe du Premier Age du Fer par des chenaux de crue. Plus significatif est l'exemple d'une fossilisation par une bande de tressage : lors de la prospection réalisée sur le tracé de l'autoroute Grenoble-Gap, un site gallo-romain a été découvert sous la nappe de galets mise en place au Petit Age Glaciaire par la Gresse, qui descend du Vercors.

Fig. 13

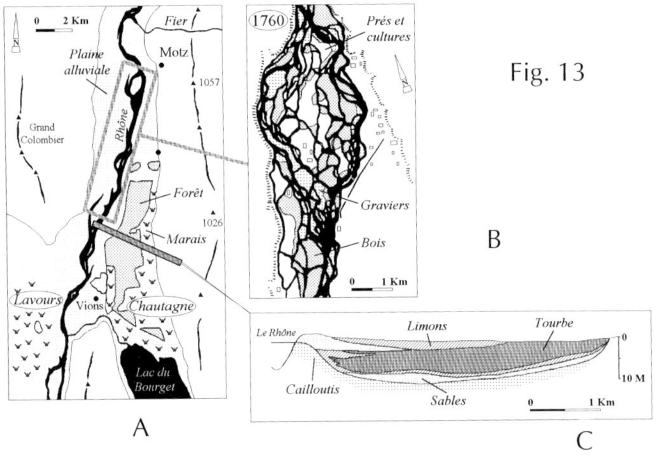

Fig. 14

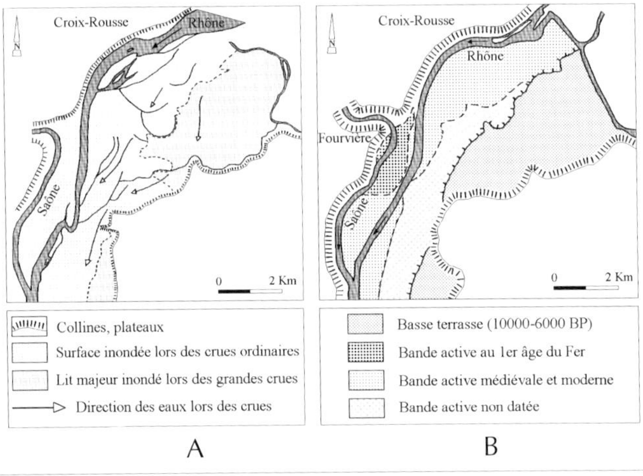

PLANCHE 5

Fig. 13 - La Chautagne, Haut-Rhône français. (D'après Bravard J.-P., *La Chautagne. Dynamique de l'environnement d'un pays savoyard.* Inst. ét. rhod., 18, 182 p., Lyon, 1981) - Fig. 13A - Un « arrière-marais » ; le Rhône est profondément simplifié (1970) par rapport au XVIIIe siècle. - Fig. 13B - Style fluvial et occupation du sol au XVIIIe siècle. Les îles sont en partie cultivées ou pâturées. - Fig. 13C - Coupe montrant la sédimentation de type « arrière-marais » liée à l'exhaussement du lit du Rhône sur ses alluvions. Noter l'épaisseur de la tourbe et le recouvrement récent par des dépôts de crue.

Fig. 14 - La confluence Rhône-Saône. (D'après Bravard J.-P., Evin J., Datation du remblaiement holocène dans un secteur de la plaine alluviale du Rhône à Villeurbanne (69). *Bull. Labo. Rhod. de Géom.*, n° 23-24, 1989, 3-11) - Fig. 14A - Les zones inondables à la fin du XVIIIe siècle d'après une carte ancienne ; noter l'existence d'une basse terrasse inondable (trame foncée) - Fig. 14B - Les unités morphologiques de la plaine alluviale du Rhône d'après les prospections récentes.

Phot. 3 - Un bel exemple de paysage de rivière en tresses naturel : la Squamish en Colombie Britannique (Canada).

Phot. 4 - Un bras mort issu du recoupement d'un méandre : la « lône » de la Chaume dans la plaine alluviale du Haut-Rhône. Le paysage diversifié d'un bras âgé en cours de fermeture et envahi par la végétation riveraine.

Dans la plupart des cas, cependant, les nappes caillouteuses ont détruit les structures antérieurement installées dans les plaines alluviales (voir volume sur la prospection dans cette collection). Des sondages de précaution sont cependant conseillés pour être certain que des occupations anciennes n'ont pas échappé à la prospection. Il est utile de connaître l'âge de la mise en place de ces nappes caillouteuses, afin de connaître le potentiel archéologique en fonction d'un *terminus post-quem;* des troncs subfossiles* ou des lentilles sablo-limoneuses contenant des restes végétaux permettent parfois une datation par le radiocarbone.

Paysage, écologie humaine et potentiel archéologique des vallées à rivières méandriformes

Le paysage

Les rivières à méandres sont réputées pour leur dynamisme relativement faible ; les crues débordantes sont peu destructrices et déposent en général un limon fertile. Comme le méandrage est censé représenter la réponse morphologique du cours d'eau à un déficit de charge de fond, une légère incision accompagne fréquemment ce style fluvial et les débordements sont moins fréquents que dans le style à tresses. Il semble même acquis que l'incision-méandrage a perché les anciens lits majeurs jusqu'à en faire de basses terrasses à Lyon, à Vienne et dans la moyenne vallée du Rhône pendant l'époque de La Tène. En d'autres termes, un style fluvial ne représente pas seulement une réponse à des conditions environnementales jouant à l'échelle du bassin versant ; il peut être le moteur d'une dynamique qui affecte dans un sens positif ou négatif l'ensemble des compartiments d'une plaine alluviale.

Le seul risque notable est lié à la migration des boucles de méandres (Fig. 12 A-B-C). La mobilité des méandres est due aux processus d'érosion latérale en rive concave, couplés aux processus de construction en rive convexe ; elle conduit au recoupement des pédoncules* et, souvent, à un glissement des boucles vers l'aval. Le déplacement de la bande de méandrage dans l'espace de la plaine alluviale se fait à un pas de temps plus long (de plusieurs siècles à plusieurs millénaires) ; il a pour effet de réincorporer les matériaux érodés à la circulation amont/aval des flux de matière.

L'écologie humaine

Les vallées à méandres sont donc favorables aux activités humaines. La nappe phréatique est relativement basse dans les cas d'incision ; les terres fertiles et sûres sont des espaces agricoles et sont propices à l'urbanisation à partir de l'époque gallo-romaine. Les rivières à méandres sont relativement étroites et profondes, mis à part les seuils dont la position n'est pas stable dans les cours d'eau naturels. Elles sont peu favorables à l'établissement de gués durables, mais sont faciles à franchir à l'aide de ponts. Elles sont également faciles à naviguer, grâce à leur bonne profondeur et à la faiblesse de leur pente, encore que les sinuosités présentent l'inconvénient de rallonger le parcours. Les plaines des rivières à méandres offrent enfin des ressources piscicoles variées, en associant celles du chenal à courant vif et celles des bras morts plus ou moins isolés (Phot. 4), dont les poissons sont adaptés aux eaux lentes ou stagnantes (brochet, perche, brême, carpe…).

Le potentiel archéologique des plaines à méandres

Le potentiel archéologique des plaines à méandres est en général fort, en particulier lorsque la migration latérale des formes est limitée par une faible énergie et par le caractère cohésif des berges, elles-mêmes en relation avec la présence d'argile dans les sédiments. Dans la plaine de l'Isère à l'aval de la cluse de Voreppe, la présence de larges boucles de méandres, recoupées à l'époque romaine jusqu'aux marges de la plaine alluviale, a permis d'émettre l'hypothèse que le potentiel archéologique était très réduit pour la période pré-romaine du fait de sa probable destruction par l'effet de la migration. Vérification faite, les recherches concernant la Protohistoire ont ainsi pu se concentrer sur d'autres milieux (Fig. 9).

La migration des méandres est certes destructrice, mais elle permet la fossilisation d'artefacts abandonnés sur la partie inférieure des convexités de berge : le déplacement du chenal vers la concavité s'accompagne d'un dépôt sédimentaire rapide sur la berge convexe ; ce principe permet, par exemple, la découverte de matériels de pêche, tels qu'une nasse en osier d'époque gallo-romaine à Chalon-sur-Saône. Au reste, les vertus de la migration étaient perçues, puisque Attila choisit de faire déposer son cercueil au fond de la Tisza réputée pour la rapide migration de ses méandres ; sa dépouille gît aujourd'hui quelque part sous la plaine alluviale, à la profondeur des mouilles… En rive concave des méandres, la migration est destructrice, mais elle permet la découverte de sites, comme sur les berges de la Saône, à Ouroux.

Les processus de sédimentation à la surface des plaines alluviales

La présentation du potentiel archéologique des plaines, rattachées aux deux grands types de styles fluviaux, a permis d'évoquer la question du dépôt des sédiments par les crues. Ce point, étroitement lié à la mise en place des séquences alluviales et à leur interprétation dans les stratigraphies dégagées lors des fouilles, mérite un développement. La sédimentation à la surface des plaines alluviales par les eaux débordantes obéit en effet à un certain nombre de principes.

Les mécanismes généraux de la sédimentation à l'échelle de la plaine alluviale

On considère que les lits fluviaux en équilibre avec leur plaine alluviale sont sujets à des débordements pour une période de retour voisine de 1,5 an, ou grossièrement située entre 1,2 et 2 ans. Ce débit-seuil est aussi qualifié de débit de plein bord. Lorsque le chenal principal d'un cours d'eau est connecté à des chenaux abandonnés, le flux débordant trouve des cheminements préférentiels pour des valeurs de débit qui peuvent être très inférieures à celui de plein bord. Il en résulte que ces « annexes » sont le siège d'une sédimentation plus intense et souvent plus grossière qu'à la surface des lits majeurs. Lorsque les chenaux abandonnés sont sinueux, la réduction des vitesses d'écoulement favorise le dépôt des matières en suspension ; lorsqu'ils sont relativement rectilignes et disposés dans l'axe de plus grande pente de la plaine alluviale, les vitesses d'écoulement peuvent favoriser les transits amont/aval, voire les recreusements, de sorte que la durée de vie des chenaux est prolongée. Localement, la diffusion des particules grossières s'explique par des processus caractérisant la mobilisation de la charge de fond.

Les dépôts de matières en suspension à la surface des lits majeurs se font, en règle générale, suivant un taux qui dépend de la concentration en matières en suspension des flux de débordement, de la profondeur de l'eau (les forces tractrices* dépendent de cette épaisseur) et de la vitesse du flux (celle-ci est fonction de la pente de la plaine et de la rugosité créée par les formes de terrain et par la végétation). Il existe aussi un gradient transversal, puisque l'épaisseur des dépôts et la taille des particules déposées se réduisent du chenal principal vers les marges du lit majeur; les dépôts sont plus intenses et plus grossiers sur les bancs de convexité et les levées adjacentes aux chenaux que dans les bassins de décantation et les arrière-marais, où la taille des particules est rendue homogène par le fait que domine là le processus de décantation en eau calme. Enfin, dans une plaine alluviale façonnée par un cours d'eau en équilibre, les marges sont sujettes à des dépôts de moins en moins épais et de plus en plus fins, dans la mesure où l'ancienneté relative des formes a permis un exhaussement progressif au fil des siècles; cette évolution réduit la profondeur de l'eau et donc la taille des particules susceptibles de gagner ces secteurs du lit majeur.

Les conditions du dépôt et de la remobilisation des sédiments dépendent de la position du lit majeur dans le continuum fluvial*. Les tronçons de vallée situés à l'amont du système fluvial disposent d'une énergie importante, qui s'applique à des plaines alluviales en général étroites; vers l'aval, l'énergie diminue et la largeur des plaines augmente, de sorte que les conditions sont favorables au dépôt et à une capitalisation plus forte des sédiments. En d'autres termes, le temps de résidence* des sédiments augmente en même temps que l'énergie se réduit de l'amont vers l'aval. En fonction d'une efficacité croissante du stockage, on peut distinguer deux types de plaines alluviales pour les cours d'eau : à forte ou à faible énergie.

Les plaines alluviales des cours d'eau à forte énergie

Dans les fonds de vallée resserrés, le processus d'exhaussement par les matières en suspension est contrebalancé par des décapages étendus, effectués par les eaux de débordement; il s'agit de plaines alluviales « en déséquilibre ». En région de montagne, les forêts alluviales et les sols associés sont d'autant plus facilement remaniés et exportés lors d'une très forte crue qu'ils sont jeunes, c'est-à-dire proches du chenal. Les cours d'eau en tresses sont caractérisés par une bande active à bancs caillouteux et chenaux multiples, dans laquelle l'énergie des crues ne permet qu'un faible exhaussement des formes construites. L'exhaussement de la surface de la plaine par le dépôt de sédiments fins sur le plancher caillouteux se réalise en marge de la bande active, avec des dépôts sableux non cohésifs, facilement repris par les eaux débordantes. Cette accumulation est cependant éphémère, dans la mesure où les épisodes de crue exceptionnels peuvent provoquer des défluviations*.

Dans les cas d'exhaussement modeste d'une bande active qui conserve sa position spatiale au fil des millénaires, se développent des arrière-marais. Dans la vallée du Haut-Rhône, par exemple, l'exhaussement holocène, d'une amplitude de 6-10 m, s'est accompagné de la formation des marais de Chautagne et de Lavours (Fig. 13-C). Ceux-ci présentent un gradient transversal montrant une nette réduction du volume et de la granulométrie des particules minérales issues du transport en suspension au profit de la tourbe, en direction des marges de la vallée. Le défrichement de la ripisylve* depuis le Moyen Age s'est traduit par un recouvrement de sédiments fins sur la partie tourbeuse des marais. Dans les cas de fort exhaussement d'une bande active relativement stable en plan, des chenaux sinueux basculent vers les marges de la plaine et permettent la sédimentation de fines dans des cuvettes à faible énergie. Il s'agit de l'anastomose* qui s'établit en marge de la bande de tressage dans certaines vallées montagnardes; l'anastomose est un style fluvial proche du tressage, mais il convient d'opérer la distinction.

Les plaines alluviales des cours d'eau à faible énergie

Un cours d'eau en équilibre durable avec la plaine alluviale qui le borde doit éroder autant qu'il est capable de déposer; le temps de résidence des sédiments fins, qui dépend des caractéristiques du cours d'eau et de la plaine, peut être de plusieurs siècles ou de plusieurs millénaires; il est estimé à 2500 ans dans le lit majeur de la basse Amazone, mais couvre la totalité de l'Holocène sur l'essentiel de la surface des plaines de la Saône, de la Seine ou de l'Aube. La réalisation d'un tel équilibre est cependant assez théorique, car la variation des flux d'eau et de matière dans un chenal se fait en général à des pas de temps plus courts que l'établissement de nouvelles conditions de stockage dans la plaine alluviale adjacente.

Au sein d'un lit majeur adjacent à un cours d'eau à méandres, les modalités de la sédimentation sont étroitement dépendantes de la nature des formes fluviales. Celles-ci sont très bien marquées dans les plaines à forte mobilité latérale du cours d'eau et à processus d'accumulation latérale; elles sont en revanche relativement oblitérées dans les plaines façonnées par des cours d'eau à faible mobilité latérale, qui induisent une accumulation verticale progressive. Les levées alluviales sont les milieux de plus forte sédimentation, par dépôt des particules en suspension les plus grossières; les bras morts, plus ou moins bien connectés au lit mineur, et les bassins d'inondation sont les principaux milieux de sédimentation limono-argileuse. A l'échelle plus fine des unités et des ensembles fonctionnels* définis sur une base géomorphologique, la mosaïque des dépôts est particulièrement complexe. La diversité qui caractérise le niveau atteint par les crues et leur longueur explique la grande hétérogénéité spatiale et temporelle des milieux humides. Il est important de souligner le rôle que jouent les ripisylves dans le piégeage des particules en suspension. Dans la basse vallée de l'Adour, le bilan global d'une crue de novembre 1991 montre que, sur 1 km^2, les ripisylves ont stocké 5700 tonnes de MES, alors qu'en arrière, les « barthes » ou prairies naturelles (15, 37 km^2), ne stockaient que 250 tonnes d'argiles et limons.

Certaines plaines alluviales sont considérées comme des « puits » (milieux de piégeage durable) pour les matières en suspension. On a pu montrer que 14 % de la fourniture sédimentaire des bassins fluviaux de Caroline du Nord est stockée dans les plaines alluviales ou dans les lits fluviaux. On est devant un cas, très fréquent à la surface du globe, d'une surcharge sédimentaire induite par les activités humaines qui a déstabilisé les bassins versants depuis plus de deux siècles. Les bas de pentes et les plaines sont encore dans la phase de réajustement par stockage. Des faits encore plus spectaculaires ont été montrés dans un petit bassin du Wisconsin, où plus de 50 % des entrées issues de l'érosion des terres agricoles depuis la période de colonisation ont été stockées dans les plaines alluviales. A l'échelle de temps géologique, les plaines alluviales subsidentes ou soumises à des effets de barrage sont des pièges très efficaces. Le lit majeur de la Grande Saône a accumulé de 6 à 8 m de sédiments fins depuis l'Alleröd du fait de la subsidence liée au fonctionnement du fossé bressan et d'un effet de barrage créé par les cônes de déjection holocène d'un affluent, l'Azergues; ce double contrôle, en réduisant la pente d'énergie de la Saône, limite les capacités de recyclage des sédiments déposés.

Les séquences alluviales : mise en évidence, datation, genèse

Une fois exposés ces principes généraux, il convient de montrer quelques-unes des méthodes utilisées par les géomorphologues pour étudier la structure des plaines alluviales. Par structure, on entend ici l'identification d'unités morphologiques et sédimentaires dans les trois dimensions de l'espace. Les cartes géologiques qualifient en général d'« alluvions modernes » les dépôts fins de recouvrement, sans distinguer l'âge des formations caillouteuses qu'elles recouvrent, ni les subtiles différences d'altitude qui les caractérisent. Si les alluvions les plus récentes, qui voilent les formes de la plaine façonnées par la mobilité latérale des cours d'eau, sont souvent synchrones, elles masquent en réalité une organisation fort complexe.

La mise en évidence de basses terrasses

La différenciation de niveaux topographiques

La première opération consiste à identifier des niveaux topographiques en fonction de leur altitude relative par rapport au talweg*. La notion de terrasse, qui suppose des différences d'altitude de plusieurs mètres, ne s'applique que très mal aux plaines tardiglaciaires et holocènes ; les dénivellations sont dans celles-ci fréquemment de l'ordre de 1 à 3 m. Elles peuvent être mises en évidence par :

- le dessin des courbes de niveau à espacement d'1 à 5 m des cartes au 1/25 000e de l'IGN ou de plans à plus grande échelle ;
- des relevés d'inondation anciens ou récents, ou des photographies aériennes de l'extension de crues qui ont le mérite de délimiter finement les nuances de la topographie ;
- des levés topographiques à grande échelle, qui sont disponibles dans certaines vallées car ils ont été réalisés pour des besoins spécifiques (aménagement de routes, de barrages, etc.).

Un plan, levé à la fin du XVIIIe siècle par des habitants de Villeurbanne, représente le lit majeur du Rhône considéré comme homogène par la carte géologique au 1/50 000e de Lyon (Fig. 14). Un niveau inondé par les fortes crues est dessiné avec beaucoup de crédibilité car il montre localement des limites semi-circulaires, rappelant la trace d'une attaque par des paléoméandres. De fait, la datation de ce niveau révèle qu'il a été mis en place au début de l'Holocène.

La recherche du « toit » des bancs de galets

Des différences d'altitude entre les toits des formations alluviales construites par le dépôt de la charge de fond fournissent des arguments probants en faveur d'une origine multiphasée* des plaines alluviales. Pour cela, il convient de comparer les cotes d'altitude sommitales des bancs caillouteux. Les bancs formés par la charge de fond sont ensuite exhaussés par un revêtement alluvial issu de suspensions déposées par les crues. Celui-ci a tendance à atténuer les dénivellations car le niveau le plus bas est plus facilement et plus fréquemment atteint par les crues débordantes. La différenciation de niveaux topographiques au sein d'une plaine alluviale est donc importante, mais elle ne suffit pas : il faut, par ailleurs, prendre garde de ne pas prendre des rebords de paléochenaux entaillés dans une plaine alluviale pour la preuve de l'existence d'une basse terrasse.

Il est recommandé de procéder :

1) à des levés topographiques précis sur des transects perpendiculaires à l'axe de la vallée ;

2) à des sondages assez serrés à la tarière à main pour atteindre le toit du galet ;

3) à la mesure de l'épaisseur du recouvrement fin et, enfin,

4) au calcul, par soustraction, de l'altitude du toit du galet, afin d'en dessiner le profil.

En milieu urbain, la banque de données du sous-sol du BRGM est d'un grand secours pour obtenir un semis de points relativement dense.

Des recherches systématiques réalisées dans la plaine du Rhône à l'amont de Lyon ont démontré l'existence de plusieurs nappes alluviales emboîtées depuis le Préboréal (10 000 à 9 000 BP). Leur différenciation par la topographie et le sommet des bancs de galets est cependant très délicate et requiert la mise en oeuvre de datations pour différencier les épisodes de mise en place des unités géomorphologiques (Fig. 15).

*L'exploration des structures de subsurface**

Diverses techniques sont disponibles pour explorer depuis la surface la stratigraphie et l'épaisseur des remplissages sédimentaires (voir le chapitre « Prospection géophysique » du volume « Prospection » de la même collection). Le principe est fondé sur l'émission d'ondes depuis la surface du sol, qui sont réfléchies par les discontinuités entre couches profondes de conductivité différente. Diverses techniques existent : la prospection géophysique électrique, le sonar, la microsismique. La résistivité des différents types d'alluvions rencontrées doit être étalonnée par des sondages avant le dessin des coupes stratigraphiques.

Des résultats ont été obtenus avec un radar à pénétration de sol, lors d'une prospection dans la plaine des Avenières, où coulait le Rhône à l'époque gallo-romaine, avant une défluviation qui l'a détourné de la vallée morte (Fig. 16). Un signal électromagnétique, émis depuis la surface par un radar, est reçu par une antenne mobile. La fig. B-1 représente le profil non interprété, la fig. B-2 le profil après interprétation : il montre le processus de remplissage progressif (I et II) du paléochenal du Rhône, large de 250 m, avec glissement progressif vers le nord; le style fluvial était le méandrage avec remaniement de charge de fond.

Les méthodes de datation des séquences alluviales

Des progrès considérables ont été réalisés dans la datation des séquences alluviales. On ne fera que les évoquer ci-dessous, en renvoyant le lecteur à un autre ouvrage de cette collection (« La datation en laboratoire »). On distingue les méthodes de chronologie relative et absolue; parmi celles-ci, on utilise les méthodes directes, qui concernent les alluvions elles-mêmes, et les méthodes indirectes, qui permettent de dater les éléments organiques ou les artefacts que contiennent les sédiments.

Les méthodes directes et indirectes fournissant une chronologie absolue

Parmi les méthodes directes, on se contentera de citer celles qui utilisent la quantité de rayonnement solaire stockée dans les particules minérales des sédiments : il s'agit de la thermoluminescence, d'une variante de cette dernière, la méthode OSL

Fig. 15

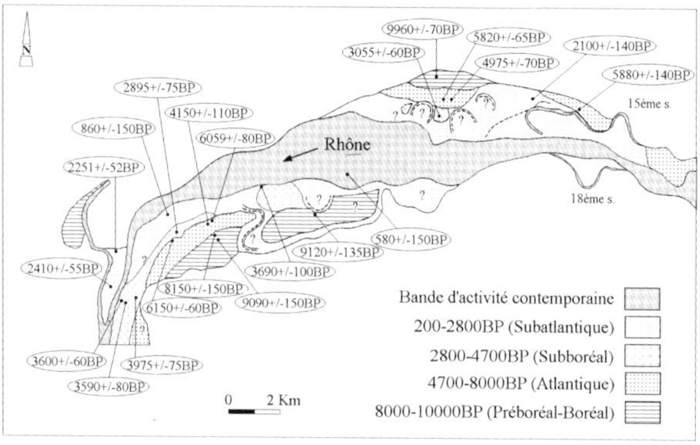

Fig. 16

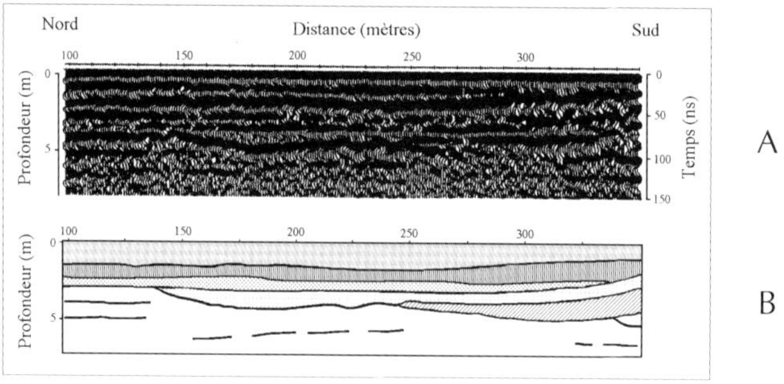

Fig. 17

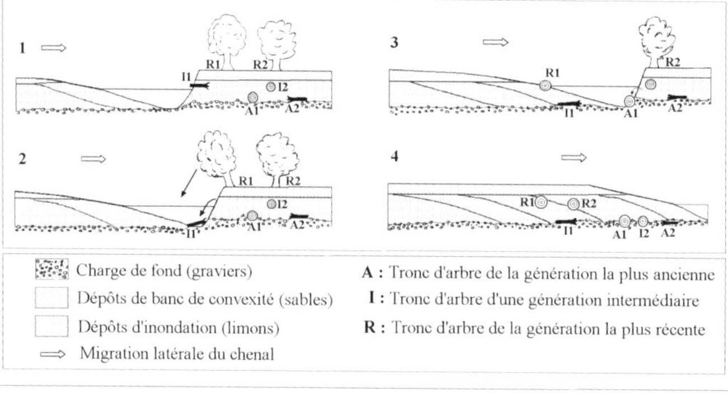

PLANCHE 6

Fig. 15 - Datation absolue des unités spatiales des plaines du Rhône et de la Saône. (D'après Bravard J.-P., Prestreau M. (éd.), *Dynamique du paysage. Entretiens de géoarchéologie.* Lyon, Documents d'Archéologie en Rhône-Alpes, 15, 1997, 282 p.) - Fig. 16 - Reconnaissance d'un paléochenal par un radar à pénétration de sol. Profil GPR (ground penetrating radar) à travers le remplissage sédimentaire d'un chenal recoupé dans le marais des Avenières. - 16A - Profil non interprété. - 16B - Profil interprété. (D'après Roberts M.C., Bravard J.P., Jol H.M., Radar signatures and structure of an avulsed channel: Rhône River, Aoste, France. *Journal of Quaternary Science*, 12 (1), 1997, 35-42) - Fig. 17 - La datation des séquences alluviales à partir des troncs subfossiles. (D'après Kalicki T., Krapiec M., Problems of dating alluvium using buried subfossil tree trunks: lessons from the black oaks of the Vistula Valley, Central Europe. *The Holocene*, 5 (2), 1995, 243-250)

(Luminescence à Stimulation Optique) et enfin de la caractérisation des propriétés magnétiques des sédiments.

Parmi les méthodes indirectes, existent celles qui utilisent le contenu organique des dépôts. La datation des troncs d'arbres présents dans les alluvions (troncs dits « subfossiles ») par le *radiocarbone* est un moyen classiquement utilisé pour connaître l'âge des séquences alluviales. Des chercheurs allemands ont mis en relation les phases de dépôt de troncs avec une intensification de l'activité des rivières (érosion et dépôt des alluvions). Appliquée sans discernement, cette méthode n'est pas sans danger. Il a été montré que des troncs fossilisés lors d'une première phase de transport-dépôt peuvent être repris par l'érosion latérale du cours d'eau (phase 2); de la sorte, des troncs anciens et d'âge différent peuvent être déposés en fond de mouilles du fait de leur densité et former un niveau basal (Fig. 17). La même phase (2) peut déraciner des arbres vivants qui se déposent au niveau de la ligne d'eau sur les bancs de convexité. Il résulte de cette superposition des troncs à deux niveaux distincts une séquence d'exhaussement simulée. La validité des données devrait être testée par d'autres méthodes comme la palynologie, l'archéologie ou la cartographie (Kalicki et Krapiec, 1995). En pratique, on n'est certain que d'une chose : c'est que les alluvions ne peuvent être plus anciennes que le tronc daté qui en constitue donc le *terminus post-quem*. C'est pourquoi il est recommandé d'utiliser des troncs enracinés ou encore pourvus de leur écorce, ou encore des branches et feuilles qui n'ont pu supporter une reprise par les eaux. La datation des unités morphologiques d'une plaine alluviale peut également se faire à partir de la tourbe conservée dans les chenaux abandonnés par la migration latérale du cours d'eau.

La *dendrochronologie* est une méthode complémentaire de celle du radiocarbone car elle permet d'affiner les datations des troncs subfossiles de manière remarquable. Les cernes sont comptés et leur largeur mesurée, puis ils sont regroupés en ensembles contemporains en fonction de la synchronisation des séquences de cernes de différents arbres et de leur datation par le radiocarbone. Les séquences sont interdatées de manière à créer une chronologie de référence. Il convient de mettre au point les chronologies en fonction des espèces d'arbres : le travail a été fait pour le chêne en France de l'Est et il est en cours pour le pin sylvestre dans les Alpes du Sud.

Les méthodes fournissant une chronologie relative

L'utilisation du degré relatif d'évolution pédologique des sols alluviaux

Cette méthode est citée dans ce cadre parce qu'elle est d'un emploi courant en Allemagne, en particulier dans les vallées du Main et du Danube; elle a été testée avec un certain succès en Alsace (Fig. 18). Son principe est qu'une unité alluviale formée de charge de fond, abandonnée par le déplacement du cours d'eau, est ensuite surmontée d'un revêtement de sédiments fins apportés par les crues débordantes; ce revêtement alluvial est pédogénisé*, d'autant plus lentement que les alluvions de la vallée sont chargées en carbonates. Une datation est obtenue sur des troncs subfossiles collectés dans le gravier sous-jacent. En admettant que le temps écoulé entre la mise en place du gravier de fond, celle du revêtement et le début de la pédogenèse est court, le radiocarbone indique l'âge approximatif du sol, c'est-à-dire fournit une date *post quem** pour la pédogenèse. Ce qui est perdu en définition à cause de l'imprécision de la datation est regagné par ailleurs, car cette méthode permet une extrapolation spatiale : les sols datés présentent des caractères que l'on retrouve à la surface de la plaine alluviale. Cette méthode indirecte permet de procéder à une cartographie des unités géomorphologiques.

La datation par des marqueurs métalliques introduits dans le chenal fluvial

Les sédiments des cours d'eau peuvent contenir des particules métalliques produites par le bassin versant du fait des processus d'érosion, mais les concentrations naturelles sont en général faibles. En revanche, des activités minières localisées à proximité des rivières (installations de lavage, haldes) favorisent l'injection de quantités importantes de fines particules qui sont incorporées dans la matrice de la charge de fond et dans la charge en suspension ; dans ce cas, les particules métalliques se déposent sur toute l'étendue du lit majeur à la faveur des crues débordantes. Si l'activité minière peut être datée par des découvertes archéologiques ou par le recours aux archives, elle fournit un *terminus post quem* * à la pollution des alluvions ; inversement, toutes les alluvions possédant des concentrations en métaux correspondant aux teneurs naturelles sont antérieures à l'activité minière. Des précautions doivent être prises quand les mesures de concentration sont faites sur la matrice de la charge de fond car, au fil des siècles, se produit une dilution progressive par les sédiments naturels provenant de secteurs du bassin versant localisés à l'amont des sites d'extraction.

De manière pratique, des sédiments fins de recouvrement, pollués par exemple par des extractions minières au plus tôt médiévales, ne peuvent pas être antérieurs au Moyen Age et possèdent donc un potentiel archéologique limité. Des tests effectués en Ardenne belge à l'aval de sites médiévaux spécialisés dans la métallurgie du fer ont permis de discriminer aisément les alluvions polluées et les alluvions « naturelles » (Fig. 19). Dans le cas de métaux comme le plomb et le zinc, sous-produits de l'exploitation de mines d'argent, des pics de pollution peuvent être éventuellement corrélés avec des périodes de forte activité minière, ce qui fournit des repères chronologiques au sein de masses alluviales polluées dans les lits majeurs.

La genèse des séquences alluviales

Nous présenterons succinctement un ensemble de méthodes et de techniques qui sont utilisées par des géomorphologues, géologues, pédologues, palynologues, etc., dans l'analyse de sites archéologiques ou de sites naturels dont l'étude est complémentaire des approches réalisées lors des fouilles. Chacune de ces approches du sédiment mériterait de longs développements, mais la place manque dans ce cadre ; nous renvoyons donc le lecteur à des manuels de base ou à des travaux spécialisés (Miskovski, 1987). En revanche, la méthode de « l'image CM », peu usitée mais efficace, sera présentée avec plus de détails.

L'analyse des coupes stratigraphiques, les figures sédimentaires

L'étude fine du remplissage alluvial

Elle privilégie l'analyse des coupes stratigraphiques. Celles-ci révèlent la nature et l'agencement des alluvions et apportent ainsi de précieux enseignements sur les milieux de sédimentation. Les dépôts s'organisent en figures sédimentaires caractéristiques des modes d'écoulement et renvoient à des unités géomorphologiques appartenant au chenal

Fig. 18

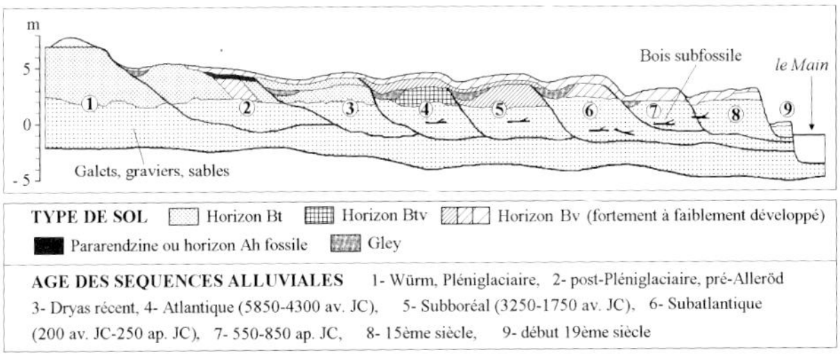

Fig. 19

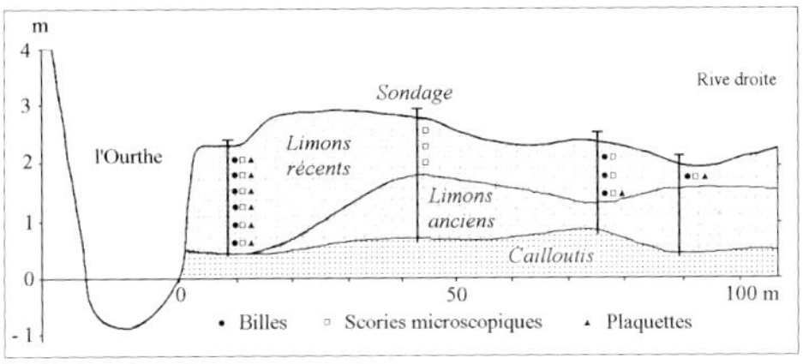

Fig. 20

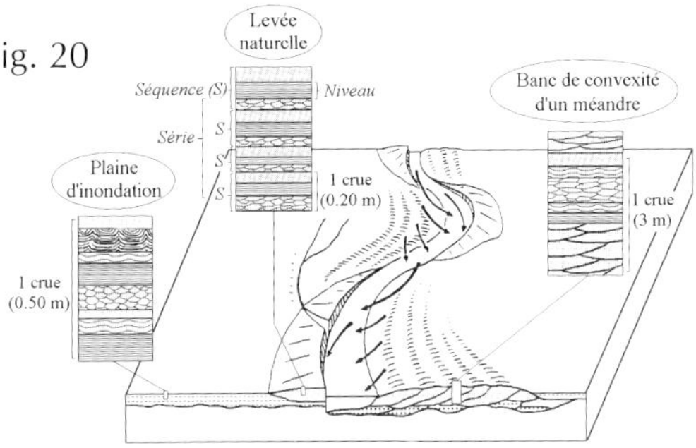

PLANCHE 7

Fig. 18 - Datation des séquences alluviales par le degré relatif d'évolution pédologique des sols alluviaux dans la vallée du Main supérieur et de la Regnitz. (D'après Schirmer W., Holocene valley development on the Upper Rhine and Main. *Lake, Mire and River* Environments, Lang and Schlüchter eds, Balkema, Rotterdam, 1987, 229 p., 153-160)

Fig. 19 - Datation des sédiments par des marqueurs métalliques liés à l'activité minière. (D'après Henrottay J., La sédimentation de quelques rivières belges au cours des sept derniers siècles. *Bull. Soc. Géogr. de Liège,* 9, 1973, 101-115)

Fig. 20 - Hiérarchie des unités sédimentaires fluviatiles. (D'après Macaire J.J., L'enregistrement du temps dans les dépôts fluviatiles superficiels: de la géodynamique à la chronostratigraphie. *Quaternaire,* 1, 1990, 41-49) ou à la plaine alluviale (Fig. 20). Par exemple, la construction d'une levée naturelle est le résultat d'une accumulation de sédiments fins apportés par les crues moyennes, qui s'organisent en unités sédimentaires répétitives traduisant, pour chaque crue, une phase de progression des eaux (sables à stratification oblique à la base), puis de retrait (lits sablo-limoneux et argileux à litage horizontal au sommet). On utilise le terme de *séquence élémentaire*, ici de type « levée », pour qualifier un ensemble de dépôts abandonnés à l'occasion d'une crue. Plusieurs séquences déterminent une *série*, représentative de plusieurs années ou décennies d'accumulation sédimentaire. Une *formation* regroupe un ensemble de séries éclatées, mais compatibles entre elles, comme celles qui marquent le fonctionnement d'un système à méandres. Elle définit quelques siècles de dépôt, voire plusieurs millénaires.

Représentativité spatiale et temporelle de la coupe stratigraphique

La coupe stratigraphique requiert quelques précautions d'usage. Ouverte à l'occasion d'une phase de prospection ou d'une fouille archéologique, elle n'est souvent représentative que d'une section limitée de la plaine alluviale et reflète les conditions locales du milieu, inhérentes, par exemple, à une convexité de méandre, ou à un paléochenal déconnecté de la rivière, contexte qui, en général, n'est que peu perceptible (Phot. 5 et 6). Les généralisations sont donc à éviter, ou tout au moins à formuler avec prudence, eu égard à la diversité des formes que l'on est susceptible d'identifier en milieu fluvial. A cette échelle d'investigation, il arrive fréquemment qu'une stratigraphie recoupe plusieurs unités fonctionnelles*, telles que par exemple une levée naturelle jouxtant un ancien chenal. Les modalités de l'écoulement et de la sédimentation vont alors différer à quelques mètres de distance, selon l'unité que l'on envisage. L'ancien chenal, qui canalise les crues, sera le siège d'une sédimentation plus rapide et plus grossière que sur la levée, en position topographique haute. On doit donc veiller, d'un site à l'autre, à comparer des unités de même nature.

L'analyse de la coupe stratigraphique livre rarement l'histoire du cours d'eau dans sa continuité. Les alluvions sont issues d'évènements brefs et discontinus qui ne représentent qu'une fraction du temps, quelle que soit l'épaisseur d'un dépôt, au demeurant très variable d'une crue à l'autre. Une stratigraphie révèle souvent des discontinuités dans la sédimentation, marquant autant d'évènements délicats à interpréter : surfaces de réactivation nivelant les couches, hiatus sédimentaires liés à un défaut de sédimentation ou à l'éloignement du chenal principal, etc. Pour ces raisons, l'abondance et la qualité des marqueurs chronologiques jouent un rôle fondamental dans la précision de la reconstitution environnementale.

La sédimentologie et ses applications

La granulométrie des sédiments

Les alluvions sont déposées par les rivières lorsque la vitesse et la turbulence du courant se réduisent (par exemple en fin de crue, en position topographique abritée, par étalement des eaux, etc.). Diverses techniques existent pour reconstituer les caractères de l'écoulement qui a permis la sédimentation des particules et la constitution d'une lentille alluviale. Elles permettent d'analyser la texture des sédiments. Toutes ont en commun de partir de l'analyse granulométrique par le tamisage, pour la fraction sableuse, et

Phot. 5 - Une berge de l'Ain, affluent du Rhône : de la base vers le sommet, noter la superposition d'un niveau caillouteux correspondant à un ancien banc formé de charge de fond, et d'un recouvrement limono-sableux déposé par les crues.

Phot. 6 - Séquence d'exhaussement sédimentaire d'un banc alluvial du Rhône. Les lits sableux et caillouteux passent à une alternance de lits sableux et limoneux vers le sommet du banc (berges du Haut-Rhône à Murs, H = 1 m).

par la densimétrie ou le comptage de particules, pour la fraction limono-argileuse ; réparties par classes de taille, les particules font l'objet d'une représentation graphique sous la forme d'histogrammes ou de courbes cumulées. La forme des courbes est classiquement utilisée pour en déduire les modes de tranport-dépôt des particules (une courbe de type « sigmoïde » ou en S signale un dépôt bien classé ; une courbe logarithmique, un dépôt en vrac dans une eau stagnante...) ; il est préférable d'utiliser des indices de tri, obtenus de manière statistique, pour comparer un grand nombre d'échantillons entre eux.

Une autre méthode de traitement granulométrique des données a fait ses preuves en géoarchéologie : il s'agit de la méthode de Passega (Fig. 21). Le D_{50}, ou médiane M et le D_{99}, ou centile le plus grossier (C), sont extraits des courbes granulométriques cumulatives réalisées sur chacun des échantillons et portés sur un graphe dit « CM » ; ils synthétisent l'information nécessaire à l'identification des divers processus de transport/dépôt fluviatiles (des matériaux les plus grossiers aux plus fins : traction, suspension graduée liée à la décroissance de la turbulence dans une colonne d'eau, suspension uniforme transitant dans une masse d'eau non turbulente, décantation). Un travail de terrain réalisé sur des dépôts alluviaux actuels a permis de corréler leur mode de transport et l'unité géomorphologique à laquelle ils appartiennent (banc de chenal, levée alluviale, revêtement de la plaine d'inondation, types de bras mort définis par l'énergie de l'écoulement) ; il existe plusieurs référentiels actuels, en fonction des styles fluviaux et de l'énergie de l'écoulement. Ils ont permis, dans une dernière étape, de déterminer les modes de transport-dépôt et les unités géomorphologiques d'appartenance des paléodépôts alluviaux. Des référentiels propres à chaque vallée doivent être établis ; il convient, en outre, de tenir compte des fluctuations paléohydrologiques, de façon à obtenir des référentiels permettant l'interprétation de tout dépôt alluvial dans l'espace et dans le temps.

La méthode de Passega a été appliquée au paléoméandre des Moiles, qui s'inscrit dans la plaine alluviale de l'Isère, 20 km à l'aval de Grenoble. Le graphe CM (Fig. 23) permet de relier les unités sédimentaires constitutives du paléochenal (Fig. 22) aux modes de transport-dépôt présidant à leur mise en place. La période d'activité du méandre est caractérisée par la progression d'un banc de convexité*. La charge de fond transitant dans le chenal (ensemble 1, hors graphe), est recouverte, lors d'épisodes de crue, par des sables grossiers à moyens (ensemble 2) issus pour l'essentiel de suspensions graduées. En fin de séquence, l'exhaussement est réalisé par des dépôts issus de suspensions uniformes (limons sableux de l'ensemble 7), traduisant une nette diminution de la compétence* des courants de traction. Le recoupement du méandre précède ou accompagne le dépôt de l'ensemble 3, dont la double localisation sur le graphe indique une alternance de phases de décantation (limons argileux de la section T) et de réactivation épisodique du paléochenal parcouru par des courants de traction (suspensions graduées de la section Q-R). Le comblement du méandre est réalisé par des dépôts issus en majorité de processus de décantation des sédiments fins amenés par les crues de l'Isère (ensemble 4 et 6). Un épisode de tourbification* s'intercale (ensemble 5, hors graphe), témoignant d'une forte déconnexion du paléochenal avec la rivière.

Fig. 21

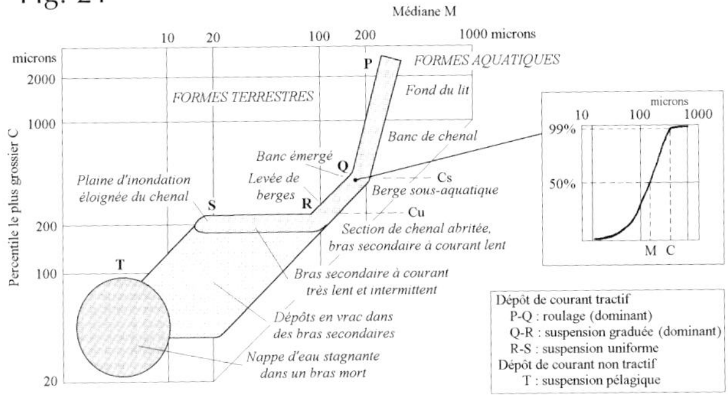

Fig. 22

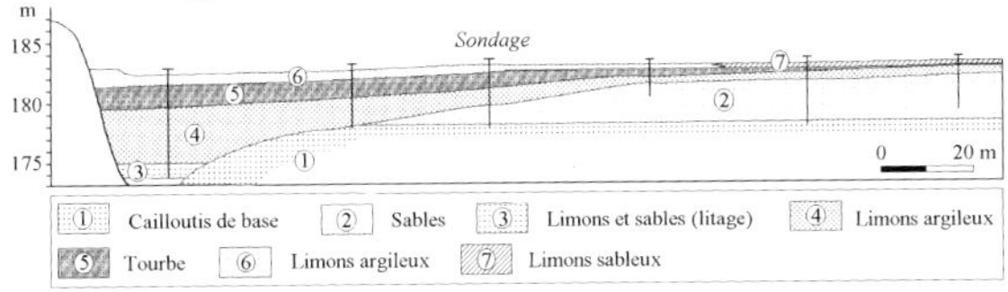

Fig. 23

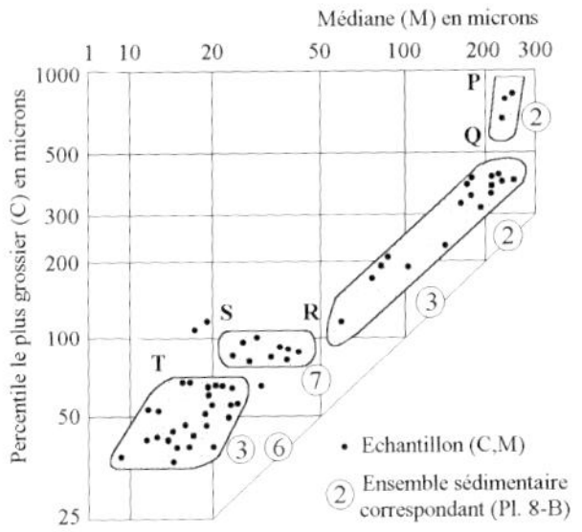

PLANCHE 8 - Thème de l'image de Passega

Fig. 21 - Relations entre les formes fluviales du chenal et de la plaine d'inondation et l'image CM des dépôts alluviaux. (D'après Bravard J.P., Amoros C., Jacquet C., Reconstitution de l'environnement des sites archéologiques fluviaux par une méthode interdisciplinaire associant la géomorphologie, la zoologie et l'écologie. *Revue d'Archéométrie*, 10, 1986, 43-55)

Fig. 22 et 23 - L'image de Passega (fig. 23) appliquée au paléoméandre des Moiles (plaine de l'Isère, fig. 22). Les phases d'activité du méandre et son fonctionnement après recoupement se retrouvent sur l'image : construction du banc de convexité, comblement par la matière en suspension de crue, et dépôts de plaine d'inondation en marge du chenal. [D'après Salvador P.G., *Le thème de la métamorphose fluviale dans les plaines alluviales du Rhône et de l'Isère (bassin de Malville et ombilic de Moirans).* Thèse de géographie, Lyon 3, 1991, 498 p.]

La constitution des sédiments

Les sédiments archéologiques sont pour partie naturels, pour partie mis en place par des processus culturels ou anthropiques. Plusieurs techniques sont employées dans les laboratoires :

- l'analyse des minéraux lourds contenus dans les sédiments fluviatiles est faite au microscope ou à la loupe binoculaire. L'analyse de la composition minéralogique permet de détecter les bassins versants d'origine, lorsqu'il existe des signatures identifiées. En Camargue, les chercheurs aixois ont repéré des dépôts de crues historiques du Rhône, dont les éléments proviennent des Cévennes ou des Alpes par la Durance. Ce type d'analyse est particulièrement important pour déterminer l'origine de sédiments, lorsque l'alluvionnement dans une vallée est relié à des activités humaines dans un bassin versant (érosion accélérée des terres agricoles, travaux miniers) ;
- l'analyse des argiles réalisée sur des lames minces à l'aide d'un diffractomètre à rayon X renseigne sur leur degré d'altération. Il est possible d'en déduire des changements dans les conditions environnementales des sites de dépôt ;
- Les analyses chimiques des sédiments faites par les pédologues concernent leur teneur en carbonates, indicateur de dissolutions ou de précipitations dans différentes conditions de milieu (voir le chapitre « Pédologie »); leur pH*, ou acidité, leur teneur en matière organique, en phosphates indicateurs d'une occupation humaine, etc.

La reconstitution des conditions environnementales

L'interprétation des dépôts et des sols doit faire appel aux processus responsables de leur mise en place. Il faut également faire la part de l'action humaine, qui perturbe la structure et la texture par des apports, et des processus pédologiques postérieurs au dépôt (voir le chapitre sur la pédologie, dans ce volume).

La micromorphologie des sols et dépôts en milieu alluvial
(voir le chapitre sur la micromorphologie des sols, dans ce volume)

Une partie plus ou moins importante des dépôts ne relève pas seulement de l'action des eaux. Ainsi, les séquences alluviales peuvent incorporer des sols enterrés, développés à la faveur de phases de répit dans le processus d'exhaussement de la plaine alluviale. En milieu fluvial, la fossilisation de ces sols par des dépôts de crue se traduit par la mise en place rapide de niveaux à forte teneur en carbonates et de couleur claire, du fait d'un faible taux de matière organique. En Angleterre, les études micromorphologiques ont mis en évidence des phases de mise en culture des fonds de vallée au Néolithique, pendant la période romaine et au Moyen Age ; elles sont séparées par des phases d'alluvionnement.

La micromorphologie renseigne également sur le niveau de la nappe phréatique à certaines périodes de l'Holocène, dans la mesure où sa présence ou son absence influencent la forme du fer dans les sols. Une nappe durablement haute, signe de conditions humides dans la plaine alluviale, favorise la réduction du fer, de sorte que le sol présente les caractères d'un gley*. En revanche, une nappe basse permet la circulation de l'air dans les pores du sol et l'oxydation du fer.

La paléofaune des plaines alluviales

Les niveaux d'inondation des plaines alluviales sont riches en coquilles de mollusques qui sont autochtones ou qui ont été apportées par les crues ; les mollusques autochtones sont de bons indicateurs des conditions paléoécologiques des sites au moment de leur développement. Les faunes de mollusques sont « spécialisées », c'est-à-dire que la nature des espèces (leur « assemblage ») dépend fortement des conditions environnementales ; la nature et le degré d'ouverture du couvert végétal, l'humidité du site, la chimie des eaux, les conditions hydrologiques sont les facteurs retenus dans l'interprétation écologique qui est réalisée à partir de référentiels actuels. Quant aux coléoptères, ils sont utilisés pour connaître les paléotempératures.

Les castors ont sans doute joué un rôle important à l'Holocène, comme le suggère l'observation de leur efficacité géomorphologique et hydrologique en Amérique du Nord, lorsque leurs populations peuvent récupérer des effectifs naturels. Ils ont probablement contribué à rendre plus complexe le réseau de chenaux fluviaux des plaines alluviales et à créer des espaces ouverts, favorables à la grande faune, à l'emplacement de leurs plans d'eau asséchés par la rupture des barrages qu'ils édifient.

La végétation des plaines alluviales

Les anciens bras morts subissent un remblaiement minéral et organique ; lorsque ce dernier domine, on passe à des tourbières. Les tourbières alluviales signalent l'occurrence de processus autogéniques*, par opposition aux processus allogéniques*, qui sont les dépôts de sédiments minéraux apportés par le chenal fluvial. Des tourbières de fond de vallée, plus étendues, ne sont pas toujours les témoins de conditions environnementales stables, comme l'absence d'éléments minéraux le laisserait supposer : leur développement pourrait aussi être la manifestation d'un déséquilibre du bilan hydrique régional, consécutif à un défrichement qui aurait accru les entrées d'eau et relevé la nappe phréatique. La composition de la végétation alluviale est reconstituée à différentes époques par la palynologie qui est l'étude des pollens (voir le volume de la même collection consacré à la Botanique appliquée à l'archéologie). Les études réalisées, par exemple, dans le Bassin parisien mettent en évidence l'ouverture progressive du milieu par les sociétés humaines et l'altération de la continuité et de la diversité des ripisylves. Il n'est pas douteux que ces interventions, motivées par la création de pâturages et de terres labourables, ont eu des répercussions sur la mobilité latérale des cours d'eau (sans doute accrue) et sur la transmission des sédiments fins à la surface des lits majeurs.

La paléohydrologie depuis le Tardiglaciaire

C'est dans les années 1960, en Méditerranée, qu'ont été réalisées les premières études sur la variabilité du fonctionnement hydrologique et morphologique dans les vallées alluviales. L'Italie du Sud et la Grèce ont été les terrains privilégiés par les chercheurs, du fait de la relation claire qui paraissait s'exprimer entre d'une part l'occupation du territoire, matérialisée par un patrimoine archéologique connu, et d'autre part les systèmes de versants et vallées. Des travaux importants ont été réalisés depuis en Espagne, notamment à Valence, puis en Provence, et enfin dans la moyenne vallée du Rhône. Les succès enregistrés dans le nord du bassin de la Méditerranée sont en partie liés au fait que les vallées bénéficient de la présence de milieux humides qui permettent des datations sur la matière organique. Dans cette partie, nous privilégierons deux ensembles régionaux, le Bassin Parisien et la région lyonnaise, où les travaux de géoarchéologie, menés en collaboration étroite avec les archéologues, ont permis des progrès considérables depuis une dizaine d'années. Ces deux régions françaises se rattachent d'une certaine manière aux vallées d'Europe du Nord, en particulier celles de Pologne et de Grande-Bretagne, privilégiées par leur potentiel géoarchéologique, si ce n'est par leur patrimoine archéologique ; les travaux lancés dans le bassin de la Loire s'annoncent également prometteurs.

La paléohydrologie du Bassin parisien

Les vallées du Bassin parisien ont subi des transformations morphosédimentaires* profondes depuis la dernière période froide. Les travaux récents mettent en évidence le rôle croissant du facteur anthropique depuis le Néolithique.

Le Tardiglaciaire : des fonds de vallées sous contrôle climatique

Au Pléniglaciaire* (période froide weichsélienne), les vallons ouverts dans les plateaux du Bassin parisien se prolongent, vers l'aval, par des plaines de piémont périglaciaires à chenaux en tresses et à charge de fond grossière. L'imperméabilisation du substratum par le pergélisol* réduit l'infiltration au profit d'écoulements contrastés sur un mollisol* intensément érodé. A la fin de la période, cette morphologie est partiellement fossilisée sous 2 à 3 m de sables et limons, issus des affleurements sableux et argileux des strates sédimentaires et des loess déposés en période froide.

Vers 12 500 BP, soit à la fin du Bolling*, commence une phase de stabilisation des versants liée à leur colonisation par du bouleau et du pin ; la sédimentation généralisée en fond de vallée fait place à une phase de concentration de l'écoulement au profit d'un nombre limité de chenaux incisés. Cette tendance est manifeste à l'Alleröd, période caractérisée par des milieux fluviaux stables, de faibles dépôts sédimentaires, par un début de pédogenèse sur les berges et par le début de la tourbification dans les fonds des petites vallées. La dégradation climatique du Dryas récent* (11 000 - 10 000 BP) se traduit par une réactivation des apports sablo-limoneux à l'aval de bassins versants soumis à la cryoclastie* et au ruissellement concentré saisonnier.

Une dynamique très ralentie dans la première moitié de l'Holocène

Dès le début de l'Holocène, au Préboréal, les lits fluviaux s'incisent fortement, en réponse à une nouvelle et durable phase de stabilisation des versants par la végétation. L'infiltration des précipitations contribue à la réduction de l'érosion et à l'alimentation des nappes phréatiques. Dans les fonds de vallées drainant des plateaux crayeux et calcaires, la sédimentation minérale fait place à des accumulations de tuf (précipitation des carbonates dissous par les eaux phréatiques) et à une tourbification de plus en plus généralisée au Boréal* et à l'Atlantique*.

A partir de la fin de l'Atlantique, une influence anthropique croissante

A partir du Néolithique moyen, l'agriculture commence à modifier les paysages des plateaux et réactive progressivement les processus d'érosion, ainsi que la dynamique des lits fluviaux. La sédimentation à la surface des lits majeurs connaît une augmentation de la part de la fraction minérale, au détriment de la fraction organique. Le changement des conditions morphodynamiques* à l'Holocène récent est également lié au régime hydrologique des rivières et, en particulier, à l'occurrence des crues, qui prennent une ampleur nouvelle à partir du Subboréal* (notamment vers 3 800-3 000 BP) ; le facteur climatique est privilégié dans leur explication, en particulier pour la période 3 500-2 500 BP. Ce phénomène, connu ailleurs en Europe, est confirmé dans les vallées du Bassin parisien. La dynamique fluviale, plus active, se traduit par des dépôts de nature limono-sableuse le long des petits cours d'eau, tandis que les bras morts de l'Oise et de la Marne subissent des incursions fluviatiles qui intercalent des lentilles minérales d'origine apportées par les crues dans les dépôts tourbeux ; la formation des tufs, gênée par la turbidité des eaux, se ralentit puis cesse. Cette importante sédimentation contribue au remplissage et à l'oblitération partielle des lits apparents antéhistoriques de ces vallées. Au Subatlantique*, les limons de débordement, enrichis en matière organique, confèrent aux chenaux fluviaux des caractéristiques géométriques proches de celles que nous connaissons. La crise érosive du Petit Age Glaciaire est enregistrée dans les petites vallées sous la forme de colluvions, prolongées vers l'aval par une nappe limoneuse.

La paléohydrologie de la région lyonnaise

Les cours d'eau de la France du Sud-Est ont un fort potentiel de mobilisation de la charge de fond, car leur puissance est considérable par rapport à celle des rivières de plaine du nord de la France. Les accumulations fluvio-glaciaires et la tectonique* jouent un rôle essentiel dans la fourniture de la charge de fond. En second lieu, les recouvrements fins, issus de débordements de crues sont plus minces et formés de sables limoneux plus grossiers et non cohésifs, car la vitesse des flux débordants empêche le dépôt des classes de taille les plus fines. Les vallées des montagnes et piémonts sont donc caractérisées par des « planchers caillouteux » instables, par une migration aisée des lits fluviaux, en général caractérisés par la multiplicité des chenaux ainsi que par une forte capacité de réponse à la variabilité de la charge de fond et du débit liquide.

A l'aval du confluent de l'Ain, le Rhône non aménagé possédait une pente forte, une charge grossière abondante et de puissants débits de crue. Doté d'une forte capacité de réaction, le fleuve a subi une série de métamorphoses. Il a profondément entaillé les terrasses fluvio-glaciaires du Würm, entre 18 000 et 11 000 BP, pour atteindre à l'Alleröd un niveau inférieur à l'actuel. Depuis cette époque, il a creusé et remblayé à plusieurs reprises sa plaine alluviale. A l'amont immédiat de Lyon, le Rhône a façonné une série de très basses terrasses, datées du Préboréal-Boréal, de l'Atlantique (6 000-5 500 BP), du Subboréal et du Premier Age du Fer; la plus ancienne, qui est aussi la plus élevée, dépasse le niveau du lit majeur du XIXe siècle d'environ 2 m (Fig. 6-A). Les sites de Lyon et Vienne se prêtent bien à l'étude des fluctuations hydromorphologiques au Subatlantique, dans la mesure où les fouilles archéologiques se sont multipliées ces dernières années. Le Rhône a incisé son lit à Vienne à l'époque de La Tène, mais le fait n'est pas avéré à Lyon. Dans les deux cités gallo-romaines, le fait marquant est l'occurrence de crues répétées de la fin du Ier siècle avant J.-C. au IIe siècle après J.-C., sans qu'il y ait pour autant de changement du style fluvial (celui-ci conserve les caractères du méandrage), ni d'évolution sensible du profil en long; ces crues ont probablement une origine climatique, dans une période réputée chaude. Le Petit Age Glaciaire a profondément transformé le paysage fluvial en imposant le retour au style en tresses et à de fréquentes crues débordantes, avant les impacts contemporains qui ont profondément altéré la dynamique sédimentaire.

Pour en savoir plus

AABY B., BERGLUND B.E., *Handbook of Holocene Palaeoecology and Palaeohydrology*. Chichester, Wiley, 1986.

AMOROS C., PETTS (éd.), *Hydrosystèmes fluviaux*, Masson, Paris, 1993, 300 p.

BRAVARD J.-P., PETIT F., *Les cours d'eau*, Colin, Paris, 1997.

BRAVARD J.-P., PRESTREAU M. (éd.) : *Dynamique du paysage. Entretiens de géoarchéologie*. Documents d'Archéologie en Rhône-Alpes, 15, 1997, Lyon, 282 p.

BROWN A.G., *Alluvial Archaeology*, Cambridge University Press, 1997, Cambridge, 377 p.

BURNOUF J., BRAVARD J.-P., CHOUQUER G. (éd.), *La dynamique des paysages protohistoriques, antiques, médiévaux et modernes*. Actes des XVIIe Rencontres Internationales d'archéologie et d'histoire d'Antibes, Sophia Antipolis, Ed. APDCA, 1997.

CAMPY M., MACAIRE J.-J., *Géologie des formations superficielles*, Masson, Paris, 1989, 433 p.

DUFAURE J.-J. *et al.*, *La mobilité des paysages méditerranéens*, Revue Géographique des Pyrénées et du Sud-Ouest, Travaux II, 1984, 387 p.

GREGORY K.J., *River Channel Changes*, Wiley, 1977, Chichester, 448 p.

LEVEAU PH., PROVANSAL M., 1993 (éd.), *Archéologie et environnement : de la Sainte-Victoire aux Alpilles*, Université de Provence, Travaux du Centre C. Jullian, 14, 551 p.

LEWIN J., MACKLIN M.G., WOODWARD J.C., *Mediterranean Quaternary River Environments*, Balkema, 1995, Rotterdam, 292 p.

MAGNY M., *Une histoire du climat*, Ed. Errance, 1995, Paris, 176 p.

MISKOVSKY J.-C. (éd.), *Géologie de la Préhistoire*, Association pour l'étude de l'environnement géologique de la préhistoire, 1987, Paris, 1297 p.

NEEDHAM S., MACKLIN M.G. (éd.), *Alluvial Archaeology in Britain*, Oxbow Monograph 27, 1992, Oxford, 277 p.

REINECK H.E., SINGH I.B., *Depositional Sedimentary Environments*, Springer-Verlag, 1975, Berlin, 439 p.

RICHARDS K., *Rivers. Forms and Process in Alluvial Channels*, Methuen, 1982, London, 346 p.

ROCHE M., *Hydrologie de surface*. Gautier-Villars/Orstom, 1963, 430 p.

STARKEL L., GREGORY K.J., THORNES J.B., *Temperate Palaeohydrology*, Wiley, Chichester, 1991.

VAN DER LEEUW S. (éd.), *L'homme et la dégradation de l'environnement*. Actes des XVe Rencontres Internationales d'archéologie et d'histoire d'Antibes, Sophia Antipolis, Ed. APDCA, 1995, 514 p.

LA PÉDOLOGIE

par Pierre Poupet

Qu'est-ce que la pédologie ?

Définitions et références

Le mot « pédologie » est formé à partir du grec *pedon* qui signifie sol*, au sens de support ou base, et *logos*, discours. Le mot « sol » vient quant à lui du latin *solum** qui veut dire sol, avec la même signification de support, surface, base ou fond.

La pédologie, autrement appelée la science du sol, est une discipline scientifique à part entière, qui se range cependant dans le vaste ensemble des sciences de la Terre. Parce qu'elle étudie le sol né de l'altération* d'une roche, la science du sol fait sans cesse appel aux autres disciplines des sciences de la Terre, comme la géomorphologie (étude des formes du paysage), la pétrographie (étude des roches), la minéralogie (étude des minéraux), la sédimentologie (étude des phénomènes et des roches sédimentaires) et la géochimie (étude du comportement chimique des éléments dans les roches et les eaux), qui sont traitées dans ce même ouvrage. La matière organique, la microfaune et la microflore qui y sont contenues étant trois autres composantes du sol, la pédologie fait également appel à la biochimie, à la chimie organique et à la microbiologie. Elle est également proche des sciences de la Nature, qui étudient le monde vivant (végétaux et faunes du sol), de l'hydrologie et, bien sûr, de la climatologie.

La science du sol présente deux aspects distincts et complémentaires, celui proprement pédologique, qui s'attache à comprendre la dynamique des sols en fonction du milieu – la pédogenèse * –, et celui qui concerne l'ensemble des constituants (minéraux et organiques) et des propriétés physiques, chimiques et biologiques des sols, celui-ci étant plus proche de l'agronomie et de la sylviculture. On voit d'emblée en quoi les deux volets de la science du sol peuvent être mis à profit dans les recherches archéologiques, à partir du moment où l'archéologue s'intéresse à l'environnement du site, ainsi qu'aux rapports entre l'Homme et le milieu dans lequel il vit, mais qu'il exploite et transforme aussi pour se nourrir et produire.

La liaison entre la pédologie et l'archéologie est également évidente si l'on accepte le postulat de l'anthropisation : les sociétés qui se sont succédé sur un espace géographique, possédant lui-même ses propres caractéristiques naturelles à chaque moment de l'échelle chronologique, ont façonné leur environnement, en fonction des capacités techniques qu'elles avaient développées, pour opérer leurs diverses activités, et satisfaire leurs multiples besoins.

Dans cette fin du deuxième millénaire, l'impact de l'Homme sur la Nature est devenu une banalité, mais il n'est pas encore couramment un objet d'étude de l'archéologie. Pourtant, chaque communauté organise son territoire, en s'accommodant des contraintes qu'elle y trouve, et en valorisant les ressources qu'elle y décèle. Ces ressources sont la végétation, le bois, l'eau, les roches, les minerais... et les sols. Le pédologue et les autres spécialistes des sciences de la Terre peuvent donc tous apporter à l'étude du fonctionnement des systèmes anthropiques.

Il faut préciser d'emblée que le mot « sol » ne désigne pourtant pas le même objet d'études, selon que l'on est archéologue ou bien spécialiste des sciences de la Terre. Le sol du pédologue est un volume tridimensionnel, qui possède donc une certaine épaisseur entre sa surface, au contact avec l'atmosphère* terrestre, et ce qu'il recouvre. A l'opposé de cette définition, le « sol » de l'archéologue est réduit à une surface, à un objet bidimensionnel, sur lequel sont repérables des traces de passage (tassement) et les restes brisés et/ou rejetés, finalement abandonnés, issus des multiples activités auxquelles l'Homme peut se livrer (céramique, métallurgie, cuisine, repas...). Le « sol » de l'archéologue existe donc aussi bien à l'intérieur d'un bâtiment (habitat ou atelier) qu'à l'extérieur, en plein air.

On voit facilement qu'à l'occasion des investigations archéologiques sur le terrain, s'il est fréquent que le « sol » de l'archéologue représente la véritable surface de celui du pédologue, ce n'est pas toujours le cas, notamment à l'intérieur des bâtiments. La dualité du terme est donc une source d'erreur et d'incompréhension, ce qui peut perturber le dialogue entre la science du sol et l'archéologie, qui emprunte ses méthodes à de multiples disciplines. Afin de rendre la pluridisciplinarité plus performante en évitant, autant que faire se peut, des difficultés de lecture, il est prudent de conseiller à l'archéologue de toujours préciser le sens qu'il donne au mot « sol ». L'adjonction de termes qui correspondent à l'interprétation issue des observations réalisées, est fréquente. On parle ainsi de « surface de circulation » ou de « sol d'habitat, d'occupation ». Cette façon de préciser le sens du mot n'est certes pas satisfaisante. Elle permet cependant de ne pas créer de confusion.

Les spécialistes de la discipline « pédologie », les pédologues, appellent habituellement « le sol » un objet naturel – cet adjectif pris dans le sens où l'existence initiale de l'objet ne dépend pas de l'Homme –, continu et tridimensionnel, encore appelé « couverture pédologique ». Sans entrer dans le détail de l'évolution de la science du sol au cours des trente dernières années, le vocabulaire et les concepts ont été clarifiés et modernisés, même si tel ou tel mot dorénavant employé dans le *Référentiel Pédologique*, publié en 1992, recouvre au moins en partie, voire en totalité, la même signification qu'un mot antérieurement défini dans la classification française des sols à base génétique et dynamique, établie en 1967 par la Commission de Pédologie et de Cartographie des Sols (C.P.C.S.), et dans la classification plus écologique développée par Ph. Duchaufour à partir des années 1970, en considérant l'ensemble des facteurs du milieu, tant bioclimatiques que minéralogiques.

On le voit, le fonctionnement de la science du sol, comme pour toutes les sciences, est à l'image de celui d'une société : il dépend d'un langage commun. C'est pourquoi, à l'initiative de la FAO (organisation des Nations Unies pour l'alimentation et l'agriculture), en coopération avec l'AISS (Association Internationale de la Science du Sol) et l'UNESCO, un groupe de scientifiques s'est régulièrement réuni depuis 1980, pour élaborer une base internationale pour la classification des sols. En 1998, un nouveau référentiel international a ainsi vu le jour : *World Reference Base for Soil Resources* (WRB). Son caractère novateur est non seulement d'être un véhicule de compréhension pour tous, mais aussi d'attirer l'attention sur une nouvelle considération des sols : ils sont une ressource de l'Humanité, avant d'être des unités taxinomiques*.

Le sol est un milieu organisé, structuré, qui se transforme sans cesse. Les termes de cette phrase, qui peuvent convenir à une définition du mot « sol », sont fondamentaux. En effet, la compréhension d'un sol passe principalement par la description des structures*, qui peuvent être appréhendées à l'échelle macroscopique, sur le terrain – notamment celui des investigations archéologiques –, mais également à l'échelle microscopique.

L'organisation de la couverture pédologique correspond aux différents types d'assemblage des constituants solides et liquides du sol, qui traduisent des relations entre ceux-ci. Les structures sont représentatives de phénomènes physico-chimiques, d'une dynamique des transformations des relations entre constituants, et de l'histoire du sol. Le travail du pédologue consiste à les reconnaître et à les comprendre, à l'échelle des plus petites particules solides grâce à la micromorphologie, et à celle des paysages (Fig. 1).

Deux termes reviennent toujours dans la description de l'organisation du sol : l'*agrégat** et l'*horizon**. Ils correspondent à des niveaux d'organisation différents de la couverture pédologique, qui seront détaillés plus loin. Cependant, à cause de l'importance qu'ils ont dans la reconnaissance des différents types de sols, il est nécessaire de comprendre rapidement ce à quoi ils correspondent, grâce aux figures 1 et 2 et aux définitions qui suivent.

L'*agrégat* est la principale *organisation élémentaire** du sol, qui se combine avec les autres types d'organisation que sont les vides (ou porosité), les couleurs, les traces d'activité biologique (galeries, terriers, niches d'estive des lombrics et réseau tubulaire du système racinaire...) et les concentrations de certains constituants (revêtements des faces des agrégats, précipitation de sels minéraux en nodules...) (Fig. 2).

Les *horizons* sont un niveau d'organisation supérieur des sols; ils sont symboliquement codifiés par des lettres (O, A, S, E, B, C, etc.), chaque lettre ayant une signification très précise, d'ordre morphologique et historique. Ils sont comme des couches superposées, reconnaissables dans l'épaisseur du profil* pédologique; mais ce ne sont pas des couches inertes, sans relation entre elles. Il sont caractéristiques de l'histoire du sol.

L'épaisseur d'un horizon est variable, de quelques centimètres à plusieurs mètres, et son extension latérale peut atteindre plusieurs kilomètres. Cette dernière dimension du volume tridimensionnel que représente l'horizon n'est cependant pas illimitée, puisque les conditions du substrat, de la topographie, du couvert végétal, de l'humidité, toutes ces composantes du paysage, changent à l'échelle pluri-kilométrique. Comme elles sont à l'origine de la nature du sol et donc des horizons, un horizon donné disparaît latéralement pour laisser place à un autre, d'un type différent.

Les horizons d'un sol sont associés, superposés verticalement et organisés latéralement avec d'autres horizons. Les *systèmes pédologiques** correspondent à une organisation d'un niveau encore supérieur à celui de l'horizon, à l'échelle de l'unité de paysage. Dans cette étape de l'analyse structurale d'une couverture pédologique, les relations entre les différents horizons sont fondamentales (type de limites entre les horizons). Au terme de l'étude, c'est donc la dynamique évolutive, reposant sur l'analyse des structures, sur la géochimie et la minéralogie, qui caractérise un *système pédologique*.

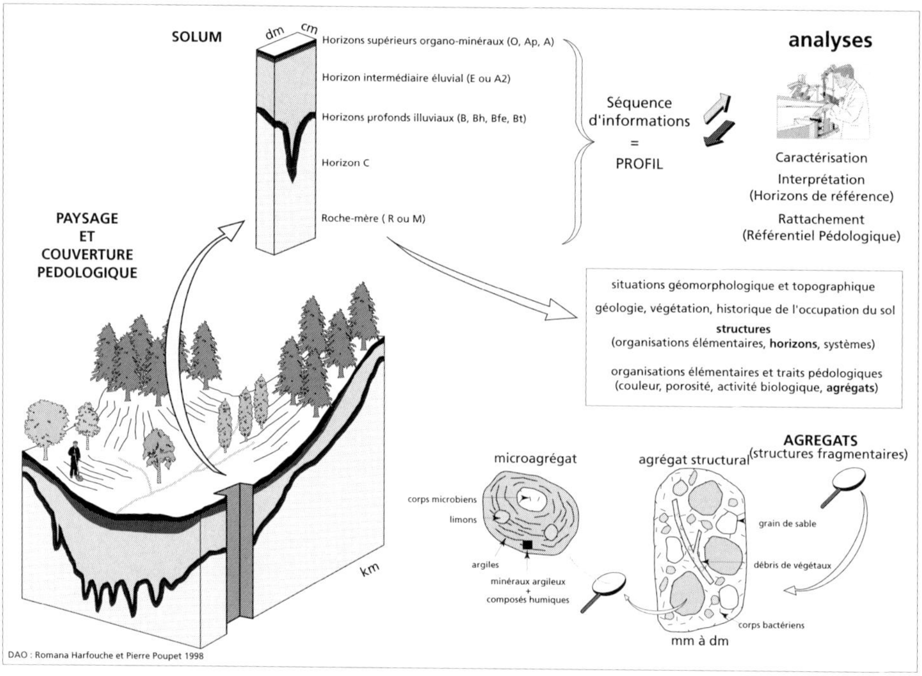

Fig. 1 - Les différentes échelles et étapes de l'analyse des couvertures pédologiques. Le sol est organisé, structuré, depuis l'agrégat jusqu'à l'unité de paysage – ou système pédologique –, en passant par les horizons, le profil pédologique et le solum (DAO : Romana Harfouche et Pierre Poupet (CNRS) 1998 ; REGALES de Graphi-Ogre).

2a

2b

2c

Fig. 2 - L'agrégat, un niveau élémentaire dans l'organisation du sol (photos Pierre Poupet (CNRS) 1975-1993). 2a : Chaingy (Loiret, France). Horizon profond, argileux, soumis à un excès d'eau (hydromorphie). Les fissures verticales et horizontales limitent les agrégats. 2b : trois agrégats décimétriques du vertisol de Chaingy (Loiret) avec leurs faces de contact luisantes. Cet aspect brillant et strié des agrégats est donné par les frottements au cours des mouvements dans le sol, en fonction du degré d'humidité (argiles gonflantes = smectites). 2c : site prédynastique, nagadien, à El'Adaïma en Haute Egypte. Séquence répétitive dans la superposition des limons de crue du Nil des Ve-IVe millénaires avant notre ère. Le rythme de ces crues exceptionnelles, qui ont formé cette très haute terrasse du Nil, n'était pas annuel, puisque chaque apport est largement pédogénétisé, avant d'être recouvert par de nouveaux limons, comme le montrent les agrégats granuleux et sombres des paléosols superposés.

Cette ultime étape de l'observation d'un sol rend compte de la variété des échelles spatiales, depuis l'agrégat et les horizons étudiés sur un *solum*, ou tranche verticale d'une couverture pédologique, jusqu'aux systèmes pédologiques, qui nécessitent une vision plus générale par la multiplication des coupes et tranchées d'observation. On parle alors de *toposéquence* quand, sur une pente, les différents solums appartiennent à un même type de sol, mais que la topographie est responsable de la distribution latérale des horizons.

Il faut enfin ajouter à ces définitions une dernière dimension des sols qui s'articule avec les relations spatiales et correspond aux relations temporelles entre les structures d'organisation : sur un matériau donné, dans des conditions topographiques et climatiques données, l'évolution pédologique plus ou moins poussée est une fonction du temps. On parle alors de *chronoséquence*. Les profils pédologiques décrits sur des terrasses alluviales emboîtées forment des séquences d'informations qui sont différentes en fonction du temps plus ou moins long d'évolution du sol.

Pluridisciplinarité et archéologie

Parce qu'elle étudie les quelques décimètres à quelques mètres de la surface des continents, sur laquelle vivent les sociétés humaines, la science du sol est intimement liée aux rapports qu'entretient l'Homme avec les couvertures pédologiques. Il ne faut en aucun cas oublier qu'antérieurement aux instants les plus proches de nos temps modernes, à l'échelle de l'Humanité, les sociétés que l'archéologie étudie étaient majoritairement composées d'agriculteurs – au sens large du terme, c'est-à-dire de ceux qui tirent leur subsistance du travail de la terre et de la culture de végétaux, mais aussi de l'élevage et de la gestion d'un troupeau d'animaux –. C'est pourquoi la pédologie et l'archéologie ont des objets d'étude et des objectifs en commun, notamment ceux de comprendre comment une communauté d'agriculteurs investit un territoire, le façonne et l'entretient pour y puiser les ressources nécessaires à sa subsistance et à sa reproduction.

En effet – et c'est le propos principal de cet ouvrage que de montrer la richesse de l'interdisciplinarité –, depuis trois décennies environ en France, la science du sol rencontre de plus en plus l'archéologie, ce qui devait être inévitable dans l'évolution de la discipline, puisque l'histoire des sols s'inscrit sur la longue durée et qu'elle est souvent, depuis des millénaires, intimement liée à celle de l'Homme.

L'archéologie, ensemble de méthodes qui en fait une composante des sciences humaines et sociales, doit occuper une place primordiale dans la recherche qui s'attache à reconnaître les rapports entre les hommes et les sols, car elle donne une grille d'analyse et des repères socio-chronologiques à la pédologie.

En retour, les méthodes qui forment l'archéologie peuvent largement profiter de la science du sol, surtout quand les objectifs de la recherche historique dépassent les limites des sites bâtis ou des nécropoles, traditionnellement explorés, pour s'intéresser à l'environnement des sites, aux paysages ruraux et aux techniques agricoles.

Pour comprendre le modeste état d'avancement de la recherche archéologique française sur les rapports historiques entre l'Homme et les sols, il faut évoquer la brève histoire de l'archéologie – et ses développements actuels –, qui ne s'est réellement structurée que dans la deuxième moitié de ce siècle, et qui est longtemps restée à l'écart des disciplines scientifiques, alors qu'elle aurait dû être au centre de l'acquisition des connaissances relatives aux rapports Homme-milieu, en général, et Homme-sol en particulier.

En France métropolitaine, la rencontre entre l'archéologie et la pédologie – ou science du sol – est un fait relativement récent, qui s'est produit au cours des années soixante-dix, alors que l'on aurait pu s'attendre à une collaboration de la première heure. En effet, les investigations des archéologues ont depuis toujours et majoritairement concerné les quelques décimètres supérieurs des couvertures pédologiques. La plupart des unités stratigraphiques, que ces archéologues fouillent et détruisent du même coup, sont issues du remaniement naturel ou anthropique des matériaux sédimentaires de surface et des horizons, souvent superficiels, des sols contemporains des sites fouillés. Ces couches archéologiques ont elles-mêmes subi une plus ou moins longue évolution pédologique. La rencontre des deux disciplines, qui paraissait évidente, n'a malheureusement pas eu lieu, en raison d'un cloisonnement nuisible des secteurs de recherche, et surtout à cause d'une spécificité des travaux archéologiques français, qui ne sont pas facilement parvenus à s'affranchir de la démarche individuelle et antico-maniaque qui prévalait à l'origine de l'archéologie dans les cabinets d'antiquités.

Toutefois, une précision s'impose d'emblée sur le terme « archéologie » tel qu'il est entendu dans ces lignes : il ne prend pas en considération la recherche relative aux temps préhistoriques, du Paléolithique au Néolithique, auxquels il faut ajouter ou non l'Age du Bronze, selon les aires culturelles et les écoles de pensée. En effet, l'archéologie préhistorique française a toujours été très proche des sciences de la Terre et de la Nature. En revanche, cela n'a malheureusement pas été le cas de l'archéologie des temps protohistoriques et historiques en France, que nous appellerons donc simplement *archéologie*, et qui a progressivement construit sa panoplie d'outils d'analyses, en accumulant un ensemble de méthodes empruntées à d'autres disciplines. Pour éviter toute ambiguïté et incompréhension, il faut donc insister sur les limites données à ce discours, qui n'est sans doute pas relatif à d'autres terrains de recherche extra-métropolitains, ni à d'autres périodes chronologiques. Il vaut surtout pour le domaine de l'archéologie française dite historique – qui inclut les périodes protohistoriques ou Ages des Métaux, depuis la fin du IIIe millénaire jusqu'au Ier siècle avant l'ère chrétienne –, selon le découpage qui a prévalu jusqu'à ces dernières années, excluant du présent propos l'archéologie préhistorique. Afin d'alléger ces distinctions et sauf indication contraire, le terme « archéologie », sans qualificatif, sera employé pour désigner l'ensemble des méthodes qui étudient l'homme et les sociétés pendant les quatre derniers millénaires de l'*Holocène**, en France et sur les terrains d'études à l'étranger investis par les écoles et les archéologues français.

Cette spécificité de l'archéologie française est flagrante. Elle a souvent eu quelques années de retard par rapport à certains pays européens voisins, voire quelques décennies, avant de se donner les moyens analytiques d'atteindre ses objectifs. Ce fut le cas pour la naissance de l'archéologie urbaine comme pour l'acceptation de l'archéométrie.

C'est vraisemblablement pourquoi les travaux archéologiques français conduits dans tous les domaines géographiques de l'Ancien Monde, à l'interface entre l'archéologie et la science du sol, ne sont pas encore chose courante, bien que l'ouverture aux sciences physiques, chimiques et naturelles soit maintenant accomplie, par exemple pour les analyses des artefacts (mobilier lithique, céramique, métallique), afin de reconnaître les techniques et les provenances, ou encore pour les analyses du monde vivant (faune et flore) environnant le lieu habité par l'homme.

Cette pesanteur d'une archéologie française longtemps ignorante des sols et de leur histoire, qui se ressent encore parfois en cette fin du XXe siècle, n'a été précocement dépassée que par une frange de chercheurs sensibles à l'interdisciplinarité. Dès les années soixante-dix, des études ont contribué à restituer des paléopaysages agricoles et à comprendre les relations, antagonistes et complémentaires à la fois, qui s'établissent entre les sociétés d'agriculteurs et les sols qu'ils cultivent.

Cependant, le retard pris par l'archéologie française dans ce domaine n'est pas encore comblé, bien que certains secteurs de la recherche aient connu de véritables travaux pionniers, comme l'introduction, au début des années quatre-vingts sur le tracé de l'autoroute A71 (Bourges-Montluçon, France), des premières analyses de phosphates sur carottage au cours d'une prospection archéologique.

A partir du milieu des années soixante-dix pourtant, quelques avancées modestes voyaient le jour, issues des réflexions conjointes de l'archéologue et du pédologue sur les premiers grands chantiers urbains en France, à Tours et à Orléans, puis dans la vallée du Rhône, où les premiers travaux de J.-P. Bravard et de J.-L. Brochier étaient vraiment pionniers. Pour le domaine méditerranéen, il faut citer les travaux des géographes et des géomorphologues, J. Vaudour, puis M. Provansal, J.-L. Ballais et M. Jorda, qui ont contribué au développement d'une démarche interdisciplinaire en archéologie, dans les Alpes du Sud et en Provence.

En élargissant encore le champ d'investigation à tout le pourtour du bassin méditerranéen, l'école de géographes formée autour de P. Birot a permis de fructueuses rencontres entre la géomorphologie – associée à la pédologie – et l'archéologie. Les travaux de B. Bousquet, J.-J. Dufaure, L. Faugères, R. Neboit, P.-Y. Péchoux, en Grèce, en Italie du Sud et en Afrique du Nord, sont autant d'encouragements à l'ouverture des méthodes de l'archéologie aux sciences de la Terre, et notamment à la pédologie. Ils ont montré que le paysage actuel, dans ses formes et dans son sous-sol, contenait des fragments conservés des paysages antérieurs, comme s'il s'agissait d'un palimpseste, fragments qui devraient permettre de suivre l'histoire de la couverture sédimentaire pédogénétisée et celle des hommes agriculteurs qui l'ont cultivée tout au long des siècles.

Archéologie, pédologie et agronomie

Pour bien comprendre les potentialités de la pédologie en tant que science nécessaire à la compréhension des couvertures sédimentaires évoluées, que l'archéologie détruit lors de ses investigations sur le terrain, il est d'abord nécessaire de ne jamais perdre de vue que les sociétés du passé étaient essentiellement agricoles, que l'alimentation était majoritairement tirée de la culture d'une grande variété d'espèces végétales, et que l'Homme n'a cessé de s'interroger sur ses moyens de production – dont font partie les sols – pour accroître ses rendements, et satisfaire aussi une curiosité vis-à-vis des « mystères » de la Nature.

Dans ce domaine géographique déjà évoqué de l'Ancien Monde, la mer Méditerranée a toujours eu, au cours du temps, un grand rôle dans la diffusion des savoirs et l'élaboration d'une véritable science du sol. Mais ce n'est que très récemment, à l'échelle de l'histoire de la sédentarisation et de l'agriculture, que la pédologie est vraiment née.

La science du sol est une discipline très ancienne, qui n'a pas toujours été codifiée selon nos critères et raisonnements modernes. Peu d'études générales sont consacrées à son histoire. Cependant, les écrits d'auteurs grecs, latins et arabes, parmi les plus connus, illustrent ou éclairent bien des analyses relatives à une catégorie de sol ou à une technique agricole. Ceci montre que l'Homme a eu très tôt un intérêt pour les choses de la terre, intérêt qui va parfois au-delà des réflexions et des gestes vitaux pour se procurer de la nourriture.

Les textes anciens sont en effet le lieu de nombreuses mentions concernant les rapports qu'entretient l'Homme avec les sols, et commentant le savoir de l'agriculteur. Il doit donc être évident pour tout le monde que la science du sol et l'archéologie gagneraient à exploiter ces sources écrites, avec toute la prudence requise, pour développer une véritable archéologie agraire.

Ce mouvement se dessine peu à peu en France, depuis quelques décennies, mais il est encore très modeste et certainement trop limité aux textes latins, notamment les traités de ceux qu'on appelle les « agronomes » (Caton, Varron, Columelle, Palladius). Il est certain que, pendant les deux derniers siècles avant l'ère chrétienne, puis pendant les premiers siècles de celle-ci, une partie de l'Ancien Continent, autour du bassin méditerranéen, a été imprégnée des savoirs et des techniques agricoles du colonisateur romain. Mais il est tout aussi certain que les populations de la protohistoire, antérieures à la domination romaine, avaient également acquis des connaissances relatives aux sols et que ces savoirs se sont transmis à travers les siècles, en s'adaptant lentement aux évolutions progressives des techniques et des cultures.

Le mot « sol » est souvent compris comme une base, une origine à la vie de l'Homme. Le vieux mot indo-européen pour « sol » est *dghem;* c'est aussi la source ultime des termes « humus », « humains », « humanité »... et « humilité ». En hébreu, le sol se dit « *adamâh* », avec la même racine qu'Adam, le premier homme de la Bible. Mais, au-delà de cette évocation symbolique, relative aux croyances en la création divine, le sol est surtout associé à ce qui nourrit l'homme, c'est-à-dire la croissance des végétaux et l'agriculture. D'ailleurs, dans l'écriture japonaise, le pictogramme désignant le sol symbolise la plante enracinée.

Très tôt dans l'histoire de l'Humanité, le sol est donc considéré comme un milieu structuré qui fait une transition entre le monde minéral, inanimé, et le monde vivant. Il est de fait la partie supérieure de la *lithosphère**, évoluant par les actions combinées de l'*hydrosphère**, de l'*atmosphère** et de la *biosphère** (Fig. 3).

Ce sens s'est parfois perdu au fil du temps, bien que l'agriculture et les rythmes agraires soient restés une activité et des moments forts et saisonniers du cycle annuel, intégrés à un système de représentations lié à la religion ainsi qu'à des calendriers astronomiques. C'est notamment ce qui ressort du texte d'Hésiode, *Les travaux et les jours*, écrit au VIIIe siècle avant l'ère chrétienne dans la Grèce archaïque, où les activités du paysan sont réglées par le cycle des saisons, les levers et couchers des étoiles et les fêtes religieuses.

La connaissance des effets des techniques aratoires sur les sols, combinés aux variations climatiques saisonnières, est évidente : « Si tu attends les jours où tourne le soleil pour labourer la terre divine, tu moissonneras accroupi le peu d'épis que saisira ta main, les liant à bêchevet, couvert de poussière, sans du tout te réjouir... ».

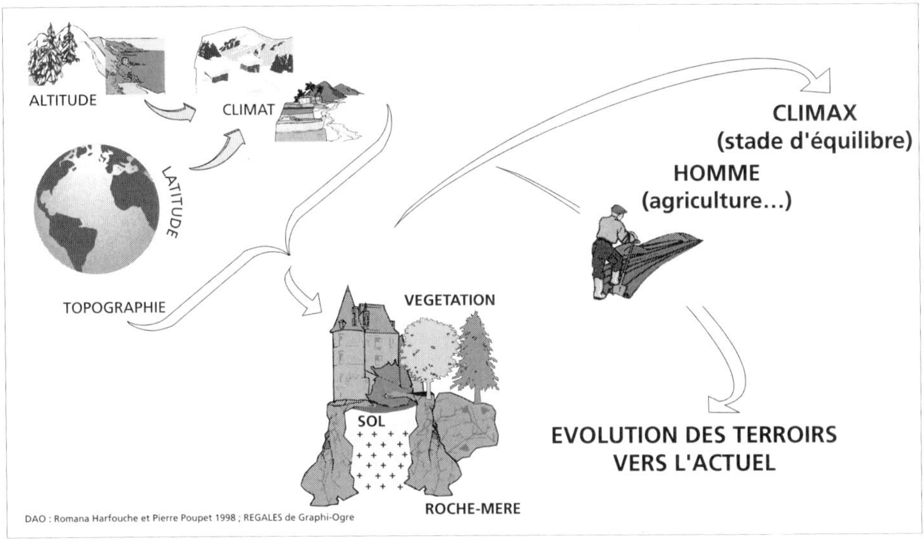

Fig. 3 - Schéma dynamique situant le sol par rapport à la lithosphère (roches, topographie), à l'atmosphère (climat), à l'hydrosphère (climat et topographie) et à la biosphère (végétation et Homme). Sur une roche-mère donnée, sous l'influence des paramètres du milieu, le sol naît et évolue sans cesse pour atteindre un stade d'équilibre avec le couvert végétal, stade appelé le climax, comme c'est le cas pour la forêt primaire. Mais l'intervention de l'Homme, notamment par l'impact de l'agriculture, a peu à peu transformé, au cours des millénaires, la plupart des sols pour en faire les terroirs actuels (DAO : Romana Harfouche et Pierre Poupet (CNRS) 1998 ; REGALES de Graphi-Ogre).

Fig. 4 (illustration en couleur, en page de 3 couverture) : Archéologie et pédologie en Mésopotamie : les environs de Chûsh (Suse), dans le Khuzistan iranien, et le site de Tépé Djaffarabad, à quelques kilomètres au nord (photos Pierre Poupet (CNRS) 1974). 4a : le paysage de la plaine du cours d'eau nommé le Chaour, au Nord de Suse ; au fond, à droite, le Tépé Djaffarabad. 4b : précipitation des carbonates et des sulfates de calcium à la surface des sols isohumiques développés sur les limons du Khuzistan. 4c : coupe stratigraphique dans le tell de Djaffarabad, montrant les accumulations de matières organiques (en sombre) et les précipitations secondaires de sulfates (en clair) dues aux processus pédologiques qui ont affecté les couches archéologiques de l'habitat.

Au fil des siècles et des millénaires se sont donc accumulées des observations périodiquement répétées qui ont permis aux savoirs paysans de progresser. La production agricole, fondement vital des sociétés anciennes, était étroitement liée à des choix de terrains, à un contrôle de certains paramètres naturels des *écosystèmes**, à des soins et des protections apportés aux couvertures pédologiques qui n'étaient encore, et pour longtemps, que de la terre.

La Mésopotamie a été un formidable creuset d'élaboration de techniques agricoles, qui n'a pu exister que grâce aux observations minutieuses des contraintes du climat, mais aussi des sols et des bénéfices que l'on pouvait tirer du soin et des améliorations apportés à ceux-ci.

Dès le début du troisième millénaire avant l'ère chrétienne, les signes pré-cunéiformes, pictogrammes gravés sur des pierres et des tablettes de terre cuite, évoquent l'agriculture irriguée, comme un contrat de vente d'un champ en Basse Mésopotamie, vers 3000 (Musée du Louvre, Acq 1924, AO 8844). Ces textes mentionnent parfois les sols, les pratiques aratoires et les cultures que ceux-ci supportent et nourrissent. Ils nous permettent de comprendre comment les sociétés agricoles des régions du Tigre et de l'Euphrate et, plus largement encore, jusqu'à la Syrie, au Liban et à la Palestine, appréhendaient les « choses » de la Nature et de la Terre.

Il est certain que, sous le climat semi-aride du sud de l'Iraq et de l'Iran actuels, au piémont du Zagros, la texture* des sols et le régime hydrique exposent les sols à une accumulation progressive de sels toxiques pour la végétation, accentuée par l'irrigation.

Un exemple concret d'application de la pédologie à l'archéologie permet d'illustrer et de mieux faire comprendre ce processus pédologique de salinisation, qui n'est pas une exclusivité mésopotamienne. Il s'agit de l'étude conduite sur un site archéologique – *Tépé Djaffarabad* – de cette Basse Mésopotamie, dans la province du Khuzistan de l'Iran actuel, à quelques kilomètres au nord de Suse (*Chûsh*), la capitale élamite. Le tell néolithique de Djaffarabad est formé de l'accumulation des villages successifs, bâtis en briques de terre crue (limons), au bord de la rivière Chaour, canalisée sous Darius Ier l'Achéménide, non loin du fleuve, la Karkheh, qui participe de l'immense delta du Shatt el Arab avec le Tigre et l'Euphrate.

Les sédiments de la stratification archéologique ont été le lieu de processus pédologiques post-dépositionnels qui perturbent la lisibilité et l'interprétation des différentes unités stratigraphiques. L'étude de terrain, sur les coupes-témoins laissées par les archéologues et sur les sols environnant le tell a permis de comprendre les modifications géochimiques des sédiments. Les eaux d'infiltration, qui se sont chargées de sels en solution, ont ensuite abandonné une partie de ceux-ci, en raison de l'évaporation, intense sous ce climat semi-aride, comme il a déjà été dit, mais aussi en raison de l'exploitation de cette eau d'imbibition des profils pédologiques par les racines des végétaux et la présence de matières organiques très abondantes dans les sédiments de l'habitat (Fig. 4). On voit bien avec cet exemple le rôle de chacun des paramètres du milieu et les interactions des constituants des couvertures pédologiques : limons du substrat, climat, eau, végétation, matières organiques, sels minéraux.

Si l'on quitte les riches terroirs irrigués des basses vallées du Tigre et de l'Euphrate pour atteindre le bassin oriental de la Méditerranée, les documents très anciens concernant les rapports Homme-sol sont rares.

Au deuxième millénaire avant l'ère chrétienne, le monde mycénien du sud de la Grèce (Phocide, Béotie, Péloponnèse, Argolide et Messénie) et de Crète n'a guère laissé de textes qui renseignent sur le savoir en matière de sol, puisque les écrits avaient alors pour fonction essentielle l'archivage administratif de questions foncières, de régimes de jouissance de la terre et des biens produits.

Les sources deviennent plus riches à partir du VIIIe siècle, et la connaissance des sols dans la Grèce antique transparaît clairement dans les textes littéraires d'Homère, Hésiode et Aristophane. C'est pourquoi il est indispensable d'étudier ces textes lorsque la recherche archéologique se situe sur les terrains de l'agriculture antique. Alors, la science du sol permet non seulement d'éclairer la lecture des stratifications, mais aussi d'interpréter en termes actuels les savoirs agronomiques contenus dans les sources littéraires antiques.

Dans tous ces textes, les sols et leur connaissance sont intimement liés à un cadre institutionnel et à un système de représentations religieux. Mais cette connaissance repose surtout sur celle des contraintes agricoles et des rythmes agraires, alors que l'archéologie se contente trop facilement de l'impression que la trilogie méditerranéenne, blé, vigne, olivier, – à laquelle s'ajoute l'élevage – impose un rythme immuable.

Si l'on ne peut pas encore parler véritablement de science du sol, l'analyse des textes grecs et de récents travaux archéologiques sur le terrain montrent, à côté de l'importance accordée au rythme saisonnier, à la main d'œuvre disponible et aux contraintes de la transformation des produits récoltés, l'intérêt porté par les premiers agronomes aux sols et la connaissance acquise par l'observation et l'expérimentation.

Comme plus tard dans le monde romain, les Grecs de l'Antiquité opposaient – ou plutôt distinguaient – deux grandes catégories de terres dans une *chora*, territoire sous le contrôle de la collectivité politique appelée *polis*. Cette distinction, qui est en fait une complémentarité, est équivalente à ce que les agronomes latins nommaient l'*ager*, la partie cultivée du territoire, et le *saltus*, équivalent aux friches et aux pentes incultes des reliefs.

Cette séparation nette entre deux parties de l'espace géographique contrôlé par une communauté est notamment attestée par le registre des ventes de terres de Ténos, dans les Cyclades, ainsi que dans les Tables d'Héraclée, en Italie du Sud, qui consignent les éléments de la cadastration et la mise en location des terres. La distinction est faite, comme dans les textes mycéniens, entre la terre labourée associée aux cultures proches de l'habitat, et les confins moins fertiles, non ensemencés, situés à plus grande distance et qui sont souvent synonymes de montagnes ouvertes aux troupeaux et à la chasse.

Si l'on regarde cette dualité territoriale du strict point de vue de la science du sol, elle ne peut recouvrir que très imparfaitement la variété des types de sols existant dans le milieu méditerranéen. Les terres fertiles ne sont pas localisées exclusivement dans les bassins et les plaines où se sont établies les agglomérations ; les mauvaises terres ne recouvrent pas seulement les pentes des montagnes.

Les rapports des communautés d'agriculteurs avec les sols, tels que les traduisent les textes grecs qui nous sont parvenus, reflètent d'autres capacités, qui sont du domaine des techniques et des efforts développés par les paysans pour exploiter, voire étendre, un espace productif. C'est notamment le cas de certains paysages où les terrasses de culture occupent les pentes des reliefs depuis l'Antiquité.

L'exemple de l'île de Délos, dans les Cyclades, est à ce titre significatif. Ici, les terres mises en culture sous le contrôle des administrateurs du sanctuaire d'Apollon occupent toute la partie de la petite île qui n'est pas réservée à l'agglomération avec ses monuments.

Dans ce cas, en raison de la nature géologique et de la taille de l'île (à peine 360 hectares), il n'est pas possible de faire la distinction entre des terres fertiles proches de l'habitat – les alluvions* des lits majeurs des torrents côtiers et de l'Inopos étant extrêmement rares –, et des sols moins propices aux cultures, situés sur les pentes. Délos est une petite montagne de roches cristallophylliennes et éruptives émergeant de la mer Méditerranée, aux pentes omniprésentes, sauf dans la petite plaine très plate du cours supérieur de l'Inopos, avec une couverture sédimentaire constituée des produits d'altération des roches (arène granitique plus ou moins remaniée et alluvions des cours d'eau). Les sols sont généralement peu épais et de nombreux espaces sont occupés par des chaos granitiques et les affleurements des gneiss et des quartzites.

L'agriculture à Délos était pourtant importante, les fermes sacrées appartenant au sanctuaire se partageant tout le territoire non bâti de l'île. C'est là qu'interviennent très tôt, dès la fin du VIe siècle avant l'ère chrétienne, les techniques d'aménagement des champs sur les pentes des collines (Fig. 5). Les agriculteurs de l'Antiquité ont, là comme ailleurs, mais sans doute plus qu'ailleurs, été contraints à un ouvrage titanesque, qui a consisté à établir une multitude de murets de soutènement étagés sur les pentes, y compris les plus raides du flanc sud-est des contreforts du Mont Cynthe. La maigre couverture pédologique sablo-limoneuse a ainsi été largement remaniée et contenue dans des terrasses de culture.

L'antiquité de ces constructions a longtemps posé problème et ce n'est que tout récemment qu'un programme interdisciplinaire, archéologico-pédologique (M. Brunet - P. Poupet), a permis de lever toute incertitude. L'analyse des sols, par la présence de structures très caractéristiques issues du lessivage, qui impliquent la longue durée, prouve à elle seule l'ancienneté de ces aménagements anthropiques des pentes.

A la suite des auteurs grecs viennent ceux rattachés au monde romain. Pour l'archéologue qui s'attache à l'histoire des campagnes et de l'agriculture en Gaule, ce sont les mieux connus, depuis Caton (234-149) jusqu'à Palladius (IVe siècle), en passant par Varron (116-27) et Columelle (né à Cadix au Ier siècle de l'ère chrétienne), auteurs auxquels sont souvent associés le poète Virgile (70-19) et Pline l'Ancien (23/24-79), bien que ce dernier ne soit pas vraiment considéré comme un agronome.

L'archéologie française de la période romaine a depuis longtemps puisé ses explications et ses commentaires dans ces traités d'agriculture. Il n'est donc pas nécessaire de s'y attarder, mais il faut quand même souligner que cette période voit la mise en place d'une discipline autonome, avec le souci de la compilation, obligatoirement réductrice, mouvement qui a débuté à l'époque hellénistique.

Il s'agit d'une séparation progressive entre la philosophie et la science, qui a contribué à faire de l'agronomie une discipline autonome. Les observations, l'expérimentation, les faits se sont accumulés. Les besoins en rendements agricoles accrus, la sélection des espèces en fonction de critères choisis ont accentué la spécialisation et la rationalité.

Cependant, cette rupture avec le passé a été accompagnée d'une continuité, par la transmission des savoirs théoriques et techniques. Les textes de l'époque romaine sont

5a

5b

Fig. 5 - Délos (Cyclades, Grèce), un véritable conservatoire des techniques d'aménagement des campagnes dans l'Antiquité (photos P. Poupet (CNRS) 1996). 5a : vue générale de la partie méridionale de l'île, dominée par le Kato-Vardhia, avec les systèmes imbriqués des terrasses de culture. 5b : le profil pédologique du sol, retenu par le mur de soutènement de la terrasse de culture, montre un horizon sableux très lessivé dans lequel se trouvent des bandes ondulées, plus sombres car plus riches en argiles et en oxydes métalliques (fer ferrique de couleur rouille). L'origine de ces argiles est latérale et verticale ; le lessivage et l'accumulation sont le résultat de la modification des circulations de l'eau dans le sol, provoquée par la présence du mur de soutènement. Ces phénomènes sont une preuve d'une grande ancienneté du sol... et donc de la terrasse.

imprégnés de la connaissance grecque relative aux sols et à l'agriculture. Mais c'est surtout le savoir théorique, pratique et expérimental, de l'Orient méditerranéen, des Phéniciens et des Puniques de l'Afrique du Nord, qui sera cité au travers des 28 livres de Magon de Carthage, découverts par les Romains en 146 avant l'ère chrétienne.

Entre les textes des auteurs latins tardifs comme Palladius (IVe siècle) et celui d'Olivier de Serres, dédié au roi Henri IV et publié en 1600, l'histoire et l'archéologie ont longtemps constaté un vide en matière de recherches et de connaissances savantes des sols et des techniques agricoles, vide contemporain des « Ages sombres » du Moyen Age occidental. En fait, ce vide n'est qu'apparent à l'échelle de la Méditerranée occidentale, et il est surtout constitué par les zones délaissées par la plupart des chercheurs sur les terrains des recherches historiques et archéologiques françaises.

Les savoirs agronomiques des Grecs ne sont pas seulement arrivés dans l'Occident chrétien par le biais de l'exode byzantin au Moyen Age, sous la pression musulmane. Le syncrétisme entre l'Orient, le monde gréco-romain et un fond ibéro-celtique avec une composante wisigothique a concrètement été traduit par les auteurs arabes dans leurs traités d'agriculture.

La continuité entre les savoirs de l'Antiquité gréco-romaine et ceux de la fin du Moyen Age et de la Renaissance existe effectivement dans le monde arabe. Elle sera l'œuvre foisonnante de l'école hispano-arabe dans l'agronomie andalouse, qui se dessine dès le Xe siècle. Les travaux de L. Bolens – historienne à l'université de Genève et spécialiste des textes arabes du Moyen Age – sur les « géoponiciens » d'*Al-Andalus*, où l'on voit l'importance des villes comme Tolède, Grenade et Séville, sont une démonstration de cette continuité entre l'Antiquité et le Moyen Age dans les compilations *géoponiques** (Fig. 6).

Une véritable science du sol se met progressivement en place, fondée sur les savoirs antérieurs et renforcée par l'observation et l'expérimentation, dans de vastes jardins créés pour servir de véritables laboratoires. Elle s'établit aussi grâce au rapprochement entre les connaissances relatives aux sols, aux plantes et à la pharmacologie. Les livres d'agriculture des érudits arabes rompent avec le genre littéraire virgilien; les textes ne sont pas des poèmes pastoraux, mais de véritables manuels didactiques, adressés aux populations paysannes.

Il faut bien admettre que les agronomes andalous ont dépassé leur modèles antiques, « les sages » comme ils les nomment souvent, dans leur vaste nomenclature des combinaisons de sols correspondant à une observation plus juste des terrains agricoles. Ils sont responsables d'un éclatement des anciens concepts erronés, qui permettra un enrichissement des dispositifs techniques. Les agronomes arabes d'*Al-Andalous* donnent vraiment naissance à une science, pure et appliquée à la fois, qui est l'agronomie, science de l'équilibre entre production et protection des sols, que ni nos pratiques agricoles modernes, ni l'archéologie française n'ont retenue pour l'instant, toutes entières tournées qu'elles sont vers les sources antiques gréco-romaines.

Aujourd'hui, on redécouvre Olivier de Serres, qui dédie en 1600 son *Théâtre d'agriculture et Mesnage des champs* au roi de France Henri IV. Les notions modernes de texture, de capacité de rétention de l'eau, de perméabilité sont présentes dès les premières lignes. Elles sont suivies par d'autres caractères, qui sont toujours essentiels pour reconnaître et analyser les sols, comme la couleur et l'odeur.

siècles	Occident (latin et hispano-arabe)	Orient (grec, byzantin et musulman)	
VIe		Hésiode	VI
Ve		Xénophon; *Platon*	V
IVe		Théophraste; *Aristote*	IV
IIIe			III
IIe	Magon (Carthage); Caton le Censeur; *Bolos Democritos*	Attale III	II
Ier av.n.è.	*Varron*		I av.n.è.
Ier de n.è.	G. Julius Hyginus; Virgile; *Columelle-Junius*		I de n.è.
IIe		Les Quintiliens	II
IIIe		*Gargilius Martialis (Marsial ?)*; Julius Africanus (Edesse); Florentinus	III
IVe	Palladius		IV
Ve		Didymos; *Vindonius Anatolius de Berytos*	V
VIe	ms byzantin de Dioscoride à Venise	*Cassianus Bassus*; traduit en Syriaque par Sergios de Rash'Ayna	VI
VIIe			VII
VIIIe		Filafat-ar-rumiyya	VIII
IXe	*Traduction en arabe de Columelle*	transfert à Antioche de l'école philosophique d'Alexandrie et des restes de la bibliothèque; traduit en arabe par Kusta ibn Luka	IX
Xe	Le Calendrier de Cordoue	*Al-Dinawari*; *Ibn Wahshiyya*	X
XIe	*Ibn Wâfid (Tolède)*; *I. Bassâl (Tolède)*; *I. Hadjdjaj (Séville)*; *A. Khayr (Séville)*	*Les Geoponika compilation byzantine composée sur l'ordre de Constantin VII, sur la base de celle de Cassianus Bassus*	XI
XIIe	Le Botaniste Anonyme; *I. Awwâm (Séville)*		XII
XIIIe	*I. Beithar (Malaga)*		XIII
XIVe	Pietro di Crescenzi		XIV
XVe		Fazel Haravi (persan)	XV
XVIe	G. A. de Herrera		XVI
XVIIe	Olivier de Serres		XVII

Principaux noms de la tradition géoponicienne de l'antiquité grecque à l'époque moderne (d'après Lucie BOLENS, Genève, 1981)

Les noms en italique désignent les géoponiciens auxquels se réfèrent les Andalous des XIe-XIIe siècles
On notera le vide occidental entre le Ier et le VIIIe siècle, et la Renaissance du Xe siècle, aidée par la continuité orientale

Fig. 6 - Tableau chronologique rassemblant les auteurs dont les ouvrages traitent de la culture de la terre (*Géôrgika* en grec), et que l'on appelle les « géoponiciens », depuis l'Antiquité grecque jusqu'à l'époque moderne (d'après L. Bolens, *Agronomes andalous du Moyen Age*, 1981). Ces sources sont, dans une première période, essentiellement écrites en langues pehlevie (en Perse sassanide), syriaque, grecque et latine; elles ont, pour la plupart, été traduites en arabe au cours de la seconde période géoponicienne, entre le VIIIe et le XIe siècle de l'ère chrétienne. Ce sont plus de cinquante œuvres sur l'agriculture, écrites en grec, qui étaient connues à Rome au temps de Cicéron. Toutes ont disparu et seule nous est parvenue une compilation rédigée par Cassianus Bassus, auteur vivant en Bythinie au VIe siècle de l'ère chrétienne. Ce texte sera à la base de l'autre compilation byzantine, connue sous le nom de *Geoponika*, œuvre d'un anonyme sous le règne de l'empereur Constantin VII Porphyrogénète (912-959).

Mais ce n'est qu'à la fin du XIXe siècle que les travaux de V. V. Dokoutchaev conduisent à une étude approfondie des terres, sur de grandes étendues géographiques. Ce géologue russe, comparant les *chernozems** ukrainiens aux *podzols** des régions froides, en conclut à une liaison forte entre le sol, la végétation et le climat.

Ses travaux sont considérés comme à l'origine de la pédologie ou science du sol.

En France, le développement de la pédologie commence vers les années 1930, soutenu par A. Demolon, Inspecteur Général des Recherches Agronomiques. Les premières cartes pédologiques sont levées et les centres de recherches sont progressivement mis en place.

A l'heure actuelle, les différents systèmes de classification des sols ont tous un objectif pratique, indispensable, qui est la cartographie des couvertures pédologiques, organisées en unités spatiales possédant chacune des caractères différents. Ces cartes sont importantes pour la gestion des territoires (sylviculture, agronomie, urbanisme). On comprend facilement pourquoi elles devraient aussi être indispensables à cet exercice fondamental de l'archéologie qu'est la fouille, puisque la grande majorité des vestiges archéologiques est contenue dans les couvertures pédologiques, et que les stratifications, constitutives de l'histoire du volume tridimensionnel que représente le site archéologique, ont toujours été en étroite relation avec les processus pédogénétiques.

Le sol fait donc partie du paysage de la recherche archéologique. Et pourtant, il est largement méconnu ou alors connu très superficiellement, d'une certaine manière restrictive, simplifiée, parfois caricaturale. Cependant, les progrès de la pédologie et l'ouverture de l'archéologie à l'interdisciplinarité permettent de nouvelles démarches. La connaissance du sol n'est plus un obstacle insurmontable pour l'archéologue qui doit observer les matériaux des couvertures sédimentaires superficielles.

Les couvertures pédologiques

Naissance, évolution et organisation du sol

Comment un sol naît-il et comment se développe-t-il sur la longue durée ? En fait, une des meilleures définitions du sol, qui sous-entend l'histoire et la perpétuelle évolution des couvertures pédologiques, est certainement celle donnée par A. Ruellan : « Le sol est l'épiderme des terres émergées ».

Sur la planète Terre, lorsqu'un minéral et plus généralement une roche constituée de minéraux variés sont exposés, mis à nu, à l'interface entre le milieu solide et le milieu gazeux (l'air), ils sont attaqués par les agents atmosphériques (températures, précipitations) et progressivement colonisés par le monde vivant, végétal (lichens et mousses d'abord, herbes et arbustes ensuite, arbres enfin), puis animal (activité biologique des micro-organismes, mais aussi présence de l'Homme), comme cela a déjà été illustré par la figure 3.

Les minéraux de la roche sont progressivement solubilisés, et leurs constituants chimiques entraînés par les eaux. C'est l'altération, un processus inéluctable, sur lequel nous reviendrons. L'attaque chimique par l'eau est appelée « hydrolyse* » (dissolution*), l'entraînement, « lixiviation* ». Il reste bien sûr toujours une certaine quantité de minéraux primaires, non transformés, dans le sol, mais une partie des éléments chimiques dissous se recombinent pour donner naissance à des minéraux secondaires, néoformés. Ce sont des composants essentiels des sols, puisqu'on y trouve des argiles (illites*, montmorillonites*, kaolinite*...), des oxydes et des hydroxydes (notamment de fer, de manganèse, d'aluminium...), de la calcite, du gypse... Il faut ajouter à ces composants la matière organique sous différentes formes, qui possède un rôle de premier plan dans la formation et l'évolution d'un sol.

Cette association de minéraux et de matières organiques est en évolution permanente, au sein même du sol.

Le substrat qui se transforme pour donner un sol est appelé la roche-mère ou matériau d'origine; il peut être une roche consolidée (R) ou meuble (M). Cette roche-mère possède obligatoirement un lien génétique avec les horizons supérieurs, puisque c'est à ses dépens qu'ils se sont formés. Il convient surtout de ne pas la confondre avec une roche, sous-jacente au sol, qui n'est pas toujours à l'origine de la couverture pédologique, notamment dans le cas très répandu des modelés topographiques accidentés, comme les milieux méditerranéens, où les colluvions* peuvent être épaisses et abondantes, constituant ainsi les véritables roches-mères des sols (Fig.7).

La figure 7 illustre ce cas de figure où des colluvions limono-graveleuses recouvrent, parfois sur une épaisseur assez faible que traversent les investigations archéologiques, une autre formation géologique meuble et de nature différente, qui elle-même – mais latéralement – a également donné naissance à un sol. On trouve notamment cette disposition pédologique et géologique dans une région particulièrement étudiée sous l'angle du paysage associé aux sites archéologiques, appelée la Vistrenque, au piémont des collines calcaires où règne la garrigue, dans le *suburbium* de l'agglomération protohistorique et romaine de Nîmes (Gard, France).

Le sol développé sur le remplissage quaternaire*, limono-argileux, de la plaine où coule le petit fleuve méditerranéen appelé le Vistre, est un *sol hydromorphe à précipitations carbonatées*. Le sol développé sur les colluvions lœssiques à graviers calcaires, plus ou moins remaniées sous la forme d'alluvio-colluvions par le réseau hydrographique, est un *sol brun calcaire*, qui n'a aucun lien de parenté avec la roche sous-jacente du remplissage quaternaire de la Vistrenque.

Il va sans dire que leurs qualités agrologiques ne sont pas semblables, et qu'il convient donc de bien les différencier pour interpréter correctement les traces d'agriculture antique régulièrement mises au jour dans ces contextes géographiques, ainsi que la localisation des établissements ruraux révélés par les fouilles et les prospections archéologiques, au sein de leur terroirs les plus proches.

La couverture pédologique se développe progressivement, à partir de la roche-mère, à un rythme imposé par les facteurs du milieu (climat, activité biologique et chimique). Elle est, dans un premier temps, très superficielle, puis évolue par incorporation de matières organiques. Le sol est alors de type (O)-A-R(ou M) ou A-C-R(ou M). Ensuite, ce profil se différencie sous l'effet des processus d'altération, et devient de type A-S-R ou A-S-C-R. Enfin, la vie du sol s'accompagne de migration de matières (composés solubles et particules fines) et de redistribution de celles-ci au sein des horizons du profil, qui devient de type A-S-B-C-R ou A-E-B-C-R (Fig.8).

Les lettres ci-cessus, utilisées dans la description d'un profil pédologique, désignent les horizons du sol et leur superposition verticale. Elles appartiennent à la nomenclature du Référentiel Pédologique de 1992 (p. 37-38) et possèdent généralement une correspondance avec la précédente nomenclature et la désignation internationale des horizons telle qu'elles sont présentées dans l'ouvrage fondamental de Ph. Duchaufour.

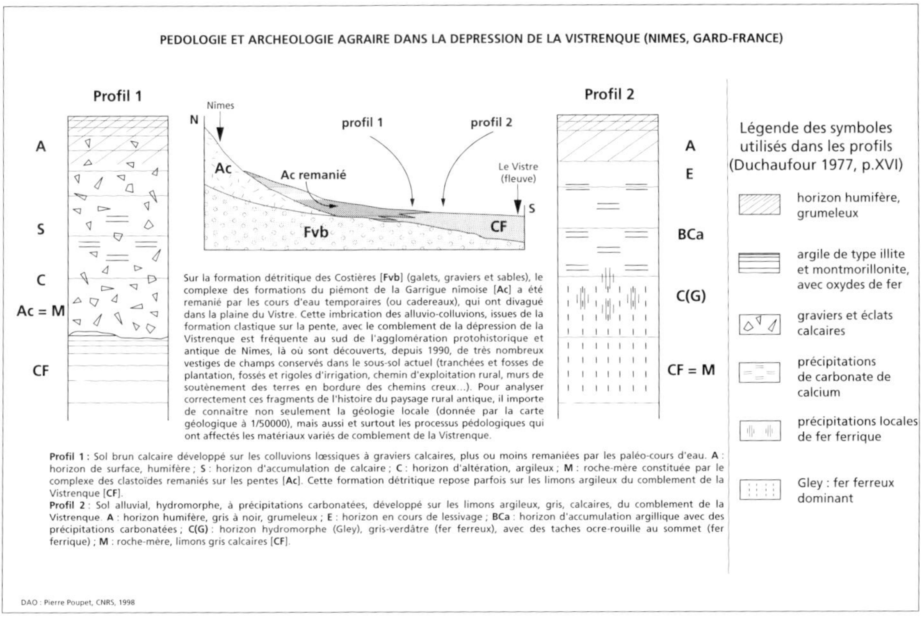

Fig. 7 - Les sols de la Vistrenque (sud de Nîmes, Gard, France) et l'imbrication complexe des colluvions du piémont et des alluvio-colluvions de la plaine du Vistre (DAO : P. Poupet (CNRS) 1998).
Fig. 8 (illustration en couleur, en page 3 de couverture) - Les différents stades d'évolution des sols (photos P. Poupet (CNRS) 1983-1989). 8a : sur les sables éoliens de la dune du Pyla (bassin d'Arcachon, Gironde, France), naissance d'un sol très peu différencié de type A-M. 8b : sur les sables du cordon littoral ancien de la baie d'Aigues-Mortes (Gard, France), un sol différencié, lessivé, de type A-E-((BFe)-C-M s'est développé, en relation avec un petit bâtiment et un système de fossés, caractéristiques d'une structure agraire de l'Antiquité fondée vers la fin du IIe siècle de notre ère. 8c : le sol très différencié, podzolique, de type A-E-Bh-Bp-C-M-, développé sur les sables et graviers qui forment le sous-sol des Landes de Gascogne (sud-ouest de la France).

La lente naissance du sol et sa vie jusqu'à atteindre un type de profil très évolué (A-E-B-C-R) couvrent une durée variable en fonction des conditions du milieu, durée qui est souvent à une échelle du temps habituelle pour les sciences de la Terre, de l'ordre de plusieurs millénaires, voire de plusieurs dizaines de milliers d'années. Durant ce temps, si rien ne venait perturber la mise en place du système, un état d'équilibre s'établirait entre le sol et la végétation, état appelé le climax, comme le montre le schéma dynamique de la figure 3. La végétation et la couverture pédologique sont alors stables, sous l'influence de l'ensemble des facteurs écologiques.

Cette situation ne se rencontre évidemment plus que dans les rares espaces de la planète où l'Homme n'est pas ou que peu intervenu (forêts primaires, steppes et toundras des climats froids, zones de haute altitude). Il faut aussi compter avec les variations climatiques qui se sont succédé, en particulier les épisodes chauds et humides, tropicaux, des phases interglaciaires, et les périodes très froides des dernières glaciations.

Sous les latitudes de la France métropolitaine, aujourd'hui largement soumises à un climat tempéré, la plupart des sols développés sur les manteaux sédimentaires superficiels, postglaciaires (alluvions et colluvions), ainsi que sur les roches laissées nues par le recul des langues glaciaires, ont donc un âge qui n'excède pas le début du lent réchauffement postérieur à l'épisode würmien*. Ils sont dits monocycliques ou monogénétiques.

Les autres sols, développés sur des roches plus anciennes portées à l'affleurement par les mouvements orogéniques*, et non recouverts par les glaciers, ont obligatoirement subi plusieurs phases de pédogenèse. C'est notamment le cas du domaine méditerranéen. Il existe alors, entre la roche inaltérée et les horizons supérieurs du sol actuel, qui sont en équilibre avec les facteurs bioclimatiques tempérés, un matériau intermédiaire qui a subi une altération* ancienne, généralement différente de celle des conditions actuelles de climat et de végétation. On parle alors de *paléosols*, qui ont souvent été perturbés par des effets mécaniques (cryoturbation*, troncature* ou érosion*). La couverture pédologique est alors qualifiée de *polycyclique**. Ce type de sols est communément rencontré dans les régions méditerranéennes où les sols sont développés sur la *terra rossa*, matériau rouge de décarbonatation ancienne des roches carbonatées, remaniée sur les pentes.

Les paléosols sont d'anciens sols, recouverts par des matériaux entraînés par l'érosion ou apportés par l'Homme, qui les fossilisent. Cependant, cette « fossilisation » peut être toute relative. Il existe des paléosols qui sont totalement soustraits aux processus pédologiques, comme les sols enfouis sous les *tumuli*, sous les accumulations de matériaux terrigènes, produites à l'emplacement d'un habitat (le « sol vierge » de l'archéologue), sous d'épais apports éoliens (lœss), sous des alluvio-colluvions. Mais la plupart des paléosols, s'ils conservent quelques caractères des conditions de leur formation antérieure – ce qui permet de les identifier –, continuent à évoluer dans un second cycle de processus pédologiques. Ils sont une des composantes des sols polycycliques ou polygénétiques (Fig.9).

La plupart du temps, les couvertures pédologiques ont aussi été influencées, modifiées par l'action humaine. A ce titre, pédologie et archéologie ont donc cet objet d'étude en commun ; il faut le rappeler.

Une autre approche essentielle, commune à l'archéologie et à la science du sol, touche à la notion des échelles de temps. Un des objectifs de l'archéologue est d'appré-

9a

9b

9c

Fig. 9 - Paléosols et sols polycycliques (photos P. Poupet 1972-1998). 9a : les sols développés sur les roches calcaires du domaine méditerranéen, comme ici dans la région du Languedoc (France), sont souvent complexes. La couleur rouge est celle de la *terra rossa*, matériau issu de la décarbonatation du calcaire, sous un climat chaux et humide, de type tropical, au Quaternaire ancien voire au Tertiaire. Cet ancien sol – ou paléosol – a ensuite été tronqué et, dans les conditions proches de l'actuel, un nouveau sol s'est développé sur une roche-mère constituée du calcaire dur et de la *terra rossa*. Il s'agit d'une rendzine ou rendosol, brunifié par l'action de l'homme (agriculture). 9b : sous climat tempéré, en région Centre, sur la commune de Diou (Indre, France), un sol brun calcaire, développé sur des limons d'apport colluvial et éolien, recouvre l'horizon profond, de couleur ocre-rouge, d'un paléosol tronqué, développé sur les graviers calcaires et les sables d'une haute terrasse de la rivière Théols. Cet horizon est principalement piégé dans les fosses et les trous de poteaux d'un site néolithique. 9c : à proximité de Nîmes (Gard, France), un remarquable sol polycyclique développé sur calcaire dur et *terra rossa*. L'horizon rouge profond appartient à un paléosol. Des colluvions très caillouteuses sont venues recouvrir cet ancien sol ; elles portent des traces de cryoturbation. Le sol actuel est un sol brun calcaire (calcosol).

hender la durée et les variations de son objet de recherche, quel qu'il soit, du type de céramique à la forme de l'espace habité, en passant par les différents aménagements du territoire exploité. Cette temporalité est également fondamentale en pédologie, mais elle s'inscrit sur une échelle de temps différente.

On sait que le sol est notamment sous l'influence du climat. L'échelle de temps qui entre donc en ligne de compte est celle de la mobilité bioclimatique dans la chronologie du Quaternaire. Or, quand l'archéologue étudie un paysage et qu'il met en évidence la mobilité ou la stabilité dans la gestion de celui-ci, il prend en compte le rôle de l'homme comme agent modificateur du milieu, qui s'inscrit dans la temporalité des sociétés historiques. Ces deux échelles de temps se recouvrent, mais elles ne peuvent être interchangées pour établir une relation entre l'histoire des sociétés d'agriculteurs et celle des phénomènes naturels.

C'est cette confusion que l'on retrouve dans l'archéologie des paysages. Elle bénéficie à l'évidence d'un phénomène de mode qui a bien sûr des effets néfastes. Archéologues et historiens d'un côté, spécialistes des sciences de l'environnement de l'autre, se retrouvent parfois sur les mêmes terrains. Mais les uns oublient souvent les sites archéologiques, « interstratifiés » dans les systèmes pédologiques ; les autres n'ont pas toujours la formation qui leur permettrait d'éviter les dérives et les reconstructions abusives, principalement dans le retour en force du climat comme agent quasi exclusif de la morphologie des paysages et comme responsables des discontinuités qui jalonnent l'histoire des sociétés agricoles.

La vitesse d'évolution des sols est plutôt lente à l'échelle de l'humanité sédentarisée qui pratique l'agriculture, mais est aussi très variable, selon les conditions du milieu. Elle varie en fonction de la nature de la roche-mère et du climat, mais aussi des paramètres topographiques et des variations du couvert végétal. Sous les climats humides et très chauds, l'évolution sera plus rapide que sous les climats secs et froids. Sur les roches perméables (sables, roches très diaclasées) et les roches magmatiques, acides, c'est-à-dire très siliceuses (granites), les sols évoluent rapidement vers un profil très différencié (exemple des podzols de la Forêt d'Orléans ou des Landes de Gascogne). Les processus seront plus lents sur les roches basiques (basalte). La pente du terrain est aussi un paramètre important : plus elle est faible, plus l'évolution est rapide. Enfin, la nature du couvert végétal influe sur la vitesse de formation des sols, par la qualité de la matière organique qu'il restitue au sol. Ainsi, les sols sous forêts d'arbres à feuilles caduques, comme les chênes, évolueront plus lentement que ceux sous un couvert de résineux.

L'âge des sols est maintenant apprécié par des analyses de la matière organique (carbone 14), mais elles sont d'interprétation délicate, en raison du renouvellement continu des apports organiques à la surface d'un sol.

L'archéologie vient parfois au secours des pédologues, quand il s'agit de déterminer l'âge d'un sol. On cite toujours l'exemple des sols conservés sous les remblais de construction des *tumuli*, qui sont comparés à ceux développés sur le tertre funéraire, car il représente des collaborations entre archéologue et pédologue déjà anciennes, mais précieuses. Ainsi, en Allemagne, un sol brunifié et lessivé a pu se développer sur un *tumulus*, en 4500 ans environ, alors que le paléosol figé sous le *tumulus* ne présentait aucune trace de lessivage, ce qui met du même coup en évidence une évolution climatique plus favorable au lessivage.

L'exemple des paléo-clairières de la Forêt d'Orléans (Loiret), où se sont installés des groupes de potiers-tuiliers à l'époque romaine, illustre parfaitement ce problème de la cinétique d'évolution d'un sol, et les apports réciproques entre l'archéologie et la pédologie. Le sous-sol est constitué de sables et de graviers où s'intercalent des lentilles d'argiles, association caractéristique des épandages détritiques continentaux du Miocène, largement affleurants en Sologne et dans l'Orléanais. Dans l'ensemble, les sols développés sur ces matériaux sont de type brun lessivé, à tendance podzolique.

Les argiles de cette formation géologique ont été recherchées et exploitées pour la fabrication de céramiques, dès l'Antiquité. Pour ce faire, des fours partiellement enterrés ont été construits par les artisans gallo-romains, au plus près des ressources argileuses. Mais cette activité a également été grande consommatrice de bois, si bien que les fours se sont retrouvés au cœur de clairières déboisées. La modification du couvert forestier, associée à la perméabilité des sables et graviers et à l'abondance de silice (quartz et silex), a rendu cette modification irréversible : la forêt caducifoliée a été remplacée par une végétation où dominent les bouleaux, les pins, les bruyères, les callunes et les fougères.

Le sol a évidemment enregistré cette importante modification. Il a pu être observé grâce à la fouille archéologique, près de la paroi d'un des huit fours gallo-romains mis au jour. Ce sol, développé sur le substrat sableux, présente un horizon caractéristique, avec de fines bandes brun rouge, plus foncées et plus argileuses que le sable jaune ocre de l'horizon. L'attitude généralement répandue chez l'archéologue placé devant cette superposition de lits clairs et foncés, alternés, est de les considérer comme des unités stratigraphiques différenciées, d'origine anthropique.

Le spécialiste de la science du sol lui permet d'éviter cette méprise. En fait, ce phénomène pédologique, qualifié de bandes, est le résultat d'une accentuation du lessivage, postérieure à la formation de la clairière de déboisement, qui a donné naissance à un sol lessivé, podzolique, avec un horizon symbolisé par les lettres Bt. Dans ce cas, la vitesse d'évolution du sol a été rapide – un peu moins de deux millénaires –, comparée à celles plus habituelles des contrées tempérées.

Cet exemple pris dans la Forêt d'Orléans, où a été fouillée une partie d'un atelier de potiers gallo-romain, peut être mis en regard des travaux déjà évoqués et illustrés par la figure 5, effectués en Grèce cycladique sur les aménagements antiques du paysage agricole. Retournons donc à Délos pour comprendre le détail de la démarche scientifique qui est venu lever un doute archéologique.

Sur l'arène granitique de l'île de Délos, un matériau aussi filtrant et acide que les sables de l'Orléanais, des sols ont pu se développer, tant qu'aucune perturbation – notamment anthropique – ne vienne modifier cette évolution. Mais ces matériaux pédogénétisés ont été remaniés au moment de la construction des murs de contention des terres des très nombreuses terrasses de culture. On peut dire que l'horloge de l'évolution pédologique de ces matériaux sableux a été remise à zéro, dès que le mur a été construit et les sédiments étalés en remblais pour former le champ.

Le sol, dont le profil a pu être étudié au moyen d'un sondage implanté à des fins archéologiques et pédologiques à la fois, s'est ensuite formé progressivement, pour atteindre ce stade lessivé, avec son horizon Bt en bandes. Un tel processus ne s'est pas réalisé en quelques décennies, ni même en quelques siècles. Or, l'un des buts de cette démarche archéo-pédologique était d'argumenter pour proposer une datation à la construction de ces systèmes de terrasses agricoles.

L'île a été occupée au IIIe millénaire (Cycladique ancien, vers 2500 avant l'ère chrétienne), puis, après une interruption possible au cours de l'Age du Bronze moyen, de nouveau au Bronze récent (vers 1500-1000), pendant l'époque mycénienne. Pour le début du premier millénaire avant l'ère chrétienne, l'archéologie de Délos reste encore peu connue, bien que l'occupation soit effective, comme le prouvent des tessons aux décors qualifiés de protogéométriques et géométriques. En fait, la période la plus sûrement connue de l'occupation de Délos ne concerne que la fourchette chronologique qui se situe entre le VIIe siècle avant l'ère chrétienne (époque grecque archaïque) et le VIe siècle de celle-ci. Ensuite, ravagée par une succession d'invasions, l'île est à coup sûr déserte en 1207, quand elle est donnée à la République de Venise. Elle ne sera alors plus visitée que par des navigateurs qui y puisent l'eau douce nécessaire à leurs longs périples. Enfin, lors des troubles qui suivirent la Seconde Guerre mondiale, quelques familles de paysans grecs remirent en culture les terres, au milieu de notre XXe siècle.

Il est donc évident que, selon ce cadre chronologique où l'occupation de l'île est très discontinue, la construction des terrasses de culture soit est très récente (XXe siècle), soit peut avoir été l'œuvre des agriculteurs entre l'époque archaïque et l'Antiquité tardive.

Au cours des sondages archéopédologiques, des fragments de céramiques ont pu être retrouvés dans l'épaisseur du profil pédologique retenu par le mur de la terrasse. La grande majorité de ceux-ci a pu être datée de l'époque archaïque (VIe siècle avant l'ère chrétienne) et du début de l'époque classique (Ve siècle). Ces tessons sont sans doute à mettre en relation avec ces importants travaux de construction du paysage en terrasses, ainsi qu'avec la pratique de la fumure à partir des fermes disséminées dans la partie rurale de l'île. Mais, singulièrement, ils ne peuvent être – seuls – un argument décisif pour assurer honnêtement une datation aux systèmes de terrasses. Comme il est peu probable que les terrasses aient pu être construites antérieurement au VIe siècle, elles ont néanmoins pu être aménagées beaucoup plus tardivement que ne le suggèrent les tessons de céramiques. Mais c'est alors que le degré d'évolution du sol vient appuyer l'hypothèse qui va dans le sens d'une grande ancienneté pour ces travaux d'élaboration d'un paysage agricole, destinés à lutter contre l'érosion des sols et permettre l'irrigation : à lui seul, le sol lessivé impose une datation haute à la terrasse.

Altération et pédogenèse

Les couvertures pédologiques sont formées de constituants minéraux et organiques, présents à l'état solide, liquide ou gazeux. Les minéraux, qualifiés de primaires, de la roche-mère subissent généralement des transformations biochimiques et géochimiques. Ces processus, qui sont au cœur de la pédogénèse, donnent naissance à de nouveaux composés, parmi lesquels se trouvent les minéraux dits secondaires ou néoformés. Les argiles, minéraux caractéristiques des couvertures pédologiques, appartiennent à cette catégorie. Une faible part des minéraux de la roche-mère peut résister aux attaques des agents de la pédogenèse. Ils se retrouvent donc dans le sol, comme le quartz, et sont qualifiés de minéraux hérités.

L'analyse d'un sol, qui contribue à le caractériser, doit donc faire la part entre les différentes phases minérales et organiques qui le composent, et qui ont des comportements différents dans l'évolution perpétuelle du sol. L'ensemble de ces composants est appelé le complexe d'altération (Fig.10).

Les processus fondamentaux de l'altération sont pour une part physiques (fragmentation des minéraux et des roches), pour une autre part, plus importante, chimiques. Ces derniers sont variés. L'hydrolyse est la décomposition par l'eau des minéraux et des matières organiques; l'hydratation* provoque une augmentation de volume à certains minéraux, par adjonction de molécules d'eau; l'oxydation* est l'action de l'oxygène sur certains composés chimiques, ce qui leur confère d'autres comportements, comme celui d'être plus facilement entraînés par l'eau; la dissolution*, enfin, concerne les roches salines au premier chef, mais est également importante dans le cas des roches dures, comme les calcaires.

Ces processus sont associés à des mouvements et à des transferts de matières, ce qui veut dire que les sols sont en perpétuelle évolution (Fig.11).

Organisation du sol

Les éléments du sol – solides et liquides principalement – sont organisés entre eux, formant ainsi des *structures* qui sont les traits spécifiques du contexte pédologique. Les structures expriment l'histoire du sol et permettent de comprendre les processus dynamiques qui s'opèrent dans l'épaisseur du sol et latéralement.

Quatre grands types de structures doivent être obligatoirement appréhendés pour reconnaître un sol : les *organisations élémentaires* visibles à l'œil nu (agrégats*, vides, concentrations de certains constituants, couleur et traces d'activité biologique), parfois celles observables au microscope, et leurs *assemblages;* les *horizons* déjà largement évoqués, à l'échelle du profil pédologique; les *systèmes pédologiques*, à l'échelle de l'unité de relief ou de paysage.

L'organisation du sol est multiple, car elle existe à différentes échelles d'observation, depuis les organisations élémentaires, qui peuvent être appréhendées au microscope électronique comme sur un profil, jusqu'aux horizons que l'on peut étudier à l'œil nu. A l'échelle des capacités d'observation de l'œil humain et sur le terrain, le niveau d'organisation fondamental du sol est appelé l'horizon.

Les *horizons* sont des subdivisions de la couverture pédologique en volumes considérés comme homogènes dans les composants, les paramètres du milieu et les caractères.

Les *systèmes pédologiques* sont le dernier type de structure – après les organisations élémentaires, les assemblages et les horizons –, à une plus large échelle. L'organisation d'un système pédologique est à la fois verticale et latérale, les horizons passant de l'un à l'autre en fonction de paramètres minéralogiques et géochimiques, mais aussi structuraux. Le meilleur exemple de cet ultime niveau d'organisation des sols est l'ensemble des types de sols formant la couverture pédologique d'un bassin versant.

Les sols sont en perpétuelle évolution, ce qui leur confère une quatrième dimension : la *durée*. C'est en ce sens que les couvertures pédologiques doivent aussi être un objet d'étude de l'archéologie, puisqu'elles intègrent le temps, comme tous les matériaux étudiés par les archéologues et les historiens. Plus encore, ces couvertures pédologiques n'ont pas toujours évolué sous la seule action des lois intrinsèques au géosystème*, qui font appel à la gravité et aux paramètres naturels ou atmosphériques (modelé topographique, température, précipitations...). Elles ont fréquemment été bouleversées sur des

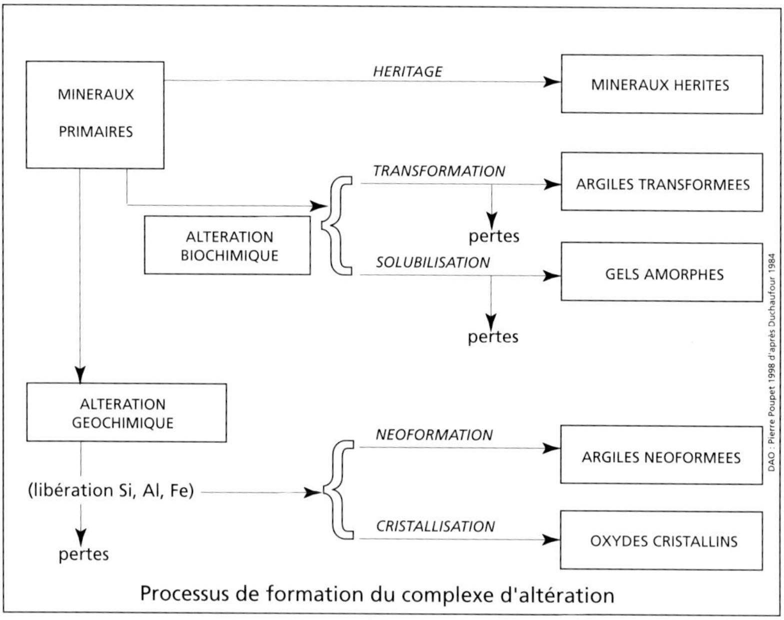

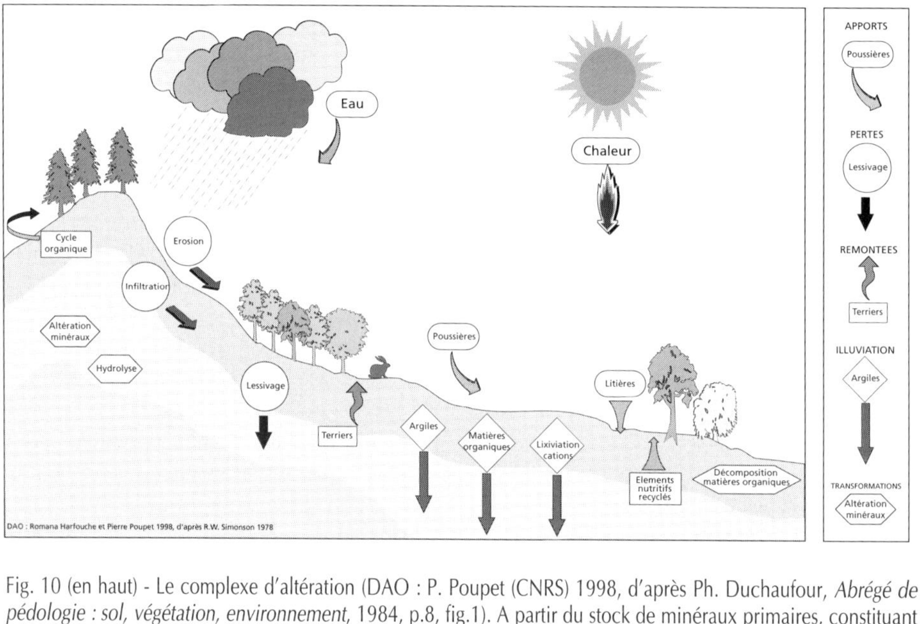

Fig. 10 (en haut) - Le complexe d'altération (DAO : P. Poupet (CNRS) 1998, d'après Ph. Duchaufour, *Abrégé de pédologie : sol, végétation, environnement,* 1984, p.8, fig.1). A partir du stock de minéraux primaires, constituant les roches portées à la surface du globe terrestre, les processus de l'*altération* – dont les agents sont principalement l'eau et les matières organiques – transforment une grande partie de ces minéraux. L'autre partie se retrouve inchangée dans les sols (*minéraux hérités*). Les modes de transformation du stock minéral sont variés, allant du passage d'un solide à un autre solide (*transformation* et *solubilisation* partielle), à la recomposition des éléments chimiques solubilisés (*néoformation, cristallisation*).

Fig 11 (en bas) - Schéma illustrant les divers processus et actions de la genèse et de l'évolution des horizons du sol (apports, pertes, transferts et transformations). Les flèches indiquent le sens des migrations de matières (DAO : R. Harfouche et P. Poupet (CNRS) 1998, d'après R.W. Simonson, *A multiple-process model of soil genesis,* 1978).

profondeurs variables, et modifiées de façon plus ou moins apparente par les activités humaines, à partir du moment où l'Homme ne s'est plus contenté des produits de la chasse et de la cueillette, pour assurer la reproduction de son espèce, et où il s'est progressivement transformé en éleveur de bétail et en agriculteur.

Description et analyses

La leçon – s'il ne devait y en avoir qu'une seule – que l'archéologue devrait retenir d'une fréquentation, même superficielle, avec la science du sol est contenue dans ces quelques mots : *il faut apprendre à regarder pour comprendre.*

L'exploration de la couverture superficielle des terres émergées a permis de comprendre que le sol est un objet véritablement autonome, un milieu organisé qui possède une vie, qui évolue et se transforme continuellement. Cette couverture pédologique est aussi le support de la vie animale et végétale sur les continents ; elle est surtout la source de nourriture de l'ensemble du monde vivant. Depuis un siècle, son étude par les moyens d'investigations modernes a fait passer l'observation de l'échelle humaine à celle du microscope et de la molécule, en oubliant progressivement la richesse du terrain et l'étude de la morphologie des sols. Les analyses et mesures en laboratoire devenaient prééminentes sur l'observation et les mesures sur le terrain. Un meilleur équilibre entre les différentes étapes de l'analyse pédologique était devenu nécessaire.

Les spécialistes de la science du sol reviennent donc sur cette attitude trop soumise aux résultats obtenus en laboratoire. Ils soulignent que « les observations capitales des sols ne peuvent être déduites de mesures de laboratoire pratiquées sur des échantillons », selon A. Ruellan et M. Dosso. Ces observations sont celles de l'étude morphologique du sol sur le terrain : les caractères et structures pédologiques, leurs distributions aussi bien verticales que latérales, et surtout les transitions entre horizons.

Il paraît également important pour l'archéologie de revenir parfois à des méthodes simples d'investigation et d'observation, ne serait-ce que parce que les moyens financiers mis à la disposition des recherches ne permettent pas toujours le recours à des analyses plus coûteuses. Que penser de la signification des résultats d'analyses palynologiques ou malacologiques, par exemple, voire de l'identification et du comptage d'un lot de fragments de céramiques, qui auraient été réalisés, les unes sur des prélèvements, les autres obligatoirement après la fouille, sans que la personne – souvent l'archéologue – ayant pratiqué cette fouille sache reconnaître les traits pédologiques ?

Il faut finalement rappeler que l'archéologie doit se garder de l'aspect magique conféré à l'analyse en laboratoire, réalisée par le scientifique, qui serait parée de toutes les vertus explicatives.

C'est pourquoi il faut tant insister ici sur la réhabilitation de l'observation des sols et des sédiments des stratifications archéologiques, alors que, dans la précipitation des fouilles toujours plus urgentes et complexes, plus longues, couvrant des surfaces toujours plus vastes, ils sont de plus en plus souvent confiés à l'analyse en laboratoire, ce qui donne une fausse impression de précision et de caractère scientifique, tant recherchés par l'archéologue.

Pour reconnaître un sol, observé à la faveur d'une coupe de terrain ou de la fouille archéologique, on doit s'attacher à décrire successivement ses caractéristiques principales : les couleurs, les structures (agrégats, vides...), l'aspect du système racinaire. Cette première démarche permet de faire des subdivisions sur toute la hauteur du profil pédologique : ce sont les horizons qu'il faut décrire dans leur épaisseur, le passage de l'un à l'autre, leur morphologie. Ensuite, il faut analyser la superposition verticale, mais aussi latérale, de ces horizons pour définir un système pédologique. L'ensemble de ces observations, mesures et interprétations est appelé l'*analyse structurale*.

Parallèlement à cette approche, la mesure de certains caractères physiques et chimiques est nécessaire. Elle est bien sûr guidée par l'analyse structurale. En effet, comme cela a été évoqué précédemment pour les analyses du contenu en pollens et spores ou en malacofaune, quelles valeurs auraient les mesures de paramètres comme la composition minéralogique, la granulométrie, la teneur en matières organiques et en phosphates, ou encore le pH*, si les échantillons analysés n'étaient pas prélevés en fonction de l'organisation morphologique des sédiments pédogénétisés ?

Enfin, ces données doivent être replacées dans le contexte du paysage, c'est-à-dire mises en relation avec les agents du milieu : le climat, les roches, la topographie, le couvert végétal et les activités humaines.

Revenons à la première étape de l'analyse structurale, pour passer en revue et apprendre à décrire les différentes variations morphologiques et structurales, à partir des organisations élémentaires qui définissent un sol.

Les couleurs

Les couleurs d'une couverture pédologique sont variables, en fonction des latitudes, de la profondeur, de la roche-mère, du couvert végétal. Elles varient latéralement et verticalement sur un profil. Ces couleurs ont une signification; il convient donc de les décrire par référence à un code international, le code Munsell (*Munsell Soil Color Chart*).

Le code se présente sous la forme de pages, chacune correspondant à une teinte, une famille de couleur, déclinée en fonction de plusieurs degrés verticaux de clarté, et de plusieurs degrés horizontaux de pureté. Sur chaque page sont collés de petits rectangles de couleur, distribués en lignes et en colonnes, en fonction de la clarté et de la pureté. Pour permettre une comparaison entre les couleurs du code et celle de l'horizon du sol, des perforations circulaires sont ménagées au droit de chaque couleur, afin de pouvoir plaquer la feuille sur l'échantillon et mettre ainsi les couleurs au plus près l'une de l'autre.

Sept pages principales suffisent à caractériser les couleurs de la plupart des sols de la planète Terre : 10 R (rouge), 2.5 YR (rouge à jaune), 5 YR (jaune à rouge), 7.5 YR (jaune à rouge), 10 YR (jaune à rouge), 2.5 Y (jaune), 5 Y (jaune).

Chaque couleur est déterminée par trois valeurs : la teinte (*hue*) ; la clarté (*value*) ; la pureté (*chroma*). Une couleur s'écrit donc, par exemple, 7.5 YR 5/4, ce qui correspond à un brun. Cette codification est composée en fonction de la teinte (7.5 YR), de la clarté (5) et de la pureté (4).

Au verso de la page précédente, c'est-à-dire en vis-à-vis d'une page donnée, une réplique dessinée des différentes pastilles de couleur de la page donne une traduction sous forme de mots; ex. : 2.5 Y 6/4 est décrypté par *light yellowish brown* (brun clair jaunâtre).

Comme la couleur varie en fonction de l'humidité du sol, deux déterminations sont nécessaires, la première à l'état sec, la seconde à l'état humide.

Chaque horizon est défini par une ou plusieurs couleurs. Dans le cas fréquent des horizons profonds qui présentent des variations de couleur, il faut préciser l'abondance, la forme et les limites des volumes pour chaque couleur.

Cette évaluation codifiée des couleurs présentes sur un profil n'est pas un exercice gratuit, destiné à « faire savant ». Ces couleurs peuvent être interprétées en fonction des constituants du sol et de processus dynamiques, comme les migrations et les précipitations de matières.

Les principaux constituants qui confèrent aux sols leurs couleurs variées sont : la matière organique (noir à gris, brun) ; les sels solubles comme les chlorures et les carbonates, le calcaire (blanc) ; les composés chimiques du fer, selon son état de valence (charge électrique d'un ion) (gris, vert à bleu pour le fer ferreux Fe^{++} ; jaune, rouge à brun pour le fer ferrique Fe^{+++}) ; les oxydes de manganèse (brun à noir).

Les composés du fer donnent déjà par leur couleur une idée des conditions de formation du sol. Le fer ferreux est dû à un excès d'eau ; le fer ferrique sous la forme d'oxy-hydroxyde (la gœthite FeO(OH) de couleur brune à jaune) est caractéristique d'un régime hydrique peu contrasté, le sol étant humide sans excès, la sécheresse peu fréquente et modérée ; les oxydes de fer (l'hématite Fe_2O_3 de couleur rouge) sont issus d'un régime hydrique très contrasté, avec des phases très humides, séparées par des phases de sécheresse intense.

Les couleurs sont également révélatrices de processus qui interviennent au sein du sol. La matière organique est l'expression d'une forte activité biologique. Le fer se distribue souvent de manière inégale dans la hauteur du profil, ce qui révèle des migrations, des transferts de matières. On parle de lessivage (perte de matières), d'accumulation (enrichissement en matières), de précipitations (cristallisation de composés solides à partir des sels dissous dans les liquides qui imbibent le sol).

Les conditions selon lesquelles l'eau transite à travers le sol sont également appréciables par les couleurs : les horizons très bien drainés sous les climats à saisons contrastées, comme le climat méditerranéen, sont rouges ; les horizons mal drainés sont gris, ou tachetés de rouille et de noir.

Ces régimes hydriques ne sont pas les seuls paramètres que l'on peut déduire par la détermination des couleurs. Les migrations de matières sont révélatrices de la *texture* des constituants du sol et des étapes de la formation des différents horizons.

Les agrégats du sol et la structure*

Ils sont le deuxième caractère morphologique qui permet de reconnaître les différents horizons.

Les différents constituants d'un sol, minéraux et organiques, sont associés – agrégés – au sein de ces assemblages, dont la forme, la taille et la résistance à l'écrasement ont une signification quant à l'histoire du sol et son fonctionnement. Les agrégats et la fissuration qui les souligne sont caractéristiques de chaque horizon.

La présence ou non d'agrégats dans un horizon permet de distinguer deux grands types de *structures* : les structures fragmentaires quand il y a des agrégats ; les structures continues quand il n'y en a pas.

Les *structures fragmentaires* sont liées à la présence des minéraux argileux et des particules les plus fines inférieures à 2 microns (2 μ), de la matière organique et des cations* libres. Des phénomènes physico-chimiques d'attraction entre les différents composés sont responsables de cette agrégation. La fissuration de cette matière agrégée, lors des phases de dessèchement du sol, révèle les volumes de ces associations intimes des constituants de celui-ci.

Les agrégats sont décrits par leurs *formes* (arrondie, polyédrique arrondie), leurs *tailles* (du millimètre au décimètre), la facilité avec laquelle ils se détachent les uns des autres, et leur *consistance*. Ces formes ont, comme les couleurs, des significations en terme de genèse, de qualité agrologique et d'évolution du sol.

Les structures qui correspondent à ces différents types d'agrégats sont dites *grenues* (petits agrégats < 1 cm, arrondis et réguliers), *grumeleuses* (agrégats < 2 cm, à contours irréguliers), *polyédriques sub-anguleuses* (gros agrégats, polyédriques, aux arêtes émoussées). Elles sont généralement caractéristiques des sols poreux, friables, légers, mais résistants aux précipitations, en un mot, fertiles.

Les agrégats peuvent présenter d'autres formes, anguleuses : *polyédrique*, *cubique*, *prismatique*. Les structures qui en découlent sont qualifiées de *fragmentaires anguleuses*. Elles sont favorisées par la présence d'une proportion d'argiles minéralogiques supérieure à 10-20 %, surtout des smectites*, une activité biologique au sein du sol réduite et une faible teneur en matière organique. Ces sols résistent mal à la pluie ; ils sont lourds et compacts. Ils sont donc moins propices à la croissance végétale.

Enfin, les agrégats peuvent être *feuilletés*. Les structures sont alors dites en *plaquettes*, *lamellaires* ou *squameuses*. Les sols qui possèdent ces types de structures sont très reconnaissables et les processus de formation des agrégats très caractéristiques.

Les structures en plaquettes sont dues à la présence abondante de smectites ou argiles gonflantes en présence d'humidité. On parle de caractère *vertique* du sol. Les structures lamellaires résultent soit des accumulations mono-minérales (calcaire, fer...) qui se forment dans l'horizon profond de certains sols, ou bien de phénomènes de gel-dégel, soit de la destruction par la pluie des agrégats de l'horizon de surface. On parle, dans ce dernier cas, de *croûte de battance*. Le compactage du sol par le piétinement provoque aussi ce feuilletage. Enfin, les techniques aratoires peuvent également produire une structure lamellaire, à la base de l'horizon perturbé par les engins aratoires (*semelle de labour*).

Un dernier type de structure est appelé structure *squameuse*. Il se présente à la surface des sols sous la forme d'agrégats en plaquettes, aux bords relevés, caractéristiques de la présence d'une nappe d'eau temporaire recouvrant le sol.

Les *structures continues* sont repérables à l'absence d'agrégats, celle-ci étant directement liée à une rareté ou à une absence de la fraction argileuse. Elles peuvent être *massives* (sable mouillé) ou *particulaires* (sable dunaire sec, par exemple). Ces structures sont souvent rencontrées dans les sols appelés podzols, comme ceux déjà évoqués de la Forêt d'Orléans et des Landes de Gascogne (Fig.8c), et dans les sols peu ou non développés, comme les sables de la dune du Pyla (Fig.8a).

La porosité et les vides du sol

Après les couleurs, les agrégats et les structures qui permettent de caractériser les horizons et d'entrevoir l'histoire, le fonctionnement du sol, son aptitude à résister à la pluie, aux cycles humidité-sécheresse et aux labours, et d'apprécier son degré de fertilité, le troisième caractère morphologique à observer, décrire et interpréter sur le terrain concerne les volumes du sol occupés par l'air, l'eau et les organismes vivants (animaux et végétaux). Ce sont les vides du sol.

Cette porosité du sol est fondamentale pour les transferts de matières et pour l'activité biologique, notamment la facilité avec laquelle le système racinaire des végétaux peut pénétrer les différents horizons.

Une grande partie de ces pores sont invisibles à l'œil nu et il faut l'aide du microscope pour étudier complètement cet aspect de la morphologie (voir les détails de cette technique dans ce même ouvrage). Cependant, les vides visibles à l'œil nu renseignent déjà sur le sol. Ils sont décrits selon leurs formes, leurs tailles et leurs origines. On distingue les porosités d'altération, texturales et structurales.

Les porosités d'altération correspondent aux vides créés dans les minéraux des roches par l'altération. Les porosités texturales sont celles qui résultent de la juxtaposition imparfaite des particules qui forment le sol. Les porosités structurales sont celles qui subsistent en raison de l'organisation des particules : porosités tubulaires et cavités liées à l'activité biologique (galeries et niches d'estive de lombrics, par exemple), porosités dues à l'entassement des agrégats aux formes arrondies.

Selon la taille des vides, on distingue la *macroporosité*, où l'eau circule préférentiellement et rapidement après une pluie, et la *microporosité*, où les circulations de fluides se font par capillarité, ce qui constitue les réserves en eau disponibles pour les plantes.

Les traits pédologiques

Il s'agit d'un quatrième caractère morphologique qui résulte des déplacements de matières qui s'effectuent dans les sols.

Ces mouvements concernent l'entraînement et le dépôt des particules, généralement les plus fines (argiles et limons), les précipitations de minéraux et de matières organiques déplacés en solution, les mouvements des animaux et des racines, enfin, le gonflement des smectites (argiles).

Les déplacements génèrent des traits pédologiques qu'il convient de décrire : *revêtements*, *nodules*, *bandes*, *pédotubules*.

Les *revêtements* tapissent les parois des pores ouverts, la surface des agrégats, les parois des fissures de dessiccation et les éléments grossiers tels que les graviers et cailloux présents dans le sol. Ces fines pellicules sont constituées d'argiles ou de calcaire ; elles peuvent être ferriques, salées, organiques…

Les revêtements sont décrits par leur couleur, leur épaisseur et leur localisation par rapport aux pores, aux agrégats, aux racines et aux graviers.

Les *nodules* sont des concentrations de matières qui résultent principalement de migrations en solution et de la précipitation (cristallisation de minéraux) dans des emplacements préférentiels, en fonction des conditions du milieu. Ce sont souvent des nodules calcaires, qui peuvent aller jusqu'aux encroûtements en lits, en bancs, et des hydroxydes de fer et de manganèse. Les nodules peuvent également être résiduels, surtout pour le fer et l'aluminium, dont les composés sont immobilisés, alors que les autres constituants d'un horizon sont entraînés plus loin ou plus bas.

Cette concentration de matière se fait autour des racines, par évaporation, dans les pores du sol, ou de façon résiduelle.

Comme pour les autres caractères, les nodules se décrivent par leur couleur, leur taille, leur forme, leur dureté et leur localisation.

Les *bandes* se forment dans les horizons sableux, plus généralement à texture grossière, par enrichissement en argile, en fer et en matière organique. Elles se constituent en lits approximativement horizontaux et présentent toujours des ondulations plus ou moins accentuées, comme dans le cas de Délos (Fig.5b).

Elles naissent par accumulation, au dépens des horizons supérieurs ou latéraux qui sont lessivés, ou par appauvrissement d'un horizon en argiles. Dans ce cas, elle sont résiduelles.

Les *pédotubules* sont des traits pédologiques que l'on peut rattacher à l'activité animale dans le sol : turricules de lombrics, constructions des fourmis ou des termites, transports de terre par des animaux fouisseurs (taupes, rongeurs divers...).

L'ensemble de ces caractères et traits morphologiques du sol permettent de définir les horizons et d'analyser les relations qu'ils ont entre eux, à leurs limites. Ils nous renseignent sur l'histoire et le fonctionnement du volume pédologique.

Il va sans dire que les stratifications archéologiques recèlent souvent ces indices caractéristiques des mécanismes de la pédogenèse. L'archéologue devrait donc être rompu à la détection, à la description et à l'enregistrement de ces variations morphologiques et structurales. Dans le cas contraire, c'est tout un pan d'histoire de la couverture sédimentaire et du site archéologique qui échappe à la connaissance, avant d'être irrémédiablement détruit par la fouille.

Les horizons (nomenclature)

Les principales étapes de la différenciation des horizons d'un sol ont déjà été présentées succinctement plus haut. Ces horizons prennent naissance en fonction de l'écoulement du temps; leur existence ou leur absence est donc un paramètre qui permet d'apprécier la durée. Ensuite, leurs caractères et leurs traits morphologiques nous renseignent sur les mécanismes d'altération et le fonctionnement du sol, sur les dynamiques qui le transforment.

L'analyse, qui va de la reconnaissance à l'interprétation des horizons, est fondamentale pour le pédologue... et pour l'archéologue. C'est pourquoi nous rappelons ici les différentes étapes de l'histoire d'un sol et la nomenclature des principaux horizons :

- naissance du sol, sol peu différencié : en surface, les horizons O, constitués de matières organiques; en dessous, les horizon A, formés du complexe organo-minéral; en profondeur, les horizons d'altération C, où l'on reconnaît encore la structure de la roche-mère R ;

- évolution par l'altération, sol moyennement différencié : les horizons S, d'altération, prennent place entre les horizons A et C. Des phénomènes d'accumulation de fer ou de calcaire peuvent se différencier au sein des horizons S; ce sont les horizons Bca, par exemple, lorsqu'il s'agit de calcaire, Bt, lorsqu'il s'agit d'argiles ;

- évolution par déplacements de matières, sol très différencié : les phénomènes de lixiviation, de migration de particules, de néoformation de minéraux secondaires sont en pleine action. Les horizons E, dits *éluviaux*, se forment par perte d'éléments (cations, sels solubles, argiles) au profit des horizons B, dits *illuviaux*, où s'accumulent les phases mobiles précédentes. Le profil devient de type O-A-E-B-C et continue son évolution. Les horizons Bh sont formés par accumulation de matière organique, Bfe par enrichissement en composés ferriques ;

- évolution sous l'effet d'un agent perturbateur : l'excès d'eau donne naissance à des horizons, qualifiés d'hydromorphes, g lorsque l'excès est temporaire, G quand l'imbibition est quasi permanente. L'agriculture modifie également les horizons de surface, de plus en plus profondément au détriment des traces archéologiques, en créant un horizon anthropique Ap.

On l'a vu, le pédologue cherche d'abord à appréhender les couvertures pédologiques par l'étude scientifique *in situ*. Pour ce faire, il utilise donc toute la panoplie des outils qui lui permet de définir les caractères morphologiques des différents horizons des sols. Mais il prend également en compte des éléments du *pédo-paysage*, cette notion correspondant à l'ensemble des horizons pédologiques et des éléments paysagers (roches-mères ou substrats, relief, hydrographie, végétation, effets des activités humaines). Cette notion de pédo-paysage, par les éléments du géosystème et de l'écosystème qu'elle envisage, rapproche évidemment la pédologie de l'archéologie, puisque l'Homme est un des éléments de l'écosystème.

La dynamique du fonctionnement et de l'évolution des sols répond à des lois propres à la pédologie. Mais les variations observées ne sont pas toutes issues de la logique intrinsèque aux sols, sous les effets combinés des phénomènes mécaniques, physico-chimiques et biochimiques. L'Homme a exercé une pression sur de vastes paysages depuis des millénaires et, si la pédologie cherche à connaître et à mesurer cette pression anthropique sur les sols, l'archéologie doit aussi se pencher sur les effets de cette action prédatrice ou protectrice sur les couvertures pédologiques, parce qu'ils ont obligatoirement des incidences sur les sociétés d'agriculteurs qui les exploitent et qui s'en nourrissent.

Science du sol et archéologie

L'archéologie du site bâti

Les apports réciproques de l'archéologie et de la pédologie, lors de l'investigation archéologique sur des sites bâtis, ont déjà été évoqués, notamment dans le cas des *tumuli* de l'Age du Bronze, qui ont permis d'évaluer l'âge de certains sols lessivés. Les constructions liées aux nécropoles (tertre imposant des Ages du Bronze et du Fer en Gaule pré-romaine, fosse recouverte par un *tumulus* plus modeste en Gaule méditerranéenne...) offrent des opportunités, pour analyser les traits pédologiques du paysage contemporain des cimetières. Des résultats concernant la qualité des matériaux déposés sur le système de fermeture de la fosse, où ont été placés les objets accompagnant les restes du défunt incinéré, ont également été obtenus grâce à la reconnaissance de caractères morphologiques des sols.

Mais c'est surtout dans les fouilles des habitats que la science du sol peut fournir les moyens de comprendre l'histoire et les processus de la constitution des différentes couches archéologiques, formant les stratifications complexes qu'on peut trouver dans une agglomération occupée pendant de nombreux siècles.

Les sédiments qui constituent le volume tridimensionnel du site archéologique, organisés selon une certaine stratification, ne sont pas que les contenants des artefacts et le volume que l'archéologue doit déplacer par la fouille, pour mettre au jour les structures bâties. Il n'est cependant pas si loin, le temps où ces sédiments étaient au mieux caractérisés par les mots de « terre grise » ou « terre rouge », et enregistrés de façon monotone par une succession répétitive du couple « couche-surface », singulièrement jusqu'au début des années quatre-vingts en Languedoc méditerranéen, où sont pris la plupart des exemples illustratifs.

Aujourd'hui, avec l'ouverture des méthodes de l'archéologie aux sciences de la Nature et de la Terre, les sédiments constitutifs des couches archéologiques (ou unités stratigraphiques) sont de plus en plus considérés comme une représentation de tous les paramètres qui se sont succédé pour « faire » l'histoire du site. Ils sont alors analysés dès le premier geste destructeur de l'exploration archéologique, « au bout de la truelle ».

Pour ne prendre qu'un exemple, particulièrement marquant, de l'archéologie du Languedoc méditerranéen, il a encore fallu attendre le début des années quatre-vingts – et l'arrivée de la science du sol sur les terrains des archéologues –, pour en finir avec l'idée d'une architecture protohistorique faisant quasi exclusivement appel à la pierre sèche. L'observation plus attentive, et plus « savante », des sédiments des stratifications archéologiques a pu contribuer à redonner à l'architecture de terre et de bois la place dominante qu'elle avait réellement dans les constructions pré-romaines et romaines.

Les couches ou « remblais » anonymes des *oppida* languedociens, séparant deux surfaces interprétées comme des « sols d'occupation », se sont ainsi métamorphosées en couches de démolition des élévations et des couvertures des bâtiments. Les couches superposées, déposées dans les espaces non couverts, notamment les rues, que l'on interprétait comme une accumulation constituée par à-coups, au rythme des apports anthropiques, se sont transformées en remblais – au sens strict d'apports rapides pour établir un nouveau niveau topographique –, séparés par des apports lents, issus de la dégradation des murs et des toitures par le ruissellement des eaux de pluie (Fig.12b).

Au cours de la fouille d'un secteur d'une agglomération, l'archéologue n'a que rarement – cas des sondages trop exigus – des problèmes de localisation par rapport aux espaces couverts (intérieur des bâtiments) et espaces ouverts (cour, jardin, trame viaire). Les bases de murs conservés et l'organisation de ceux-ci entre eux suggèrent, avec peu de risques d'erreur, le plan des constructions couvertes, puis, par déduction, les zones à l'air libre. Il arrive malheureusement des situations où le doute subsiste. C'est là que la reconnaissance, sur le terrain, de caractères morphologiques des sols (agrégats, structure, porosité, traits pédologiques...) vient facilement en aide à l'archéologue (Fig.12c et 12d), sans qu'il soit nécessaire de faire appel à de coûteuses analyses en laboratoire.

Enfin, l'apport de la science du sol à l'investigation archéologique d'un site bâti réside aussi dans la reconnaissance de phénomènes post-dépositionnels, d'origine pédologique, qui sont venus perturber et affecter les caractères originaux des différentes unités stratigraphiques, rendant ainsi leur lecture et leur interprétation délicates (cas du Tépé Djaffarabad déjà évoqué).

Le paysage avant le site bâti

La fouille archéologique en milieu urbain a eu des répercussions qui débordent les questions d'urbanisme, d'architecture et d'activités rencontrées dans les quartiers d'une agglomération, ce terme étant utilisé dans un sens plus large que celui de ville, pour être appliqué aux habitats groupés de la protohistoire méditerranéenne, par exemple. En effet, ces investigations ont parfois – mais pas toujours et rarement sur de grandes surfaces – atteint les niveaux sédimentaires sous-jacents aux premières unités stratigraphiques liées aux premiers bâtiments.

12a

12b

12c

12d

Fig. 12 - Pédologie et archéologie du site bâti. 12a : vue générale d'une rue principale à Lattes-Saint-Sauveur (Hérault, France), l'antique *Lattara*. 12b : bourrelet feuilleté contre la base du mur de façade d'une maison, à *Lattara*, résultant de la dégradation de l'architecture de terre au rythme des pluies. 12c : Orléans, quartier Saint-Michel (Loiret, France) ; paléosol d'un jardin du XVIIIe siècle, soustrait aux processus pédogénétiques par un puissant remblai. On distingue parfaitement l'horizon de surface très humifère, à son aspect sombre avec un dégradé vers le bas. 12d : Orléans, quartier Saint-Michel ; paléosol antique ; pédotubules comblées de terre sombre provenant des horizons organiques qui ont disparu. La troncature a épargné cet horizon profond, qui a été ensuite recouvert par un remblai. (photos P. Poupet 1979-1985).

Ces découvertes ne sont pas réservées aux contextes urbains. On peut citer les champs et les traces des sillons de labour, conservés sous des tombes (tertre mégalithique et *tumuli*) et sous des dunes, dans les pays scandinaves et anglo-saxons (Norvège, Danemark, Pays-Bas, Allemagne, Irlande, Grande-Bretagne), mais aussi en Italie du Nord... et dans le Massif central, en France, tous ces exemples étant réunis par J. Guilaine (1991), dans l'ouvrage au titre éloquent, « *Pour une archéologie agraire* », qu'il a édité.

Pour grossir cette liste d'exemples de sols anciens, principalement retrouvés sous les tombes monumentales de certaines nécropoles, il convient d'insister sur le fait que les fouilles en milieu urbain, dans les principales grandes agglomérations françaises, offrent certainement les meilleures opportunités pour analyser des fragments extrêmement bien conservés de couvertures pédologiques, datant des derniers millénaires avant l'ère chrétienne et de l'époque romaine, voire médiévale. On peut citer les exemples de Paris, Lyon, Marseille, Bordeaux, Aix-en-Provence... et d'Orléans et Nîmes, qui nous fournissent la matière détaillée de notre illustration. Ces dernières agglomérations ont été le lieu des grands remaniements des vieux centres urbains, à partir de 1977 à Orléans, 1982 à Nîmes.

A Nîmes, les grands chantiers archéologiques en milieu urbain ont effectivement commencé au début des années quatre-vingts, mais c'est seulement à partir de 1989 que la science du sol a vraiment été associée à l'archéologie. Grâce à la mise en place, en 1988, d'un programme de recherche sur les paysages agraires anciens, notamment protohistoriques, des données essentielles ont été enregistrées sur plusieurs fouilles, principalement celles du centre commercial des Halles et du quartier des Bénédictins, au piémont et sur le bas de pente du Mont Cavalier, là où l'on situe l'agglomération indigène, pré-romaine, et où se dresse la Tour Magne.

L'intérêt essentiel de ces résultats vient du fait que bien des questions restées en suspens et, surtout, bien des reconstructions infondées du paysage protohistorique nîmois ont trouvé là des éléments de réponse et de sérieux démentis.

Des lambeaux de champs datés du Néolithique (Chasséen, 4500-3500) et du Second Age du Fer (525-118) ont été conservés sous les sols bâtis des luxueuses *domus* romaines aux pavements de mosaïque. Un sol de couleur très sombre, peu épais, développé sur les dalles du calcaire dur de la colline, a été mis au jour. Il s'agit d'une rendzine (rendisols) qui a fourni des silex taillés caractéristiques des faucilles néolithiques. Ensuite, pendant l'Age du Bronze et le Premier Age du Fer, la quasi-totalité du bas de la pente a été recouverte par des colluvions issues de l'érosion des zones déboisées en amont. Des murs de soutènement bâtis au cours du IVe siècle ont permis aux agriculteurs protohistoriques de maintenir les colluviosols en place, et de favoriser leur évolution vers des sols bruns calcaires (calcosols) à l'horizon organique homogénéisé par les instruments aratoires (Fig.13a). A la faveur d'une ultime nappe de colluvions très caillouteuses et localisées près d'une combe*, la surface d'un champ labouré à l'araire a été comme « fossilisée » avec ses sillons (Fig.13b).

La recherche, conduite selon le double regard du pédologue et de l'archéologue, a permis de démontrer que, là où l'on attendait la découverte d'une partie de l'habitat indigène, il y avait des champs étagés en terrasses contenues par des murs, des champs labourés à l'araire, des silos creusés dans les sols pour la conservation des graines, tous

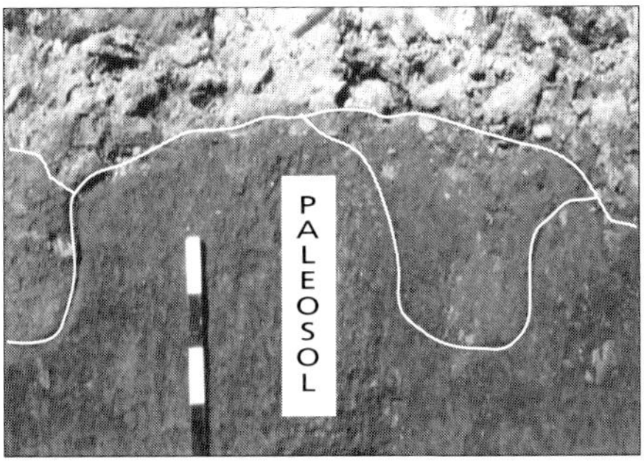

13a

13b

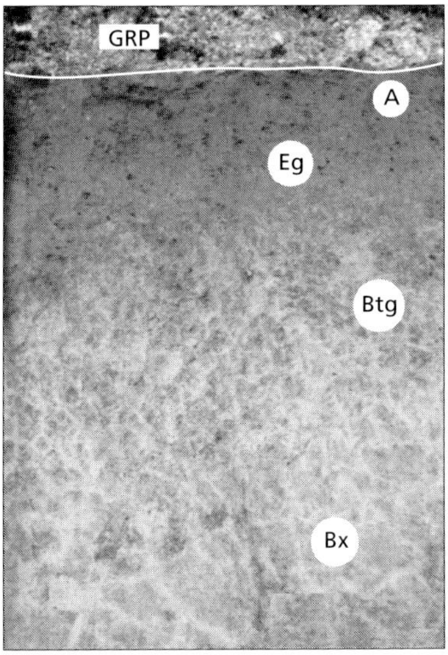

13c

Fig. 13 - le paysage avant le site bâti (photos P. Poupet 1977-1992).13a : Nîmes, rue Fléchier (Gard, France) ; colluviosols cultivés d'époque protohistorique, antérieurs aux bâtiments romains. 13b : Nîmes, quartier des Bénédictins ; champ labouré à l'araire, daté du Second Age du Fer. 13c : paléosol hydromorphe du quartier de la cathédrale d'Orléans (Loiret, France), à profil complexe. GRP : premier remblai anthropique daté de l'époque gallo-romaine précoce ; horizon A = horizon organique de surface ; Eg = horizon lessivé, éluvial, à concrétions noires, ferro-manganiques ; Btg = horizon d'accumulation affecté par la présence excessive d'eau ; Bx = horizon d'accumulation, illuvial, où le réseau polygonal et les argillanes décolorées sont parfaitement exprimés, caractéristiques d'un sol très lessivé.

ces aspects d'un paysage éminemment agraire à l'intérieur de l'enceinte protohistorique, selon le tracé le plus communément admis.

A Orléans, les fouilles autour de la cathédrale ont permis d'atteindre en plusieurs points, sur des surfaces toujours réduites, le paléosol antérieur à la première occupation datée de l'époque romaine, puisqu'aucune structure relative à un habitat antérieur ou contemporain de la conquête césarienne n'a été mise au jour dans ce secteur de la ville actuelle.

La présence du pédologue sur ces grands chantiers urbains a été l'occasion d'étudier ce paléosol pour tenter de connaître quelques aspects du paysage contemporain de l'agglomération carnute établie à proximité, plus à l'ouest, et près des berges de la Loire. L'histoire de cette couverture pédologique et son utilisation sur le plan agricole ont également pu être abordées grâce à l'interdisciplinarité (archéologie-pédologie-palynologie).

Le paléosol mis au jour est un *pseudogley* à profil complexe, développé aux dépens d'un ancien sol lessivé, et localisé sur un point topographique élevé d'une terrasse de la Loire, alors que dans ces conditions stationnelles et climatiques, on aurait pu s'attendre justement à un sol lessivé (Fig.13c).

Cette évolution du sol a été corrélée à une modification anthropique de l'environnement, démontrée par l'analyse des pollens : la terrasse n'était plus protégée par un peuplement forestier dense, ce qui a conduit à une remontée de la nappe phréatique, induisant des conditions hydromorphes, qui ont provoqué une dérive de la pédogenèse marquée par l'eau.

Au lieu de la forêt, il faut restituer un paysage ouvert de prairies, parsemé d'emblavures (pollens de céréales et de plantes commensales des cultures). La strate arborée était présente, sous forme de bosquets résiduels ou de haies cloisonnant les prairies et les champs en bocage.

Sous les premières couches archéologiques, l'archéologue voyait un « substrat », le « sol vierge », matériau qui était au mieux gratifié d'une sobre et approximative description de sa couleur (gris, brun, ocre...), de sa texture (argile, sable, calcaire...) et de sa nature recopiée sur les notices des cartes géologiques. C'était oublier que les couvertures pédologiques existent, qu'elles ne sont pas cartographiées sur les documents géologiques, et qu'elles sont des données majeures de la connaissance de l'histoire des paysages et des communautés d'agriculteurs qui les ont exploitées.

Paysage et agriculture

L'histoire de la colonisation agropastorale de larges secteurs géographiques, comme ceux du domaine méditerranéen où nous prenons l'essentiel des exemples, est encore très mal connue, malgré les travaux qui sont effectués par les archéologues de la préhistoire récente, de la protohistoire et de l'Antiquité. Ceci constitue aujourd'hui un vaste champ de recherche, qui n'est pas très occupé par la communauté des archéologues, même si quelques travaux géo-archéologiques sont réalisés à l'interface entre l'environnement, l'homme et l'Histoire, autrement dit la succession de plusieurs processus complexes au cours du temps.

C'est évidemment grâce à la science du sol et aux disciplines des sciences de la nature que l'approche interdisciplinaire est réalisable.

L'enjeu est de taille, car il s'agit non seulement d'étudier l'immense majorité des populations des temps anciens et son activité de production essentielle, l'agriculture, que l'on connaît encore bien mal ; mais il s'agit également de comprendre quelle est la part de l'héritage antique dans les paysages actuels, et quel est l'impact de la pression anthropique sur ces paysages.

Les rares travaux récents qui ont réussi cette symbiose disciplinaire débouche sur une véritable archéo-agronomie, tout en sachant que l'agronomie n'est pas réductible à la science du sol, puisqu'elle fait appel à la climatologie, à l'hydraulique, à la botanique, à la chimie des sols et des plantes. C'est ainsi qu'a été mis sur pied, à partir de 1988, un programme interdisciplinaire, pour comprendre les rapports existant entre les sociétés humaines de la protohistoire, de l'Antiquité et du Moyen Age, et les paysages méditerranéens.

L'histoire et l'archéologie abordaient le sujet sous l'angle que leur donnent leurs outils d'analyse, mais, pour comprendre le fonctionnement des systèmes pédologiques méditerranéens en relation avec les divers types d'utilisation des sols par les sociétés agricoles, il est apparu que la science du sol et les sciences de la Terre en général pouvaient apporter des éclairages originaux, essentiels, parce que ces disciplines scientifiques permettent de saisir les rapports dialectiques existant entre les communautés d'agriculteurs et les sols.

La meilleure articulation entre la science du sol et l'archéologie est sans aucun doute ce domaine de l'archéologie agraire. Qu'on l'appelle archéologie du paysage ou archéologie de l'espace rural, il est patent qu'on ne doit plus aujourd'hui entreprendre des investigations sur le terrain, à la recherche des traces des techniques agricoles, des champs et des paléosols, sans le concours de la pédologie et des sciences de la Terre en général. Sinon, alors que ce domaine de recherche bénéficie d'un phénomène de mode, l'archéologie risque de faire les frais de dérives coûteuses et de reconstructions abusives.

Dans le domaine de la science du sol, on a suivi, dans de nombreuses régions du monde, l'évolution des sols en fonction des défrichements et des techniques de mise en valeur. Ces études ont montré que les ruptures d'équilibre, provoquées par ces atteintes anthropiques, entraînent des phénomènes d'érosion, mais aussi des modifications pédologiques rapides et des changements d'ordre structural, qui influent sur le relief. L'aboutissement de ces travaux est capital pour comprendre les figures sédimentaires et les traits pédologiques de nos paysages méditerranéens.

Au moment où les aléas climatiques des derniers millénaires suscitent un regain d'intérêt chez certains archéologues, comme les spécialistes de la science du sol que sont A. Ruelan et M. Dosso en 1993, « il faut souligner que l'érosion est un phénomène naturel et indispensable tant que ses effets ne vont pas plus vite que la genèse du sol à partir de la roche sous-jacente ». Cette notion fondamentale de la pédologie permet de rester prudent et sceptique, quand sont restituées de nombreuses fluctuations climatiques de courte durée, à partir de « niveaux repères », observés sur des séquences stratigraphiques et des profils pédologiques, dont on ne peut assurer ni la contemporanéité, même pas à quelques décennies ou siècles près, ni une origine commune.

Hormis quelques évolutions géomorphologiques sans équivoque et à échelle moyenne, surtout dans le domaine méditerranéen (remblaiements holocènes* d'Italie du Sud, construction rapide de certaines terrasses alluviales), il s'agit d'un champ d'hypothèses encore ouvert, où les observations archéologiques et surtout « pédologiques », réalisées par des archéologues, ne sont pas très convaincantes.

L'agriculteur, par ses activités de production et d'aménagement de son espace agricole, transforme le milieu dans lequel il vit, le sol en particulier.

Les anciens paysages ruraux, dont on retrouve des fragments conservés sous la surface du sol actuel, sont le plus souvent réduits à de simples squelettes, correspondant plus ou moins à leurs plans parcellaires, aux orientations majeures qui commandent la forme et la disposition des groupes de parcelles. L'archéologue, l'archéomorphologue discutent la valeur angulaire de ces directions, relativement à une référence (Nord magnétique ou géographique...) ; ils travaillent sur les données métrologiques extraites de ces traces de fossés, de fosses de plantation, de chemins. En fait, il ne manque à l'étude de ces paysages agraires que leur substance fondamentale : la couverture pédologique.

Le sol, ou plutôt ses variétés spatiales, sont donc une des sources d'interprétation de l'organisation d'un territoire par une communauté d'agriculteurs, qui réside non seulement dans la localisation des différents types d'usage du sol – champs, prés, bois... – et dans la forme des réseaux linéaires – fossés, voies et chemins de desserte rurale –, mais aussi dans la répartition de l'habitat dans un paysage aux paramètres variés.

L'exemple de l'opposition cartographique, sur les communes de Saint-Aubin et Aumur, entre les « terres blanches » et les « terres noires », dans le Finage jurassien, est à ce titre pertinent.

Actuellement, ces territoires communaux sont partagés entre deux grands types de sols développés, les uns hydromorphes mais légers, sur les terres blanches, les autres à la texture plus lourde, sur les terres noires. Des prospections systématiques conduites dans ces terroirs de plaine, très plats, très ouverts et intensivement cultivés, ont montré que les sites qualifiés de fermes indigènes étaient préférentiellement localisés sur les terres blanches, alors que les *villae* gallo-romaines se trouvaient sur les terres noires, à proximité de la grande voie romaine qui mène en ligne droite à Dole (Jura).

La géologie locale résume l'origine du Finage : un vaste dépôt d'alluvions au confluent de la Saône et du Doubs avec, d'une part, les hautes terrasses constituées d'argiles, de marnes et de cailloutis siliceux, et recouvertes par des limons anciens, d'autre part, les basses et moyennes terrasses aux faciès sédimentaires plutôt fins, puis les alluvions calcaires de la Loue et du Doubs.

L'histoire holocène de ces dépôts et de leur couverture pédologique est plus compliquée. A la faveur de profonds fossés de drainage, permettant la mise en valeur agro-industrielle récente du Finage, deux paléosols superposés ont été mis au jour sous le sol brun, peu évolué, actuel, de la zone des terres noires. Le plus profond, du type brun lessivé à accumulation carbonatée (présence d'un horizon Bca), est entaillé par des fosses et des silos de l'Age du Bronze ; le second est daté de l'époque romaine (Fig.14a).

Ces observations, effectuées sans fouilles archéologiques, permettent déjà de comprendre les grandes étapes de l'histoire du paysage :

- le secteur des terres noires n'était pas aussi plat qu'actuellement, à l'Age du Bronze ;
- des apports latéraux, alluviaux et colluviaux, ont recouvert un sol ancien, déjà très évolué à l'Age du Bronze, surtout conservé au fond des cuvettes du paléorelief ;
- un sol s'est développé sur ces matériaux, jusque pendant l'époque romaine ;

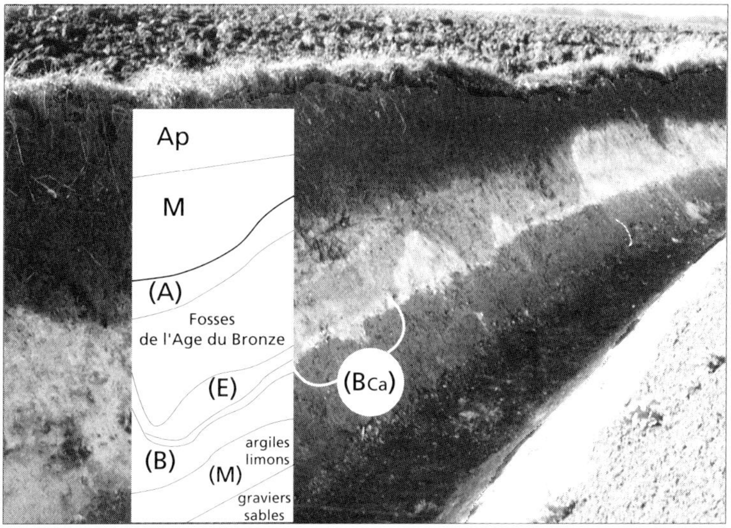

14a

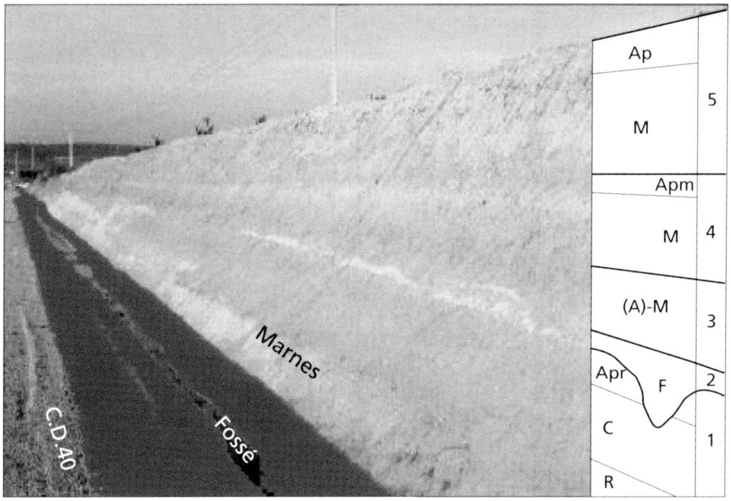

14b

Fig. 14 - Agriculture et paysage. 14a : dans le Finage jurassien, commune de Saint-Aubin, paléosol de l'Age du Bronze et alluvio-colluvions. 14b : en Vaunage, commune de Saint-Dionisy (Gard, France), colluvions et paléosols superposés, appartenant à cinq phases de la morphogénèse du paysage agraire. 1 : paléosol d'époque romaine développé sur les marnes bleues du Valanginien. 2 : comblant le réseau des fossés de drainage romain (F) et recouvrant le sol, une nappe de graviers illustre une brutale déprise du versant. 3 : colluvions légèrement organiques, tardo-antiques à médiévales. 4 : nouvel apport de colluvions et début de la pédogénèse formant un paléosol médiéval à moderne. 5 : colluvions modernes et sol actuel (photos P. Poupet 1988-1998).

- enfin, de nouveaux apports ont scellé le tout et les processus pédologiques ont donné naissance au paysage actuel.

Dans la zone des terres blanches, les sols développés sur des limons de la haute terrasse entrent dans la catégorie des sols lessivés, hydromorphes, acides. Aucun paléosol n'a été mis en évidence dans ce secteur, où les photographies aériennes révèlent des fermes indigènes et des formes réticulées, interprétées comme des champs alvéolés, protohistoriques.

Si l'on revient à l'histoire globale du paysage, il est évident que les apports de sédiments qui ont « fossilisé » le sol de la préhistoire récente, puis celui cultivé par les Gallo-Romains, ont été prélevés dans le secteur des terres blanches.

Ces déplacements de matières rendent délicate l'interprétation archéologique des documents enregistrés par photos aériennes. Deux questions se posent : la distribution spatiale des habitats indigènes et gallo-romains, que nous enregistrons par une vision de surface, n'est-elle pas faussée par les recouvrements sédimentaires massifs ? La trace des champs alvéolés a-t-elle pu s'inscrire profondément dans le sol très évolué des terres blanches, et échapper ainsi à l'érosion ? Ces questions ne recevront des éléments de réponse qu'en engageant une recherche microrégionale, interdisciplinaire, où science du sol et archéologie contribueront à préciser les quelques observations présentées ici. En attendant, il est facile de mesurer la fragilité des discours historiques qui seraient tenus à partir d'une documentation ignorant ces paléosols et ces déplacements de matières.

Un autre exemple du même type nous est donné par le talus d'une route actuelle, qui traverse la dépression de la Vaunage, à Saint-Dionisy, près de Nîmes (Gard, France), et par une étude des couvertures pédologiques autour de quelques *oppida* qui dominent cette vaste cuvette d'érosion. L'approche pédologique du paysage remet en question bien des conclusions archéologiques relatives à l'agriculture protohistorique en Languedoc oriental.

L'archéologie protohistorique ne voyait dans le paysage qu'un substrat stable, quasi immuable à l'échelle de l'humanité, si ce n'est l'évolution du couvert végétal démontrée par l'analyse des charbons de bois. Cette vision de l'environnement des habitats allait même plus loin dans sa description de la société indigène des Ages des Métaux, totalement empreinte de primitivisme et non sans *a priori* idéologiques : les communautés d'agriculteurs, jusqu'au Deuxième Age du Fer, auraient eu un habitat mal fixé, menant une vie semi-sédentaire en suivant leurs troupeaux, pratiquant accessoirement une agriculture indigente, incapable de fournir des surplus destinés au commerce ; les techniques auraient stagné dans un archaïsme tel qu'aucun progrès interne n'était possible ; le changement, l'évolution vers la « civilisation », arrivent avec les navigateurs marchands de la Méditerranée et les fondations des colonies grecques puis romaines.

Le modèle construit à partir de cette vision réductrice et caricaturale de la société protohistorique et de ses rapports avec l'environnement ne peut résister à une analyse compétente des couvertures sédimentaires et pédologiques du domaine méditerranéen.

Les caractères morphologiques de ces paysages, lieux du travail des agriculteurs de l'Antiquité et de la production vivrière, sont patents. Il est certain que les sociétés de la protohistoire étaient majoritairement composées d'agriculteurs sédentaires, dans la continuité d'un mouvement général de l'Humanité amorcé au Néolithique. Près des murs des remparts des *oppida*, de larges zones, où les sols très dégradés sont remarquables, témoignent de cette agriculture. C'est le cas de la combe de Saint-Dionisy, qui jouxte la courtine du rempart de Nages-Les Castels (Gard), là où des portes étroites ne peuvent laisser passer que des piétons et des animaux bâtés. Dans cette combe, le substrat calcaire est, à l'affleurement, jonché de tessons de céramiques provenant des fumures, le sol ayant été fragilisé par les travaux aratoires et entraîné sur la pente par l'érosion. C'est aussi le cas à *Ambrussum* (Hérault), où les sols rouges sont d'abord profondément tronqués et recouverts par un nappage de graviers résiduels, pour servir ensuite d'appui aux murs de pierre sèche d'un parcellaire datable de la mise en place des grands cadastres romains.

La longue coupe offerte par le talus de la route, près de Saint-Dionisy, permet d'ajouter des arguments à ce discours. Elle démontre qu'antérieurement à l'époque romaine, le versant à l'aplomb des *oppida* de Roque-de-Viou et de Nages-Les Castels était stable. Il est donc exclu que les agriculteurs protohistoriques aient pu exploiter les pentes de ces collines sans amorcer quelques phénomènes érosifs, dont on aurait retrouvé la signature au piémont. Dans le même temps, une étude géographique du paysage localisait sur ces pentes des petits champs en terrasses, datables de la protohistoire. Il n'en fallait pas moins pour l'archéologie, qui a aussitôt vu dans ces parcelles étroites, étagées sur la pente, le modèle d'une exploitation agricole, domestique, fondée sur la cellule familiale.

Tout cet échafaudage intellectuel s'effondre avec l'examen d'un seul profil, où se lit une succession de cycles de maîtrise des sols et de déprise de la pente, entre l'époque romaine et l'actuelle (Fig.14b).

C'est une archéologie de l'espace rural et des techniques agricoles, interdisciplinaire par obligation, qui aboutit à la reconnaissance des agriculteurs protohistoriques et antiques. Ceux-ci savaient protéger leurs sols des effets de l'érosion, par des murs de contention des terres des parcelles en terrasses, dès le IVe siècle avant l'ère chrétienne au moins. Ils savaient également, comme le montre la figure 15a, gérer les ressources en eau au IIe siècle avant l'ère chrétienne.

Ces travaux, cette gestion des sols, du couvert forestier et de l'eau sont inscrits dans le sous-sol actuel de nos paysages (Fig.15b). La lecture de ces traces est parfois complexe, mais, si l'on veut comprendre comment des communautés d'agriculteurs ont investi l'espace géographique qu'ils contrôlaient pour subvenir à leurs besoins, il est donc nécessaire de regarder autrement les traces d'aménagement du paysage rural miraculeusement conservées, que l'archéologie met de plus en plus souvent au jour. Elles ne sont pas des indications qui nous permettent d'apprécier et de démontrer un prétendu « archaïsme » protohistorique et les limites technologiques des agriculteurs de l'Antiquité, comme l'archéologie l'écrit parfois, commettant ainsi un terrible anachronisme, en regardant ces traces ou ces outils à la lumière de notre agriculture industrielle ; elles sont simplement l'expression d'un savoir qu'il nous faut encore redécouvrir pour l'essentiel.

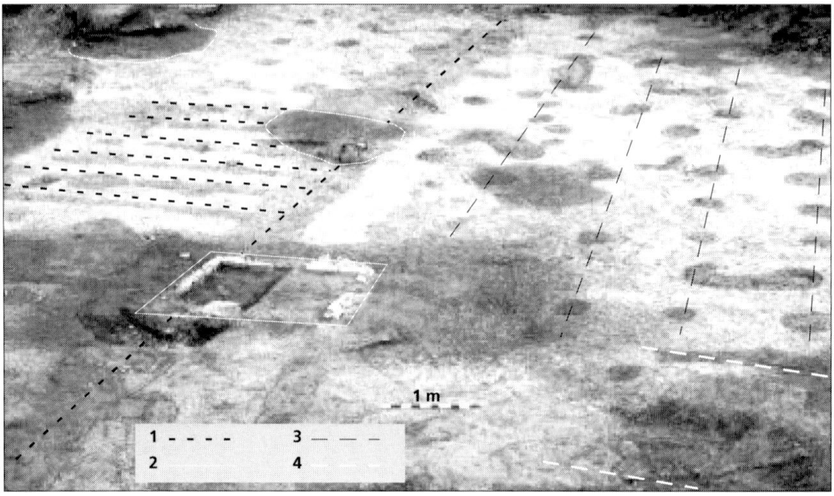

15a

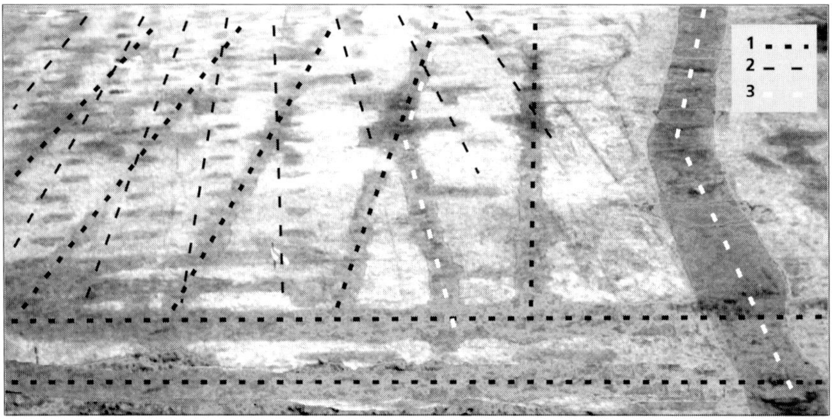

15b

Fig. 15 - Agriculture et paysage. 15a : Nîmes, quartier du Mas Carbonnel. 1 : champ protohistorique avec rigoles d'irrigation et fossé de bordure. 2 : complexe funéraire du Ier siècle de l'ère chrétienne. 3 : vignoble gallo-romain. 4 : chemin creux médiéval. 15b : Nîmes, quartier du Viol du Plan. 1 : chemin de desserte rural bordé de fossés et champ en planches irriguées. 2 : vignoble. 3 : système de fossés de drainage reprenant à la fois l'orientation des rangs du vignoble et celle du champ irrigué (photos P. Poupet 1991-1998).

L'archéologie et les sols, demain…

Au bout de cette tentative pour associer les sciences de la Terre – et la science du sol au premier chef – à l'investigation archéologique, il faut encore insister sur l'aspect fondamental de la liaison Homme-sol, qui fait que les sociétés humaines en vivent.

L'enjeu est de taille, puisque les réflexions conduites à de multiples niveaux des instances nationales et internationales aboutissent toutes au même constat : le sol est une donnée patrimoniale et, de plus, il s'agit d'une ressource qui doit être durable dans l'intérêt de l'Humanité. Ceci devrait suffire pour rapprocher la science du sol et l'archéologie, au-delà du fait que les hommes ont utilisé le sol pour leurs poteries, leurs colorants, les murs et les toitures de leurs bâtiments, leurs systèmes défensifs, leur chauffage et leur agriculture.

Le choix des éléments sur lesquels nous travaillons est évidemment déterminé par nos intérêts et nos préjugés. Mais, lorsqu'on élargit le champ de vision à l'organisation des recherches, il est possible de faire la différence entre le courant dominant, qui canalise l'essentiel des efforts, et l'innovation qui a pour objectif de remettre de façon urgente les humains dans l'écosystème. Ce choix est un défi majeur, où la science du sol et l'archéologie doivent œuvrer de concert. En effet, l'interaction des facteurs sociaux et économiques avec les processus écologiques est au cœur de notre compréhension de l'état des sols ; c'est aussi l'un des caractères primordiaux qui conditionnent l'avenir de l'Humanité. Un simple aperçu de ces problèmes montre clairement que la science du sol a besoin de données historiques et sociales pour mieux connaître l'histoire des sols, leur protection par des techniques appropriées, les soins que les hommes y ont apportés et les usages qui en ont été faits.

L'ouverture des méthodes qui font l'archéologie à la science du sol est donc essentielle pour comprendre ces interactions entre sols et sociétés, d'autant plus que, rappelons-le une dernière fois, les sociétés humaines étudiées par l'archéologie étaient majoritairement composées d'agriculteurs, et que le fondement même de ces sociétés était la terre et la production agricole. Par cette ouverture, l'archéologie trouvera un renforcement de sa justification sociale.

Pour en savoir plus

Référentiel pédologique : principaux sols d'Europe, I.N.R.A., Paris, A.F.E.S., 1992, 222 p.

BAIZE D., JABIOL B., *Guide pour la description des sols*, I.N.R.A., Paris, 1995, 375 p.

BORNAND M., *Altération des matériaux fluvio-glaciaires, genèse et évolution des sols sur terrasses quaternaires dans la moyenne vallée du Rhône*, INRA-ENSA, Montpellier, 1978, 329 p.

BONNEAU M., SOUCHIER B., *Pédologie, 2. Constituants et propriétés du sol,* Masson, Paris, 1979, 459 p.

CHAMAYOU H., LEGROS J.-P., *Les bases physiques, chimiques et minéralogiques de la science du sol.* ACCT, Paris, 1989, 593 p.

DAVIDSON D.A., SHACKLEY M.L., *Geoarchaeology*, Duckworth, London 1976, 345 p.

DUCHAUFOUR Ph., *Atlas écologique des sols du Monde*, Masson, Paris, 1976, 178 p.

DUCHAUFOUR Ph., *Pédologie. 1. Pédogénèse et classification*, Masson, Paris, 1977, 491 p.

DUCHAUFOUR Ph., *Abrégé de Pédologie : sol, végétation, environnement*, Masson, Paris, 1984, 289 p.

LIMBREY S., *Soil science and archaeology*, Academic Press, London, 1975, 384 p.

LOZET J., MATHIEU C., *Dictionnaire de science du sol*, Lavoisier, Paris, 1990, 384 p.

Munsell soil color charts. Revised edition, Newburgh, New York, 1992.

PEDRO G., *La science du sol en France*, AFES, ORSTOM, Paris, 1986, 335 p.

POUPET P., Fixité et mobilité des paysages. Les sciences de la Terre et la restitution de l'espace rural, *La Pensée*, 262, I.R.M., Paris, 1988, p. 43-55.

POUPET P., Sols, paléosols et structures agraires, *Les Campagnes de la France méditerranéenne dans l'Antiquité et le Haut Moyen Age*, Documents d'Archéologie Française, 42, M.S.H., Paris, 1994, p. 311-324.

RUELLAN A., DOSSO M., *Regards sur le sol*, Universités francophones, Foucher, Paris, 1993, 192 p.

World Reference Base for Soil Resources. An Introduction, Atlas, Definitions and Key, ISSS-ISRIC-FAO, 3 vol., 1998.

L'APPROCHE MICROMORPHOLOGIQUE : MÉTHODE ET APPLICATIONS AUX STRATIGRAPHIES ARCHÉOLOGIQUES

par C. Cammas et J. Wattez

Avec la collaboration de M.-A. Courty (U.S.R. 708 du C.N.R.S./C.R.A. Valbonne) et N. Fedoroff (DEMOS, AGER, I.N.A. P.-G. 78850 Thiverval-Grignon).

1. Introduction

La perception de la stratigraphie a profondément évolué en archéologie depuis les années 1970. Elle reprend depuis longtemps les concepts de la stratigraphie géologique mais considère le site comme un système spécifique, divisé en unités stratigraphiques. Chaque unité constitue la plus petite entité discernable sur le terrain, et elle correspond à une unité de temps, de lieu et d'action. Elle est, ainsi, fouillée, interprétée et enregistrée de manière distincte. Cette systématisation de l'enregistrement stratigraphique facilite la collecte des données de terrain, pour s'en affranchir, ensuite, afin de traiter les informations obtenues en diagramme stratigraphique. Cette approche est fréquemment utilisée dans les fouilles programmées et dans les opérations de sauvetage de toutes périodes, mais elle reste rarement appliquée en préhistoire. Ainsi, la lecture et la compréhension des caractères de terrain peuvent conditionner la finesse des restitutions.

Une autre manière d'aborder les sédiments archéologiques, complémentaire de l'approche stratigraphique, est d'utiliser les méthodes et les disciplines issues des Sciences de la Terre à des fins archéologiques. Elles sont alors regroupées sous le terme de « géoarchéologie ». Parmi elles, la micromorphologie, dont l'outil principal est la lame mince, permet de prolonger la vision des organisations sédimentaires depuis le terrain jusqu'aux échelles microscopiques, et ainsi de les interpréter. Appliquée aux contextes archéologiques, elle peut être conçue comme une « archéologie du sédiment », terme qui définit l'étude des processus responsables de la nature et de la formation des couches. Elle concerne alors l'organisation et l'évolution des lieux occupés par les sociétés anciennes, du territoire à l'espace bâti. Elle constitue ainsi une des approches spécialisées de l'archéologie, dont la finalité est de restituer l'histoire des communautés humaines par la connaissance de leur comportement, de leur cadre de vie et par l'établissement de chronologies fines. La stratégie adoptée s'inspire de celle de la paléogéographie*. Elle aborde le site comme un paysage, avec des lois pédo-sédimentaires spécifiques, corrélées à la nature des matériaux, à la topographie locale et aux activités humaines.

Les recherches récentes en micromorphologie ont montré que, quel que soit le contexte, la couche ou l'unité stratigraphique, bien qu'apparaissant homogène sur le terrain, recouvre une réalité plus complexe. Elle représente une somme d'événements superposés ou imbriqués qui résultent de phénomènes anthropiques* et naturels* ; par exemple, un simple remblai résulte d'un rapport, cependant, ses caractères peuvent être ensuite en partie modifiés par le piétinement humain, ou par des phénomènes post-dépositionnels tels que le passage des racines ou des vers de terre. Les limites verticales ou latérales correspondent à des variations d'activité ou à des fluctuations d'ambiances environnementales*. Ainsi, la micromorphologie prolonge le cadre d'interprétation de la stratigraphie archéologique à un niveau plus fin. L'objectif de ce chapitre est de présenter cette approche et d'en illustrer les modes d'intervention et les applications à l'étude des sites archéologiques.

Problèmes archéologiques

L'étude des sites, depuis la fouille jusqu'à la reconstitution des modes d'occupation, pose de multiples questions pour lesquelles la micromorphologie a été sollicitée. S'il existe une certaine constance dans les difficultés inhérentes à la lecture et à la compréhension des caractères stratigraphiques, les résultats de l'étude devront répondre également aux questions que posent le contexte et le mode d'occupation de chaque site, en relation avec les problématiques chronoculturelles plus larges dans lesquelles elles s'insèrent. Ils vont, par conséquent, offrir la même diversité.

Les caractères stratigraphiques

La connaissance empirique du terrain acquise par l'expérience de fouille s'appuie sur quatre critères principaux : la couleur des sédiments, leur consistance, leur degré de cohésion et la présence de vestiges. L'identification des limites entre unités s'appuie sur les variations de ces caractères. C'est ce stade d'observation et d'enregistrement qui va déterminer les hypothèses d'interprétation et l'élaboration du cadre stratigraphique, dans la procédure archéologique. Les questions posées au spécialiste en micromorphologie, et qui découlent de ce premier stade d'analyse, portent généralement sur le mode de mise en place des unités, la nature des transitions et l'origine des variations observées, ceci dans le but de mieux comprendre la configuration des couches, leurs relations latérales et verticales, ainsi que les liens qu'elles entretiennent avec les structures d'habitat (fosse, foyer, mur, édifice...). Ce type de question est particulièrement soulevé, pour les périodes historiques, en contexte urbain, où la stratigraphie, nettement développée, apparaît relativement complexe. L'étude micromorphologique concerne alors la discussion et la vérification des hypothèses de terrain, aussi bien pour l'interprétation des caractères morphologiques que pour l'établissement des séquences stratigraphiques et l'interprétation fonctionnelle des unités. A l'opposé, des occupations peuvent être matérialisées, comme dans les sites ruraux, par une couche massive et homogène comportant du matériel archéologique roulé. Les questions posées au micromorphologue portent alors sur le mode et les rythmes de mise en place de ce type d'unité.

Nature des structures et modes d'occupation

En contexte historique, l'une des principales questions concerne la nature du remplissage des structures en creux (fosses, fossés...). L'objectif de l'étude micromorphologique est alors d'apporter des éléments d'information sur leur fonction, primaire ou secondaire, et sur leur mode d'abandon. Pour les fossés, par exemple, la question de leur entretien et de leur comblement par des phénomènes naturels ou anthropiques est souvent posée.

A un autre niveau d'interprétation du site, les attendus de la micromorphologie concernent la compréhension de la structuration de l'espace et de son évolution au cours du temps (fonction d'une pièce, d'un bâtiment, changement dans le statut d'un espace, variation des activités pratiquées dans une cour, rythmes de fréquentation d'un lieu, saisonnalité des installations anthropiques) ou encore les modes d'occupation du sol (pâturage, mise en culture, friche).

Démarche théorique

Principes de la micromorphologie archéologique

La micromorphologie des sédiments archéologiques est adaptée des principes de détermination de la micromorphologie des sols. Cette dernière est définie comme l'étude de l'organisation des formations meubles, en lame mince au microscope.

La démarche adoptée en micromorphologie se fonde ainsi sur les concepts interprétatifs de la pétrographie sédimentaire (voir chapitre sur la pétrographie dans le même ouvrage) et de la pédologie (voir chapitre sur la pédologie dans le même ouvrage), pour lesquelles l'organisation des constituants est significative de la dynamique des milieux de sédimentation et de l'évolution des couvertures pédologiques. L'originalité de la micromorphologie archéologique est d'appliquer cette démarche à l'étude de l'expression sédimentaire des comportements humains.

Les travaux récents menés en micromorphologie ont montré que l'homme agit, au même titre que les phénomènes naturels, sur la formation des sédiments. Si l'homme modifie son environnement par ses différentes activités, il « façonne » également le support pédo-sédimentaire qu'il occupe. La nature et l'organisation des constituants sont alors significatives des activités humaines. Cependant, les couches archéologiques procèdent d'une histoire plus complexe, liée à l'interaction des facteurs naturels et du comportement humain. Leur dynamique relève de processus pédologiques, sédimentaires et anthropiques qui se décomposent en mécanismes élémentaires* : ces derniers sont exprimés par des organisations spécifiques ou « faciès », identifiables dans les couches archéologiques à différents niveaux d'observation. Au sein d'une même unité, les mécanismes naturels et anthropiques sont hiérarchisés selon les principes de chronologie relative utilisés en micromorphologie des sols (superposition, imbrication, juxtaposition). Ainsi, dans la succession des mécanismes, les transformations résultant de l'occupation humaine et celles liées aux phénomènes post-dépositionnels naturels peuvent être séparées.

Les processus anthropiques sont maintenant largement documentés, grâce à l'étude de nombreux cas archéologiques en contextes divers, mais aussi grâce aux données de l'expérimentation et de l'ethnographie. Pour ces deux dernières, où certains paramètres sont contrôlés et les gestes connus, des chaînes de mécanismes correspondant à des activités spécifiques peuvent être isolées.

Au sein d'une même occupation humaine, la nature des mécanismes anthropiques renseigne sur les activités pratiquées dans différents espaces, celle des processus naturels synchrones informe sur les ambiances environnementales. La variation verticale de

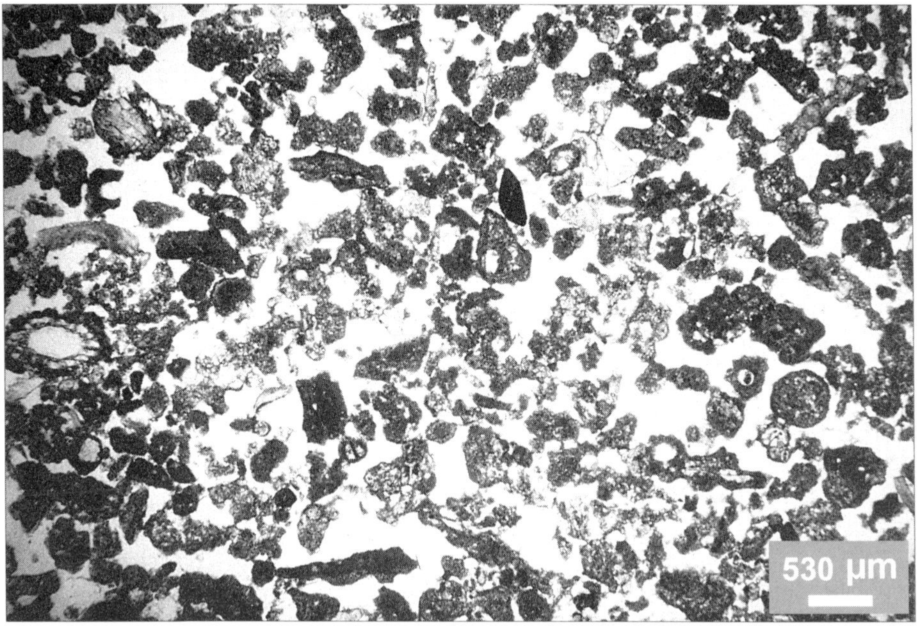

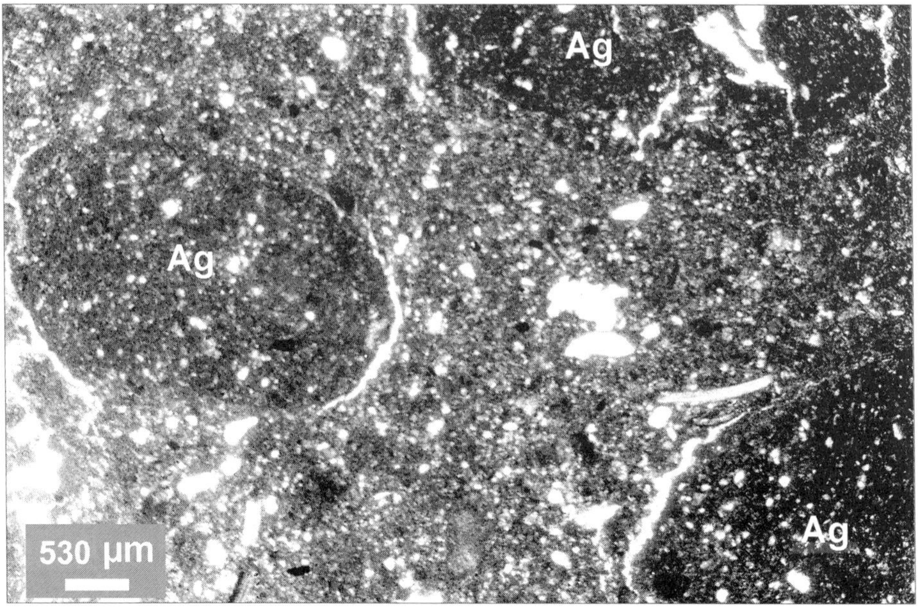

Fig. 1 (en haut) (Lattes, lame 25) - Unité microstratigraphique* construite, aménagement de sol par apport de sables d'origine alluviale dans une séquence en espace intérieur. L'entassement libre des fins agrégats* et l'abondance des vides qui les entourent témoignent de la faible réactivité de ce matériau à la compaction et au piétinement.

Fig. 2 (en bas) (Lattes, lame 8sup) - Unité microstratigraphique construite, adobe. La microstructure massive* de l'unité résulte d'un fin malaxage, à l'état très humide ; des agrégats (Ag) n'ont pas été homogénéisés du fait de leur texture plus argileuse et/ou de leur état plus sec. L'absence de constituants anthropiques dans ces adobes indique que les sédiments ont été prélevés hors des zones d'occupation.

ces dernières peut témoigner de fluctuations climatiques à l'échelle locale ou régionale, et permettre ainsi d'affiner la chronologie relative en terme de saisonnalité.

Nature et variations des unités stratigraphiques

La diversité des contextes archéologiques a conduit à l'élaboration de modèles qualitatifs qui décrivent les mécanismes de formation des sédiments archéologiques. Trois grandes familles d'organisations sédimentaires, ou faciès, sont ainsi distinguées : les aménagements et les faciès liés au fonctionnement pour l'occupation, et les faciès liés à l'abandon.

Les *faciès aménagés* résultent de l'apport volontaire de matériaux transformés ou non avant le dépôt, afin d'aménager l'espace (remblais, sols, murs…) (Fig. 1). Pour les matériaux en terre crue, la variabilité observée est révélatrice de la nature des composants et de leur mode de fabrication (Fig. 2, 5 et 6).

Les *faciès liés au fonctionnement* de l'espace présentent une grande diversité morphologique, en fonction des activités pratiquées : la combustion, le parcage (Fig. 12), le piétinement (Fig. 3 et 6), le traitement des végétaux, l'utilisation de meules. Des revêtements au sol de différentes natures, végétales ou animales, ont également été reconnus et interprétés comme des tapis. Dans ces unités, l'expression des ambiances locales permet de reconnaître des espaces couverts d'une toiture de ceux qui étaient à l'air libre (Fig. 3 et 4).

Les *faciès liés à l'abandon* sont caractérisés par une reprise des processus naturels. L'abandon peut se traduire par un recouvrement de l'habitat par des phénomènes sédimentaires (colluvions, alluvions…), qui contribuent à préserver l'organisation originelle des sols et structures archéologiques. Il s'exprime également par une déstructuration des couches d'occupation, sous l'effet des phénomènes pédologiques (activité biologique, par exemple). Dans ce cas, le degré de préservation de l'information archéologique et environnementale peut être évalué. De telles unités intercalées dans les séquences microstratigraphiques permettent de préciser des rythmes d'occupation et d'abandon.

Dans chaque unité stratigraphique, les différents faciès identifiés contribuent à la restitution de la partition de l'espace, en fonction des activités. Leur mise en séquence permet de retracer l'évolution de l'espace et d'en affiner la chronologie relative. Ainsi, toutes les informations sont rapportées à l'unité individualisée à la fouille et sont alors corrélées aux données archéologiques et environnementales issues du même contexte.

Echantillonnage

Stratégie

Il n'existe pas de stratégie d'échantillonnage idéale : elle varie en fonction des caractères de terrain, des problématiques concernées, et des questions rencontrées au cours de la fouille. Pour une *étude spatiale*, l'unité stratigraphique est échantillonnée en plusieurs points. Les variations fines de texture, de structure ou de coloration, la densité ou la répartition spécifique des vestiges en un point, ou encore l'organisation spatiale, évoquée par la présence de structures d'habitat, sont prises en compte. En l'absence de structure archéologique ou dans une unité d'habitation, un échantillonnage systématique peut être réalisé, afin de restituer la distribution des activités dans l'espace. Ainsi, dans un sol d'occupation, une maille de 40 à 50 centimètres est cohérente avec la répartition

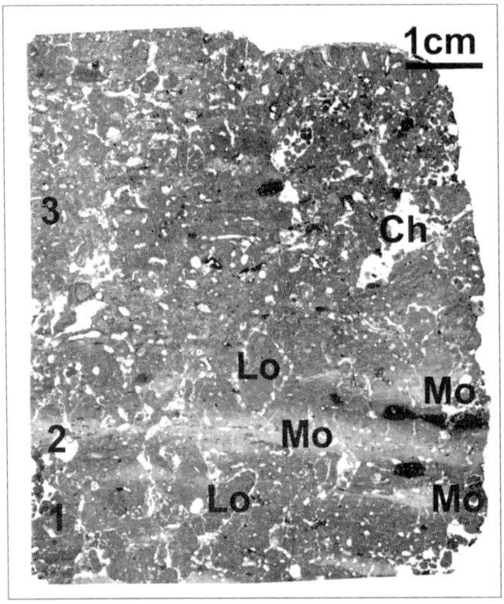

Fig. 3 (Lattes, lame 150) - Séquence d'occupation comprenant deux lames minces, la lame 150 est immédiatement sous la lame 149 (Fig. 4).
La base de la séquence est constituée d'une unité formée par accumulation progressive, principalement de résidus végétaux lités et de coprolithes* d'omnivores (1, 2 et 3), avec des épisodes piétinés. Les lentilles de coprolithes (Mo) sont plus abondantes en bas (1), l'une d'elles formant un niveau continu dans la lame (2). Dans l'ensemble de cette lame, les sédiments sont en partie remaniés par l'activité biologique, et les chenaux remplis de déjections de lombrics sont abondants (Lo, par exemple). Ces caractères indiquent que cette partie de la séquence s'est formée en extérieur.

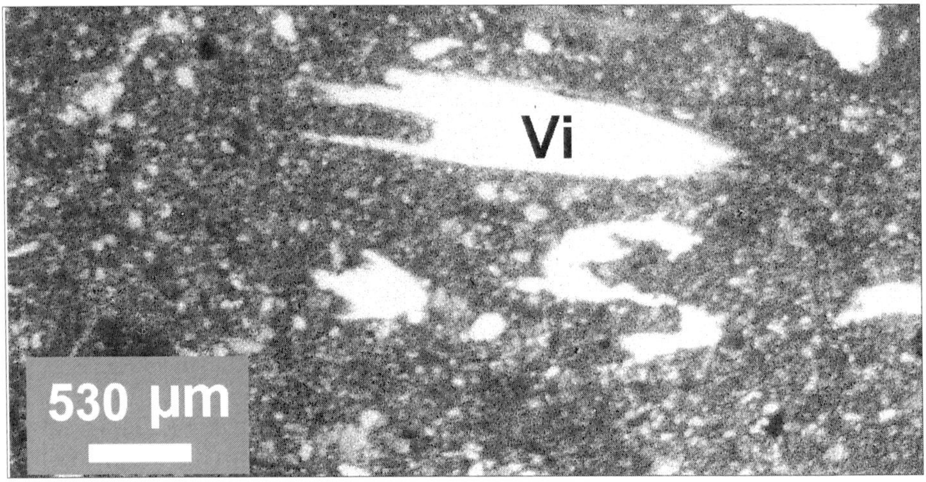

Fig. 4 (Lattes, lame 149, illustration couleur en page 3 de couverture)
Séquence d'occupation comprenant deux lames minces, la lame 149 est immédiatement au dessus de la lame 150 (Fig. 3).
A la base de la lame 149 l'espace est réaménagé par un remblai de matériaux d'origine alluviale (1). L'occupation de l'espace se traduit ensuite par une alternance de surfaces d'activités piétinées avec des épisodes de tapis végétaux au sol (2, 4, 6, 8, 10 et 12) et de réaménagements de sol (3, 5, 7, 9, 11 et 13). Les matériaux et les modes d'aménagements peuvent varier : l'unité (3) est constituée des mêmes sédiments que le premier remblai, alors que la plupart des autres sols sont construits à partir de matériaux d'origine alluviale, limono-argileux, finement malaxés, avec des ajouts végétaux, puis déposés à l'état humide. Dans les surfaces d'activités seuls de fins rejets sont présents (charbons, os). Leur nature témoigne d'activités domestiques (combustion, préparation de la nourriture), et leur faible abondance indique que l'espace était entretenu. La dernière surface d'activité, un sol sous tapis végétal (12), marque un changement d'utilisation de l'espace. Dans cette partie de la séquence, l'ambiance sèche et l'absence d'activité biologique indiquent que l'espace était en intérieur.
Fig. 5 (Lattes, détail de la lame 149) - Détail de la lame 149, unité microstratigraphique construite, aménagement de sol. La microstructure massive résulte du malaxage ; des vides de morphologie végétale (Vi), dans lesquels des phytolithes ont été observés, indiquent que des fibres végétales ont été ajoutées aux sédiments au moment de la fabrication.

Fig. 6 (Lattes, détail de la lame 149) - Séquence d'occupation. Le sol est aménagé par un épandage de matériau finement malaxé et déposé dans un état humide (Ep) ; la microstructure agrégée* de la surface d'activité résulte du piétinement, la petite taille des rejets réintégrés dans la surface d'activité (charbons, os) indique qu'il s'agit d'un espace entretenu, car les plus gros éléments ont été évacués.

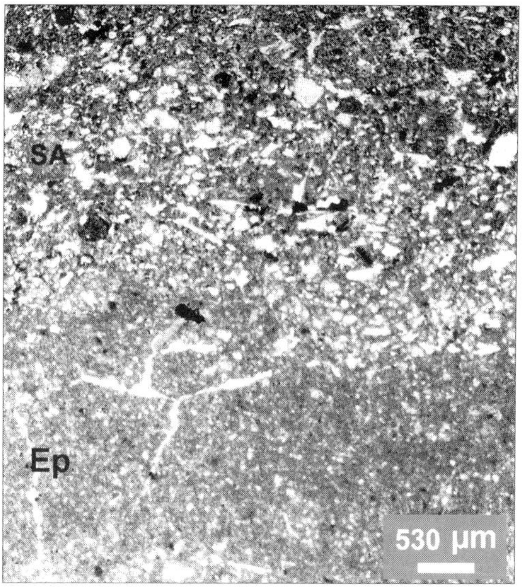

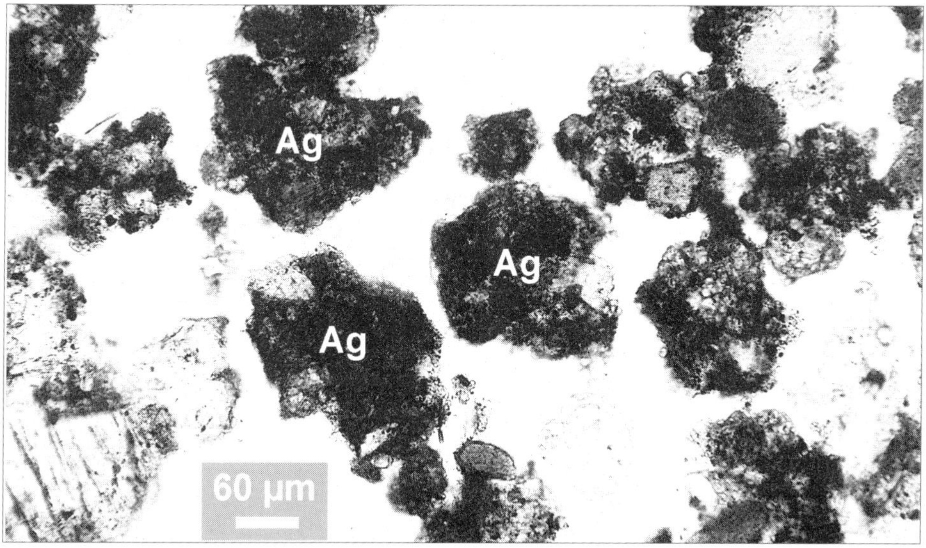

Fig. 7 (Compans, lame 3, illustration couleur en page 3 de couverture)
Séquence en fond de fosse. A la base de la séquence, le sol naturel (1) constitué d'un horizon enrichi en argiles, c'est dans ce sol que la structure a été creusée. La base de la fosse a été aménagée par un apport de sédiments malaxés (2) ; la première surface d'activité (3) est piétinée dans une ambiance humide à très humide ; la structure est ensuite réaménagée avec un fin lit de matériaux naturels compactés (4), cet aménagement étant surmonté d'une surface d'activité en ambiance très humide ; les constituants anthropiques sont principalement des résidus végétaux non brûlés et des phytolithes ; ensuite, l'action des phénomènes naturels est dominante : la séquence se termine par une succession d'apports par ruissellement et désagrégation (5 et 7), dans lesquels est intercalé un épisode de rejet (6) et de décantation (De). La séquence est déstructurée dans la zone centrale par un chenal racinaire (Ch).

Fig. 8 (Boulevard Saint-Michel, lame 13) - Terres noires, horizon de surface ou proche de la surface, plage remaniée par les enchytréides (petits vers de terre), entassement libre de déjections (Ag) peu coalescentes, aux contours irréguliers. Les enchytréides travaillent principalement en surface et le long des racines.

spatiale des activités humaines. Un échantillonnage plus serré peut être réalisé pour des questions spécifiques, mais alors la fouille de l'unité est difficile, voire impossible. Pour l'*étude diachronique*, l'échantillonnage est pratiqué en colonne continue, afin de saisir les variations verticales fines. Cependant, une maille plus espacée peut être choisie, en privilégiant les transitions entre les unités stratigraphiques, pour une caractérisation plus globale de la dynamique pédo-sédimentaire.

La question de la représentativité des échantillons, qui peuvent apparaître sous-dimensionnés par rapport à l'extension des couches, est souvent posée. Pour les unités naturelles, leurs caractères de terrain permettent de reconnaître les systèmes naturels auxquels elles appartiennent, ces derniers étant documentés par les référentiels géologiques, pédologiques et sédimentaires. De la même manière, les variations d'une unité stratigraphique anthropique sont évaluées par l'abondance des nuances observées sur le terrain, et par les connaissances acquises en différents contextes chrono-culturels et géographiques. Mais, dans tous les cas, la multiplication des prélèvements permet de saisir un maximum de variations microscopiques, afin d'établir par la suite un cadre interprétatif plus fin.

L'application de la stratégie d'échantillonnage scientifiquement élaborée dépend, cependant, des contraintes inhérentes aux opérations archéologiques. Ainsi, la technique de fouille (sondages, ou en *open area*, etc.) détermine la localisation et le nombre des témoins stratigraphiques réservés aux prélèvements. Seule une collaboration étroite entre l'archéologue et le spécialiste permet alors d'établir un équilibre entre les contraintes liées à la gestion de la fouille et l'objectif de l'étude.

Technique de prélèvement

L'objectif est de préserver l'organisation des sédiments, depuis le terrain jusqu'au laboratoire. A cette fin, les prélèvements sont effectués en blocs, orientés et numérotés. Simultanément, chaque échantillon est reporté sur les relevés de coupes ou plans archéologiques, afin de faciliter le calage des informations micromorphologiques. Les blocs sont consolidés au moyen de résine synthétique. Après induration, les lames minces sont confectionnées selon les méthodes mises au point à l'Institut National Agronomique. Elles sont réduites à une épaisseur de 25 à 30 microns, taille requise pour l'identification des constituants minéraux en pétrographie. Les lames minces sont observées à la loupe binoculaire et au microscope pétrographique et décrites selon les principes établis en micromorphologie des sols. L'étude peut être complétée par d'autres analyses du sol* (granulométrie*, par exemple), effectuées sur des prélèvements réalisés en vrac.

Procédures d'intervention : étude de cas

Ces dernières années, les opérations de fouilles préventives, en particulier, ont permis d'accroître le champ d'application de la micromorphologie grâce à la diversité des terrains et des modes d'intervention. Ceux-ci sont étroitement dépendants de la problématique chronoculturelle et de la nature des opérations, contrairement à l'étude des paysages, où le spécialiste est autonome sur le terrain. Les types d'intervention sont variés, et s'organisent à différents degrés autour de deux pôles : l'*expertise* et l'*étude intégrée*.

Expertise : l'exemple des structures en creux du site de Compans (Seine-et-Marne, dir. : J.-M. Séguier)

Le recours à l'expertise concerne des questions ponctuelles, telles que l'origine naturelle ou anthropique d'une couche, ou la nature du remplissage de structures. Ainsi, à Compans, le fond du remplissage de fosses de rectangulaires, mesurant en plan de 1,40 x 1,70 m à 1,90 x 2,20 m, profondes de 0,70 à 1 m (Ier et IIe s. ap. J.-C.), présentait des plages constituées d'une succession de fins litages, qui posaient le problème de la nature et de la fonction de ces structures. L'étude micromorphologique a révélé que ces dépôts correspondaient à des séquences de sols construits, alternant avec des surfaces piétinées (Fig. 7). Ces faciès témoignent d'un entretien marqué par des aménagements périodiques de la base des fosses, les faciès piétinés traduisant une fréquentation régulière. Dans ces mêmes faciès, le degré d'humidité et la présence de petits apports par ruissellement d'une part, et l'absence d'impact direct de la pluie d'autre part, suggèrent une toiture partielle. L'abondance des phytolithes*, associées à quelques graines dans les surfaces piétinées, évoquent des structures en relation avec l'utilisation ou le traitement des végétaux. Ces observations viennent conforter l'hypothèse archéologique selon laquelle ces fosses étaient destinées au stockage. Compte tenu de l'intérêt de ce résultat pour l'interprétation de la nature de ces fosses, l'étude sera étendue à d'autres structures similaires dans la même région. L'intervention de spécialistes en archéo-botanique permet de préciser la natures des végétaux et leur utilisation (voir texte de J.E. Brochier dans le volume de la collection « Botaniques »).

Ce type d'intervention est généralement pratiqué aux termes de l'opération de fouilles, et concerne l'étude de témoins isolés. Dans certaines situations, les résultats restent de portée limitée, pour la démarche, tant archéologique que micromorphologique, car ils sont souvent déconnectés du cadre stratigraphique du site. En revanche, dans le cas de Compans, l'étude a permis de mettre en place une thématique de recherche concernant plus largement les modes d'aménagement et de fonctionnement de ce type de fosse. En outre, un tel mode d'intervention, appliqué dès la phase de diagnostic, peut permettre une meilleure exploitation du potentiel du site et la mise en place de la stratégie de fouille.

L'approche intégrée

L'approche intégrée intéresse l'ensemble de l'histoire du site. Elle requiert la participation régulière du spécialiste pour le suivi de la fouille, l'enregistrement des stratigraphies et la collecte des prélèvements. Cette procédure, idéale, est couramment utilisée dans des opérations programmées ou préventives. Elle s'inscrit dans la durée, permettant des allers-retours entre le terrain et les lames minces.

L'exemple d'un sauvetage : les terres noires du Collège de France (Paris, dir. : L. Guyard)

Les « terres noires » sont des formations sombres et massives, intercalées entre des dépôts urbains antiques et médiévaux. Elle ont été fréquemment observées dans le nord de la France et de l'Europe, pour les périodes succédant généralement à l'Antiquité (Haut Moyen Age), où elles ont été interprétées comme des jardins, des phases de pratiques agricoles, des couches d'abandon ou des stratigraphies remaniées.

Au Collège de France, la présence de tels dépôts (datés des VIe-IXe s. ap. J.-C.) a d'abord conduit les archéologues à émettre l'hypothèse de jardins ou de mise en culture. Pour explorer ces propositions et mieux comprendre la nature de ces formations, une étude micromorphologique a été engagée, simultanément à l'opération de terrain. L'objectif d'une démarche intégrée, micromorphologique et archéologique, était double : elle visait d'abord à faciliter la fouille et le traitement de ces dépôts, puis à comprendre leur mode de mise en place.

Ces couches, d'apparence massive en coupe, se sont révélées, au décapage, constituées d'unités aux limites diffuses, marquées par de fines nappes sableuses discontinues. Des prélèvements en colonne continue ont été réalisés au cours de la fouille et dans plusieurs coupes.

L'étude en lames minces a montré que les terres noires résultaient d'une succession de petits apports à forte composante d'origine anthropique, simultanément repris par l'activité biologique (Fig. 8 et 9). Les nappes sableuses constituent les limites de ces unités et sont les témoins d'anciennes surfaces. Les unités se distinguent par des variations dans le degré d'évolution pédologique, ainsi que par les proportions relatives de constituants anthropiques grossiers (Fig. 10). Elles comportent d'abondants restes végétaux très finement fragmentés (taille inférieure à 10 micromètres), le plus souvent carbonisés, à l'origine de leur couleur sombre. Leur fragmentation est la conséquence des bioturbations*. L'ensemble de ces dépôts résulte des mêmes processus de formation, avec cependant des variations fines, non perceptibles sur le terrain.

Ainsi, les terres noires sont constituées de petits horizons de surface ou proches de la surface, dans lesquels le type de traits d'origine biologique témoigne d'un couvert végétal bas. Le spectre de constituants anthropiques indique qu'il s'agit d'aires de rejet très proches de l'habitat. Les hypothèses d'abandon complet, de mise en culture ou de stratigraphies originales entièrement remaniées par l'activité biologique ont pu être écartées. Par conséquent, ces résultats montrent que, dans cette zone, l'habitat urbain a persisté au Haut Moyen Age, mais que le mode d'occupation, et en particulier la gestion des déchets, s'est profondément transformé.

L'exemple d'une fouille programmée : le site de Lattes (Hérault, responsables : M. Py, D. Garcia, D. Lebeaupin, R. Buxo)

Dans l'organisation urbaine protohistorique du site de Lattes, la place 123 occupe une situation particulière. Elle est localisée près du rempart et à proximité d'une porte de la ville. Les premières interventions archéologiques ont porté sur une partie de cet espace, révélant ainsi des dépôts constitués d'une succession de couches gris clair à gris, décimétriques, avec parfois des lentilles plus sombres, et de couches plus foncées, centimétriques (Fig. 11). Cet espace a été archéologiquement interprété comme une aire extérieure, où les sédiments se sont accumulés de manière rythmique. Ainsi, les couches claires pourraient correspondre à des remblais, et les unités foncées à des couches d'occupation.

Dans un premier temps, et en relation avec l'étude micromorphologique de l'organisation urbaine entreprise sur le site, une évaluation a été réalisée dans l'une des couches sombres et organiques. En lame mince, celle-ci présente de nombreux fragments de coprolithes* d'herbivores et des traces de piétinement animal, qui témoignent d'un épisode de parcage (Fig. 12). Les coprolithes, aux caractères de terrain diffus, sont les seuls

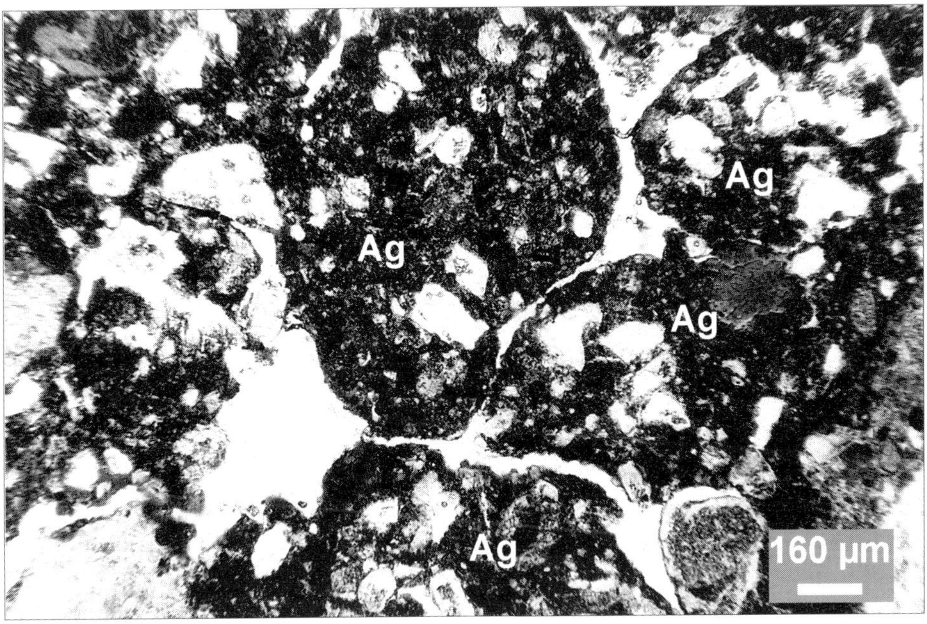

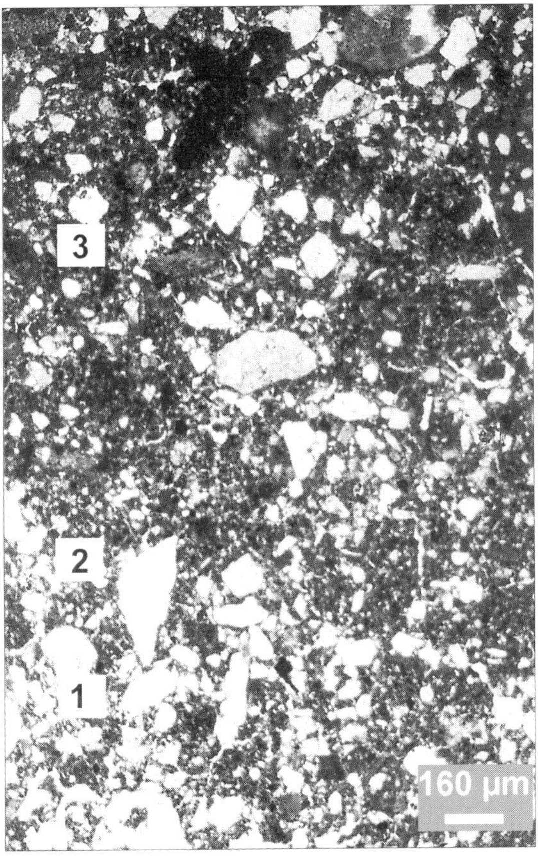

Fig. 9 (ci-dessus)
(Boulevard Saint-Michel, lame 12) - Terres noires, horizon de surface ou proche de la surface, plage remaniée par des vers de terre de type lombrics. Il s'agit d'un entassement d'agrégats coalescents, plus gros et arrondis, où les constituants sont finement fragmentés et mélangés.

Fig. 10 (ci-contre)
(Collège de France, lame 13) - Terres noires, horizons de surface ou proches de la surface. La microstructure massive des unités résulte de l'effondrement des structures biologiques illustrées en figures 8 et 9. A la base, une unité massive et sableuse (1), dont la limite supérieure est marquée par un lit de sables (2) ; l'unité supérieure (3) est plus limoneuse.

Fig. 11 (Lattes, place 123) - Stratigraphie de la zone 123, alternances de lits brun noir, pulvérulents et organiques, (marqués par la flèche) et de couches limoneuses claires.

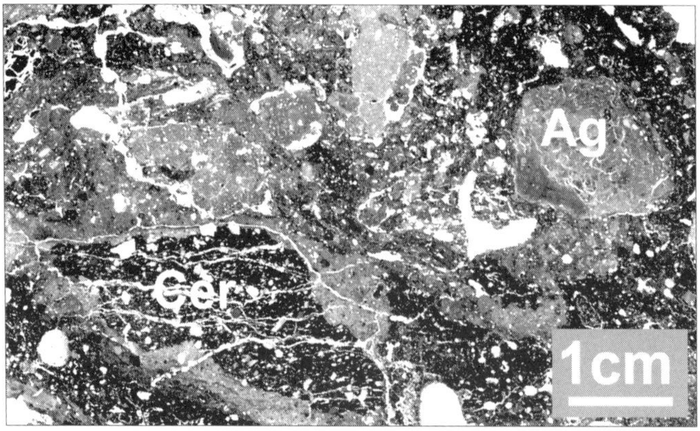

Fig. 12 (Lattes, lame 32) - Couche noire de la Fig. 11, faciès lié au fonctionnement, parcage en extérieur. En lame mince, la couche contient essentiellement des produits de combustion, lités par endroit à la base, sous la céramique (Cer) ; la partie supérieure est constituée de cendres d'herbacées, de charbons, de coprolithes de vache ou cheval, et de gros agrégats hétérogènes (Ag) mélangés par le piétinement, dans une ambiance humide. La fissuration résulte de l'humidité au moment de la formation du dépôt et de la dessiccation lors de la combustion.

témoins de cette activité dans la ville. A la suite de ces premiers résultats, un échantillonnage systématique en colonne stratigraphique a été réalisé. L'analyse des lames montre que la plupart des couches claires correspondent à une accumulation progressive avec de nombreux épisodes de piétinement; les unités foncées sont des surfaces d'activité (Fig. 13). Elles contiennent toutes d'abondantes phytolithes (Fig. 14), qui traduisent des apports végétaux conséquents.

Dans la plupart des unités, seules quelques variations stratigraphiques latérales et verticales sont exprimées par la surabondance d'un type de constituant (os de poisson ou cendres, par exemple). Plus largement, le spectre de constituants anthropiques évoque des activités multiples, qui se déplacent continuellement. Quelques unités présentent les traces d'une activité dominante, le parcage, qui avait été identifié lors de l'évaluation. Parallèlement à l'avancée de l'analyse et afin d'appréhender la distribution spatiale des activités et son évolution, la fouille de la place a été étendue. Dans le cadre de cette étude effectuée en plusieurs phases, les caractères morphologiques des coprolithes d'herbivores ont été précisés en lame mince, facilitant ainsi leur reconnaissance dès le terrain. En revanche, l'identification des phytholites demande l'intervention d'un botaniste, afin de préciser la nature des végétaux apportés et le régime alimentaire des animaux (voir chapitre de J.E. Brochier dans le volume de la collection « Botanique »). Ce cas illustre le rôle de l'analyse micromorphologique dans la perception d'une accumulation finement rythmée par le piétinement.

Comme dans l'exemple de Lattes, les études intégrées sont réalisées pour les questions qui ont trait plus largement au mode d'occupation des sites. La première phase de l'étude est destinée à caractériser le système pédosédimentaire dans lequel s'inscrit le site et à évaluer le degré de préservation de l'enregistrement sédimentaire des activités anthropiques. Les résultats obtenus permettent d'expliciter les caractères de terrain, d'aider à la discrimination des unités stratigraphiques, ou de proposer des éléments d'interprétation au cours de la fouille. Parallèlement, l'avancée des travaux de terrain permet au micromorphologue d'affiner graduellement son échantillonnage et ses critères de sélection, tout en tenant compte des résultats de l'étude archéologique. Cette procédure, idéale, est couramment utilisée sur des opérations programmées ou préventives de longue durée. Elle autorise la sélection de caractères discrets repérés en lame mince et utilisables sur le terrain, et ainsi d'améliorer la lecture et l'interprétation de la stratigraphie.

Conclusion

Diverses recherches sont actuellement développées à l'échelle du site. Elles mettent l'accent sur une exploitation archéologique des données micromorphologiques. Ces travaux portent sur les modes et les rythmes d'occupation, dans les habitats de plein air ou en grotte. Il s'agit de la restitution de l'enregistrement sédimentaire des activités humaines et des marqueurs d'ambiances climatiques contemporaines des occupations. Ils s'inscrivent dans les programmes développés par différentes équipes, conduisant ainsi à l'élaboration d'une démarche intégrée des disciplines micromorphologique et archéologique pour la compréhension de l'histoire des sites, selon diverses thématiques telles que la partition de l'espace chez les chasseurs-cueilleurs paléolithiques, la néolithisation, ou l'évolution du tissu urbain.

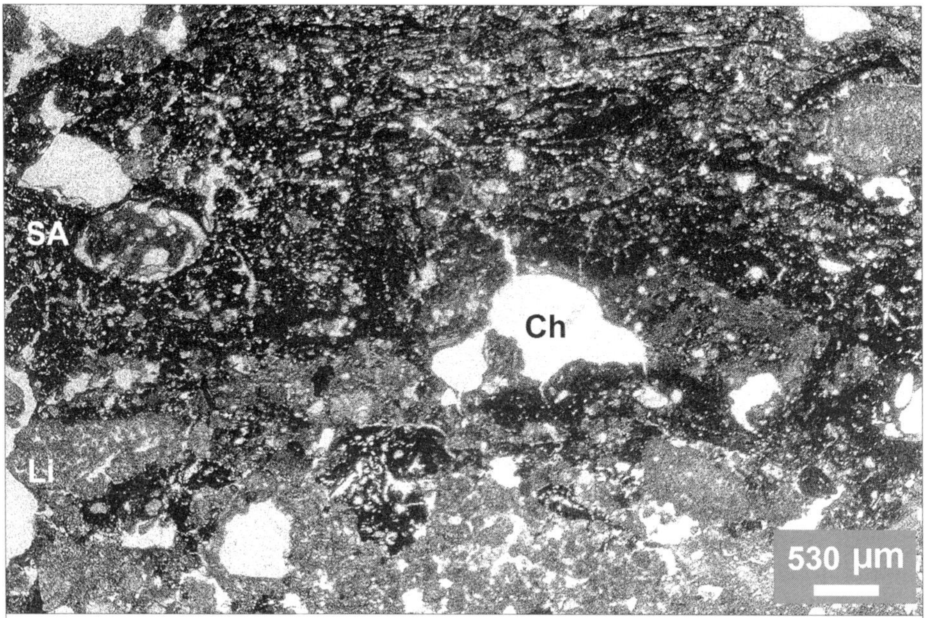

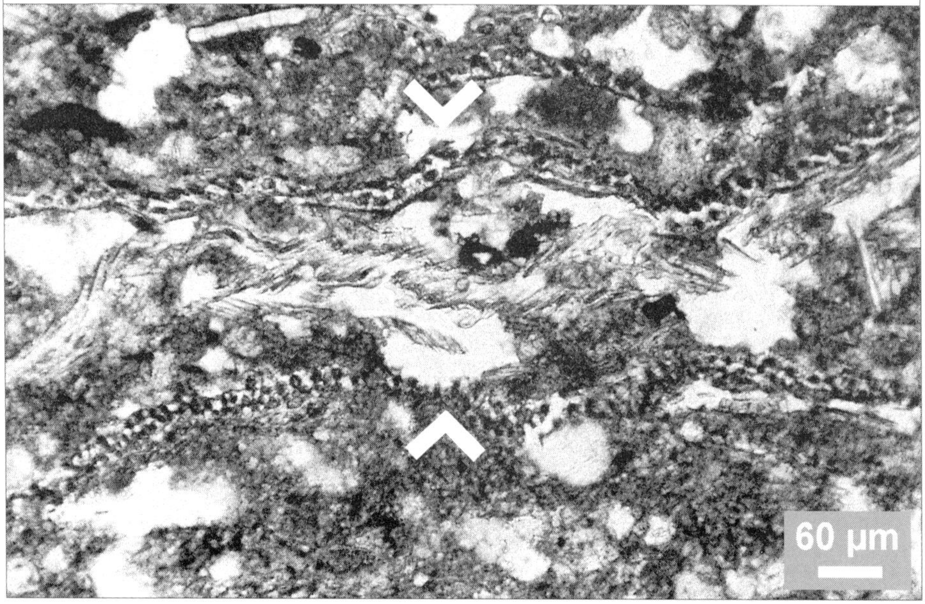

Fig. 13 (en haut) (Lattes, place 123, lame 75) - Faciès lié au fonctionnement, surface d'activité en espace extérieur. Cette couche noire est constituée d'une accumulation de résidus végétaux brunifiés (SA) sur une couche limoneuse constituée par accumulation progressive (Li). L'abondance des chenaux (Ch) et l'humidité de l'unité témoignent du fait qu'elle s'est formée en extérieur.

Fig. 14 (en bas) (Lattes, place 123, lame 75) - Faciès lié au fonctionnement, lentille de phytolithes dans une unité formée par accumulation progressive (couche claire) et piétinement en extérieur ; les activités pratiquées dans cet espace sont diversifiées latéralement et verticalement ; cependant, elles sont toutes fortement productrices de matière organique.

Chaque site constitue un milieu spécifique et unique, tant par le mode d'occupation que par le système pédosédimentaire auquel il appartient. La connaissance des systèmes conditionne la rapidité et l'efficacité des interventions du spécialiste. Elle lui permet de déterminer la nature microlocale, locale ou régionale des phénomènes naturels, ainsi que la variabilité liée à l'occupation humaine. Sur le terrain, l'empirisme guide la perception et l'interprétation stratigraphique. L'archéologue utilise les nuances qu'il observe pour classifier les unités et proposer des interprétations fines, en terme de comportement humain. Dans la démarche intégrée, le spécialiste peut relayer la perception de l'archéologue en décodant les caractères de terrain spécifiques du milieu, et fonder l'étude stratigraphique archéologique pour chaque site. Cette approche implique, pour le spécialiste, de faire la navette entre les lames et le terrain. Le cadre stratigraphique ainsi élaboré représente des espaces-temps plus fins, à l'échelle humaine, permettant aussi bien de restituer les événements anthropiques que d'affiner la connaissance des mécanismes sédimentaires et pédologiques de courte durée.

Ainsi, ces dernières années, la participation des micromorphologues aux opérations de fouilles préventives a permis d'élargir le champ d'application de cette discipline grâce à la diversité des terrains et des modes d'intervention, du point de vue tant méthodologique que thématique. Mais elle a surtout souligné l'intérêt d'une collaboration étroite entre archéologues et micromorphologues, au cours des différentes étapes des recherches de terrain, du diagnostic à la fouille, ouvrant ainsi sur une définition plus fine du cadre spatio-temporel des occupations humaines, préhistoriques et historiques, et sur l'enrichissement du discours historique.

Pour en savoir plus

BULLOCK P., FEDOROFF N., JONGERIUS A., STOOPS G., TURSINA T., BABEL U., *Handbook for soil thin section*, Waine Research Publications, Wolverhampton, 1985, 152 p.

CAMMAS C., Approche micromorphologique de la stratigraphie urbaine à Lattes : premiers résultats, *Exploration de la ville portuaire de Lattes ; les îlots 2, 4-sud, 5, 7-est, 7-ouest, 8, 9 et 16 du quartier de Saint-Sauveur*, Lattara 7, Lattes, A.R.A.L.O., 1994, p. 181-202.

CAMMAS C., WATTEZ J., COURTY M.-A., L'enregistrement sédimentaire des modes d'occupation de l'espace, *in* : *Paleoecology, Micromorphology of deposits of anthropogenic origin*, XIII International Congress of Prehistoric and Proto-historic Sciences, L. Castelleti et M. Cremaschi (eds.), Forli, A.B.A.C.O., 1996, vol. 3, p. 81-86.

COURTY M.-A., FEDOROFF N., GUILLORÉ P., Observations microscopiques, 1. micromorphologie des sédiments archéologiques, *Géologie de la Préhistoire*, J.-C. Miskovski (ed.), Géopré, Paris, 1987, p. 439-477.

COURTY M.-A., GOLDBERG P., MACPHAIL R.-I., *Soils and micromorphology in archaeology*, Cambridge Manual in Archaeology, Cambridge University Press, Cambridge, 1989, 344 p.

GÉ T., COURTY M.-A., MATTHEWS W., WATTEZ J., Sedimentary Formation Processes of Occupation Surfaces, *Formation Processes in Archaeological Context*, Monographs in World Archaeology, 17, P. Goldberg, T. Nash et M. D. Petraglia (eds.), 1993, p. 149-164.

WATTEZ J. ET STORDEUR D., Modes d'occupation de l'espace à Qdeir 1, PPNB Final, désert syrien, *in* : *The Neolithic in the Near East and Europe*, XIII International Congress of Prehistoric and Proto-historic Sciences, L. Castelleti et M. Cremaschi (eds.), Forli, A.B.A.C.O., 1996, vol. 9, p. 89-83.

GLOSSAIRE

A.F.E.S. : Association Française pour l'Etude du Sol.

A.I.S.S. : Association Internationale de la Science du Sol.

B.R.G.M. : Bureau de Recherches Géologiques et Minières.

C.N.R.S. : Centre National de la Recherche Scientifique.

C.P.C.S. : Commission de Pédologie et de Cartographie des Sols (auteur collectif de la classification des sols, 1967).

E.N.S.A. : Ecole Nationale des Sciences Agronomiques.

F.A.O. : Food and Agriculture Organization of United Nations.

I.N.A. : Institut National Agronomique.

I.N.R.A. : Institut National de la Recherche Agronomique.

I.S.R.I.C. : International Soil Reference and Information Centre.

I.S.S.S. : International Soil Science Society.

U.N.E.S.C.O. : United Nations Educational, Scientific and Cultural Organization.

Agrégats : assemblage cohérent et défini de particules du sol, unité fondamentale d'organisation en micromorphologie, unité d'organisation en pédologie.

Agrosystème : *écosystème* de type particulier, finalisé, organisé par la société humaine pour atteindre des objectifs qui lui sont propres (production agricole). L'agrosystème n'est pas seulement une structure ou un système de production, c'est aussi un milieu de vie, un environnement, toujours dynamique mais aussi largement hérité des sociétés rurales antérieures.

Allogénique : se dit d'un processus qui conduit à une accumulation par des apports minéraux ou organiques d'origine externe.

Alluvions : sédiments des cours d'eau, à granulométrie liée au débit (n. m. alluvionnement, v. alluvionner, adj. alluvial, e, aux, adj. alluvionnaire, contenu dans les alluvions, adj. alluvionné, e, recouvert par les alluvions).

Altération : modifications physico-chimiques des minéraux et des roches par les agents atmosphériques (principalement l'eau), en surface ou au bas d'un profil pédologique. En latin, *alter* signifie autre.

Ambiances environnementales : terme qui recouvre ici le degré d'humidité, la chaleur ou le froid inhérents au milieu.

Analyses du sol : analyses effectuées afin d'évaluer les propriétés physiques, chimiques et biologiques d'une couche archéologique ou d'un sol pédologique.

Anastomose : style fluvial caractérisé par des chenaux multiples et sinueux. Ils sont stables, profonds et enserrent des îles couvertes de végétation, ce qui permet de les distinguer des chenaux en tresses.

Anhydre : sec, sans eau.

Anisotropie : qualité d'un milieu dont les propriétés varient suivant la direction selon laquelle on les évalue.

Argile : en science du sol, ce mot a deux significations différentes. 1. Une signification **minéralogique;** l'argile est un minéral siliceux, aussi appelée *phyllosilicate*, un silicate dont la taille des minéraux est toujours fine (< 5 microns), la plupart du temps très fine (< 2 microns). Les principaux minéraux argileux, essentiels en science du sol, sont la *chlorite*, l'*illite*, la *kaolinite* et les *smectites* comme la *montmorillonite*. 2. Une signification **granulométrique;** l'argile désigne une taille de particule inférieure à 2 microns, qui n'est pas forcément composée de minéral argileux mais qui peut être du quartz, des micas, etc. Une formation géologique argileuse est une **roche** très fine (souvent appelée argile), qui n'est pas constituée que de minéraux argileux, mais qui contient d'autres minéraux fins (oxydes métalliques, micas, quartz...). **Argile de décalcification** : provenant de la dissolution des calcaires.
Artefact : en archéologie, objet manufacturé.
Assemblage : volume pédologique que l'on décrit, sur le terrain et sous le microscope, en terme de types de constituants, d'agrégats, de vides, de concentrations, de couleurs, de caractères biologiques. On décrit ces *organisations élémentaires* et les *relations* qui existent entre elles.
Atlantique : période de l'Holocène définie par les palynologues, caractérisée par un climat plus chaud et plus humide que l'actuel (entre 8 000 et 4 500 BP environ).
Atmosphère : enveloppe gazeuse de la planète Terre qui touche le sol. Sa composition en volume est de 78% d'Azote, de 21% d'Oxygène, l'1% restant correspondant à l'Hydrogène, aux Gaz Rares, au gaz carbonique et à quelques autres molécules gazeuses et aérosols. L'eau y est également présente en quantité très variable, sous la forme des hydrométéores (nuages, pluie, neige, glace).
Autogénique : se dit d'un processus qui conduit à un exhaussement sur place par de la matière organique.
Automorphe : s'applique à un minéral se présentant sous la forme d'un cristal parfait, ou au moins, limité par des faces cristallines planes.
Banc de convexité : accumulation alluviale formée par les crues dans la partie convexe d'un méandre.
Bande active : espace remanié par les chenaux d'un cours d'eau en tresses.
Bassin versant : espace d'alimentation du réseau hydrographique.
Bio-rhexistasie : théorie explicative, due à H. Erhart en 1955, de certains processus sédimentaires, reposant sur les phénomènes de formation des sols (pédogénèse) et de leur destruction, en relation avec les variations du couvert végétal des continents. On distingue des périodes de **biostasie**, pendant lesquelles la stabilité permet le développement du couvert végétal et la pédogénèse, et des périodes de **rhexistasie**, après destruction du couvert végétal protecteur, pendant lesquelles l'érosion s'attaque aux sols et aux roches.
Biosphère : ensemble des organismes vivants qui se développent sur la planète Terre (végétaux et animaux).
Bioturbation : mouvements de matières dans l'épaisseur des horizons des sols, ainsi que dans les sédiments non pédogénétisés, provoqués par les déplacements des organismes vivants (terriers et galeries de la faune fouisseuse, pistes de reptation...) et le système racinaire.
Bioturbations : ensemble de perturbations (galerie, déplacement et mélange des sédiments...) résultant de l'activité des organismes vivants (plantes et animaux).
Biréfringence : propriété des cristaux dont l'indice de réfraction varie suivant la direction.
Bolling : courte période du Tardiglaciaire (considérée comme un interstade), caractérisée par un réchauffement du climat (entre 13 000 et 12 000 BP environ).
Boréal : période de l'Holocène définie par les palynologues, caractérisée par un climat encore rigoureux (entre 9 000 et 8 000 BP).
Bryozoaires : groupe zoologique comprenant des organismes coloniaux des mers chaudes que l'on trouve du Cambrien à l'actuel.
Cassitérite : oxyde d'étain.
Cation : ion ou élément chimique ayant une charge électrique positive par défaut d'un ou plusieurs électrons (les cations Na, K, Mg, Ca, Mn, Fe, Al, Si... – Sodium, Potassium, Magnésium, Calcium, Manganèse, Fer, Aluminium, Silicium – sont les principaux cations engagés dans la chimie des sols).

Charge grossière : sédiments de gros calibre transportés par traction sur le fond des cours d'eau (galets, graviers, sables parfois).
Charophytes : végétaux intermédiaires entre les algues et les mousses vivant dans les eaux douces ou saumâtres.
Chenal fluvial : enveloppe de l'écoulement, formée du lit et des berges jusqu'au niveau de débordement des eaux dans la plaine alluviale.
Chernozem (ou *Tchernoziom*) : mot russe qui signifie terre noire. Sol très fertile des régions continentales, où l'horizon A organique est très développé, jusqu'à 1m d'épaisseur.
Chlorite : phyllosilicate alumineux, hydraté et ferromagnésien. Les chlorites font également partie du groupe des micas, de couleur verte.
Colluvial : se dit d'un dépôt de bas de pente non mis en place par un écoulement concentré. Il est lié à des processus naturels, souvent aggravés par l'érosion anthropique.
Colluvions : dépôts de bas de pente, relativement fins, mais qui peuvent contenir des cailloux, et dont les éléments ont subi un faible transport à l'air libre (n. m. colluvionnement, adj. colluvial, e, aux, adj. colluvionné, recouvert par des colluvions).
Combe : mot d'origine gauloise (*cumba* « vallée »), désignant une dépression, une vallée profonde, un ravin qui entaillent les couches géologiques plissées. En Languedoc, les combes sont aussi appelées *vallat*, lorsqu'elles sont de petite taille.
Compétence : capacité de transport d'un cours d'eau.
Continuum fluvial : transformation progressive des caractères d'un cours d'eau de l'amont vers l'aval.
Coprolithes : excréments fossiles.
Cristallisation : formation des cristaux.
Croûte terrestre : c'est la plus externe des enveloppes solides du globe terrestre, qu'elle soit continentale ou océanique. Seule la première, continentale, intéresse la science du sol. Elle est plus épaisse que l'autre, océanique, (30 à 60 km) et majoritairement constituée par des roches métamorphiques (schistes, gneiss, quartzites, marbres) et magmatiques (de type plutonique, comme le granite, volcanique comme le basalte), mais aussi par des roches sédimentaires (calcaires, marnes, sables, argiles).
Cryoclastie : action du gel sur une roche (fragmentation…).
Cryoturbation : mouvements de matières dans l'épaisseur des sols, provoqués par les gels et dégels successifs sous les climats froids, périglaciaires. Ces mouvements sont responsables de figures remarquables, comme les cellules de cryoturbation dans les horizons des sols et les sédiments meubles de la surface du globe terrestre. Les polygones photographiés au cours de survols aériens de certaines régions de France, comme la vallée du Rhône et les plateaux de Costière au sud de Nîmes (Gard) par exemple, sont le résultat de la cryoturbation.
Défluviation : changement de tracé de grande ampleur d'un cours d'eau; une coupure de méandre n'est pas une défluviation.
Dégradation spécifique : érosion moyenne de la surface terrestre, exprimée en tonnes par kilomètre carré et par an.
Dendrites : cristallisations asciculaires.
Déprise humaine : réduction d'intensité de l'occupation humaine pouvant aller jusqu'à l'abandon d'un territoire.
Déstockage sédimentaire : réduction du volume de sédiments stockés temporairement dans une vallée alluviale. L'érosion du cours d'eau l'emporte sur les apports.
Diachronique : qui concerne un évènement dans la durée, sur une période comprise entre deux dates connues.
Diaclase : fracture sans déplacement, fréquente dans les roches, notamment sédimentaires.
Diagenèse : ensemble des processus qui affectent un dépôt sédimentaire et le transforme progressivement en roche sédimentaire solide.
Diagénétique : relatif à la diagenèse.
Diffractogrammes : graphique de diffraction.
Dinokystes : squelette siliceux de végétaux unicellulaires marins, planctonique.
Dissolution : décomposition d'un minéral par la séparation des éléments chimiques constituants, sous l'effet de l'eau.

Dryas récent : dernier stade du Tardiglaciaire caractérisé par un refroidissement marqué et une relative sécheresse.
Ecosystème : entité ou unité naturelle de l'espace géographique, qui inclut les parties vivantes pour produire un système stable dans lequel les échanges entre les deux parties s'inscrivent dans des cheminements circulaires, selon E. P. Odum (1958).
Episode hydrologique : séquence de quelques jours caractérisée par de hautes ou de basses eaux.
Erosion : ensemble des processus qui, à la surface du globe ou à faible profondeur, enlèvent tout ou partie des matériaux existants (sol, voire roche), modifiant ainsi le relief. On parle d'érosion éolienne, fluviatile, marine, glaciaire, chimique, selon le phénomène dominant.
Etiage : basses eaux d'un cours d'eau, l'été dans les régimes hydrologiques océaniques et méditerranéens.
Faille : fracture au travers des roches, avec des déplacements qui les décalent verticalement, horizontalement ou obliquement.
Fissile : s'applique aux roches qui se fendent facilement en feuillets minces.
Foraminifères : protozoaires surtout marins du groupe des Rhizopodes.
Force tractrice : contrainte appliquée sur le fond d'un cours d'eau par une masse d'eau. Dépendant notamment de la pente du chenal et de la hauteur d'eau, la force tractrice augmente avec la hauteur de la crue.
Fugacité : activité chimique d'un gaz.
Géofaciès : unité géographique constitutive d'un paysage, à moyenne ou grande échelle, qui permet de saisir la structure et l'organisation du milieu physique, ainsi que ses relations fonctionnelles avec les autres échelles spatiales (ex. : lit d'une rivière, fond de vallon, versant, plateau). Voir : *taxochorologie.*
Géoponiques : ensemble de textes relatifs à l'agriculture, hérités d'une tradition littéraire remontant à l'Antiquité. Le plus ancien manuscrit connu, que l'on peut rattacher à cette tradition géoponicienne, est celui des *Géôrgika*, écrit par Bolos Democritos, à Mendès en Egypte, au IIe siècle avant notre ère. Le deuxième ouvrage intitulé les *Geoponika* est celui de Cassianus Bassus qui vivait en Bythinie au VIe siècle de l'ère chrétienne. Les *Géoponiques* du Xe siècle, rédigées sous le règne de l'Empereur byzantin Constantin VII Porphyrogénète, sont une compilation du texte de Cassianus Bassus effectuée par un auteur anonyme.
Géosystème : unité géographique constitutive d'un paysage, à petite ou moyenne échelle, qui permet de saisir la structure et l'organisation du milieu physique, ainsi que ses relations fonctionnelles avec les autres échelles spatiales (ex. : bassin-versant, talweg). Voir : *taxochorologie.*
Géotope : unité géographique constitutive d'un paysage, à grande échelle, qui permet de saisir la structure et l'organisation du milieu physique, ainsi que ses relations fonctionnelles avec les autres échelles spatiales (ex. : ravine, cône d'épandage, plage d'érosion). Voir : *taxochorologie.*
Gîtologie : étude des gîtes métallifères.
Gley : mot russe. Horizon d'un sol résultant d'un excès d'eau presque permanente. Il est caractérisé par une couleur grise, verte ou bleue, due à la présence de fer sous sa forme réduite.
Granulométrie : mesure de la dimension des particules minérales du sol après traitement des sédiments.
Granulométrie : mesure de la dimension des particules sédimentaires.
Habitus : forme prise par une substance, un objet, un corps.
Hétérométrique : se dit d'un sédiment meuble contenant des particules de tailles variées.
Holocène : subdivision chronologique. La partie supérieure de l'Ere Quaternaire, comprise entre 10 000 avant notre ère et l'actuel.
Horizon : les horizons résultent de la subdivision d'une couverture pédologique en volumes considérés comme homogène, en fonction des paramètres retenus. Ils sont obligatoirement perceptibles à l'œil nu sur le terrain. Ils se décrivent en terme d'un ou plusieurs types d'*assemblage* et de leurs *relations.*
Humus : Dans un sol, matière organique essentiellement formée de débris végétaux plus ou moins transformés.
Hydratation : transformation chimique de certains ions, minéraux et roches par fixation de molécules d'eau.
Hydrogramme : graphique représentant l'évolution des débits sur une période donnée.

Hydrolyse : processus correspondant à l'attaque chimique des minéraux et de la matière organique par l'eau, ce qui entraîne une destruction partielle ou totale, une dissolution des composants chimiques et leur entraînement par l'eau.
Hydromorphie : c'est un processus secondaire de la pédogenèse, qui peut se surimposer à n'importe quelle morphologie pédologique existante. Il est dû à un excès d'eau qui peut être permanent (formation d'un gley*) ou temporaire (formation d'un pseudogley).
Hydrosphère : ensemble des eaux superficielles de la Terre.
Hydrosystème fluvial : système composé du bassin versant, qui fournit les flux d'eau et de matière, et des chenaux qui les véhiculent. Leur forme et leur écologie sont adaptées à la nature et à la variation des flux.
Illite : *phyllosilicate* alumineux de potassium, hydraté, proche des micas, et qui est la plus commune des argiles.
Kaolinite : *phyllosilicate* alumineux, hydraté, fréquent dans les roches sédimentaires argileuses résiduelles ou détritiques, provenant de l'*altération* de roches acides, riches en feldspaths (ex. : granite) et très courant dans les régions tropicales à forte pluviosité.
Lit majeur : partie de la plaine alluviale inondée par les crues débordantes.
Lit mineur : chenal du cours d'eau qui contient les eaux basses et moyennes.
Lithique : rocheux, qui contient des fragments de roche.
Lithologie : étude des caractères des roches et des conditions de leur formation.
Lithosphère : couche épaisse de 70 km (sous les océans) à 150 km (pour les continents). Elle comprend la croûte terrestre et la partie supérieure du manteau.
Lixiviation : entraînement des éléments chimiques et des particules solides par un fluide, le plus commun étant l'eau.
Loess : dépôt d'origine éolienne formé de limons et remontant à une période froide.
Longueur d'onde : distance entre deux sommets de courbure dans la morphologie à méandres.
Macles : association de cristaux de même nature selon des lois géométriques précises, liées aux éléments de symétrie du système cristallin.
Matière organique particulaire : il s'agit, par exemple, de feuilles; s'oppose à la matière organique dissoute dans l'eau.
Méandres : sinuosités répétées d'un cours d'eau à lit unique, étroit et profond.
Mécanismes élémentaires : termes utilisés en géoarchéologie par l'école anglo-saxonne; l'action des phénomènes naturels (pluie, vent, par exemple) et les activités humaines, à impact sédimentaire, peuvent se décomposer, quelle que soit l'échelle d'étude, en mécanismes sédimentaires élémentaires ; ceux-ci sont au nombre de quatre : l'accumulation, la perte, la redistribution et la transformation.
Mégaforme : en milieu alluvial, se dit d'une forme construite par la charge de fond d'un cours d'eau, de dimension hectométrique ou kilométrique.
Métallographique : qui se rapporte à l'étude des métaux.
Métamorphisme : transformation d'une roche à l'état solide du fait d'une élévation de température et/ou de pression avec cristallisation de nouveaux minéraux et acquisition de texture et structure particulières.
Métasomatisme : métamorphisme qui s'accompagne d'une modification de la composition chimique globale des roches originelles.
Météorique : qualifie les phénomènes qui se produisent dans l'atmosphère.
Micrite : boue de calcite en cristaux de quelques microns.
Microstructure : arrangement, taille et forme des constituants solides et des vides dans le sol; ces caractères, observables en lame mince, sont contrôlés par les processus anthropiques et naturels.
Microstructure agrégée : entassement plus ou moins dense d'agrégats séparés par des vides.
Microstructure massive : les sédiments ne sont pas divisés en agrégats, ils constituent une masse continue pour l'ensemble de l'unité ; quelques vides isolés peuvent être présents à l'intérieur de celle-ci.
Minéralogie : science des matériaux.
Mollisol : partie supérieure du pergélisol, qui dégèle à la belle saison.
Montmorillonite : *phyllosilicate* alumineux, hydraté, contenant des *cations* variés (Na, Al, Fe, Mg…), la plus commune des *smectites*.

Morphodynamique : qui a trait à la dynamique des formes du relief (ici fluviales), sous l'action des eaux.
Morphosédimentaire : qui concerne la morphologie et la nature des sédiments d'un site.
Mouille : partie du lit mineur surcreusée, en général en pied de rive concave.
Mouvements orogéniques : processus conduisant à la formation des reliefs. Orogénèse : n. f. Du grec *oros*, montagne et *gennan*, engendrer.
Multiphasée : qui s'est déroulé en plusieurs phases.
Nappe phréatique : ici, nappe d'eau contenue dans les alluvions du fond de vallée; son niveau fluctue en relation avec la hauteur de l'eau dans le chenal (de manière saisonnière ou en fonction des crues).
Nutrients : eléments fertilisants, d'origine naturelle ou issus d'une pollution.
Organisation élémentaire : volume pédologique qui assemble des constituants. Les agrégats, les vides, les concentrations, les couleurs, les traces d'activité biologique sont les organisations élémentaires du sol.
Oxydation : à l'origine de la chimie, le mot *oxydation* signifiait uniquement fixation d'oxygène sur un corps simple ou composé. Par la suite, il désigne une attaque chimique des ions, minéraux et roches par l'oxygène de l'air.
Paléogéographie : reconstitution du cadre géographique des temps anciens; détermination des conditions de genèse de la roche sédimentaire et reconstitution des paysages qui ont servi de cadre à sa formation à l'aide de l'étude des faciès et microfaciès des roches sédimentaires.
Pédogenèse : genèse d'un sol.
Pédoncule : partie rétrécie d'une convexité de méandre évoluée.
Pergélisol : sol toujours gelé, dans les régions soumises à un climat de type périglaciaire.
Périglaciaire : se dit de processus agissant sous l'action du froid, en marge des zones englacées.
Période de résidence : période pendant laquelle des sédiments déposés par un cours d'eau dans une plaine alluviale sont stockés sans être repris par les eaux. Elle peut être évaluée en faisant le rapport entre le volume de sédiments fins accumulés au fil des épisodes de débordement et le volume annuellement déposé, mais ce n'est qu'une approximation grossière.
Pétrographie : étude de la composition des roches.
pH : abréviation de potentiel d'Hydrogène. Indice exprimant l'activité ou la concentration de l'ion Hydrogène dans une solution à l'aide d'une échelle logarithmique, codée de 1 à 13. Le pH 7 est dit neutre; en dessous de 7, les pH sont dits acides; au-dessus de 7, les pH sont dits alcalins ou basiques.
Phénomènes anthropiques : activités humaines (piétinement, malaxage, rejet...) qui s'expriment par une combinaison de mécanismes élémentaires*.
Phénomènes naturels : pluie, vent... qui s'expriment également par des combinaisons de mécanismes élémentaires*.
Phyllosilicate : *argile minéralogique* constituée de feuillets empilés entre lesquels peuvent se loger des *cations* et des molécules comme celle de l'eau.
Physiographique : relatif au dessin des formes du relief et du réseau hydrographique.
Phytolithes : squelette minéral interne des plantes, constitué de silice amorphe (opale); leur abondance et leur morphologie dépend de la plante et de la partie de la plante.
Pic d'écoulement : pointe de la crue visible sur un hydrogramme*.
Plaine alluviale : plaine adjacente au lit d'un cours d'eau et formée par ses alluvions, par l'effet de la migration latérale (charge de fond), puis par celui des débordements de crue (matières en suspension).
Pléniglaciaire : période de progression maximale des glaces ou de maximum du froid en domaine périglaciaire, lors des périodes de refroidissement climatique du Quaternaire.
Pléochroisme : variation de couleur de certains minéraux dits pléochroïques.
Pluton : massif formé de roches magmatiques plutoniques constituant une grosse masse ovoïde.
Plutonique : qui se rapporte aux plutons et aux roches qui les constituent. Les roches plutoniques se forment par cristallisation lente de roches magmatiques.

Podzol : mot russe qui veut dire « cendreux ». Sol très différencié, caractérisé par une altération biochimique intense sous l'influence d'une matière organique soluble et acide. Les podzols sont des sols des régions tempérées plutôt froides, mais on les rencontre jusqu'aux latitudes de la France. Ils possèdent un horizon E (anciennement A2), lessivé, de couleur blanchâtre à grise comme de la cendre.
Polycyclique : se dit d'un sol qui a subi plusieurs types de pédogénèse. Un sol polycyclique est un sol qui a été élaboré à partir d'un sol plus ancien (paléosol), correspondant à un environnement différent de celui qui est actuellement le sien.
Production primaire : en milieu aquatique, il s'agit de la production de plancton animal ou végétal, favorisée par l'énergie lumineuse et la présence de nutrients*.
Profil : le profil pédologique est la séquence d'informations concernant un *solum*, ordonnée de haut en bas. L'information peut être relative à des caractères visuels (profil structural), ou bien à un des paramètres du sol (profil hydrique, calcaire, granulométrique), ou encore à une approche plus synthétique (profil d'altération, cultural).
Quaternaire : ère Quaternaire. La dernière période de l'histoire du globe terrestre, succédant à l'Ere Tertiaire. On la fait débuter, selon les écoles, vers 4 ou vers 2 millions d'années environ B.P., ce dernier nombre étant le plus retenu. Elle dure jusqu'à l'époque actuelle. On la subdivise en deux parties : le *Pléistocène*, qu'on arrête vers 10 000 avant notre ère, marqué par une succession de glaciations (Günz, Mindel, Riss, Würm) et de stades interglaciaires; l'*Holocène* qui est la partie supérieure du Quaternaire.
Réduction : à l'origine, le mot réduction désigne un enlèvement d'oxygène à un composé oxygéné. Par la suite, il désigne une réaction chimique où un corps gagne un ou plusieurs électrons, ce qui le rend moins électropositif. Exemple : le fer peut se présenter sous deux formes atomiques, une forme oxydée (Fe 3+) et une forme réduite (Fe 2+).
Réfraction : changement de vitesse et généralement de direction d'un rayon vibratoire (ex. lumière).
Ripisylve : forêt alluviale du bord d'un cours d'eau (ou forêt ripariale).
Seuil : haut-fond dans le lit mineur, en général localisé dans un secteur de divergence des flux liquides, entre deux mouilles.
Silex : roche dure, à grains fins (calcédoine et quartz cryptocristallins) sans grains détritiques, jaune clair, brune à noire, à cassure lisse et conchoïdale, à éclats luisants.
Sinuosité : rapport de la longueur du chenal d'un lit à méandres sur la distance à vol d'oiseau.
Smectites : famille de *phyllosilicates* alumineux, hydratés, dont les *cations* interfoliaires sont variables et qui changent de volume selon la teneur en eau (argiles gonflantes).
Sol : les sols – au sens pédologique – sont les couvertures pédologiques des roches, dont ils dérivent par *altération*, mais aussi des formations superficielles (éboulis, *colluvions*, *alluvions*) qui découlent de l'érosion des roches. A leur partie supérieure, ils contiennent des matières organiques (humus) provenant de la décomposition des végétaux. La nature des sols est fonction de celle des roches ou des formations superficielles sur lesquelles ils se sont développés, mais aussi de leur plus ou moins grande ancienneté (et donc évolution) et des climats sous lesquels ils se sont formés.
Solum : le solum est une tranche verticale d'une couverture pédologique, observable dans une fosse ou une tranchée. On y intègre une épaisseur suffisante de la roche sous-jacente pour en permettre la caractérisation. Les dimensions horizontales (largeur et épaisseur) du solum sont décimétriques; sa dimension verticale est fonction de la nature du **sol** (de quelques centimètres à plusieurs mètres).
Structure : en géologie, la structure caractérise la disposition des roches et leur rapport entre elles (structures sédimentaires, structures tectoniques, comme les plis et les failles). En pédologie, la structure décrit l'organisation des horizons du sol en agrégats.
Subatlantique : période de l'Holocène définie par les palynologues, caractérisée par des conditions climatiques proches de l'Actuel, bien que des fluctuations internes notables (par ex., le Petit Age Glaciaire) y aient été repérées (entre 2 800 BP et l'actuel).
Subboréal : période de l'Holocène définie par les palynologues, caractérisée par un certain rafraîchissement et une humidification du climat (vers 4 500-2 800 BP).

Substratum : terme désignant ce sur quoi repose une formation géologique ou pédologique prise comme référence.
Subsurface : à quelques mètres sous la surface du sol.
Système agraire : ensemble organisé, finalisé, de structures et de techniques de production agricole (et d'élevage) et d'échange, se développant dans un espace déterminé de mise en valeur et d'action humaine, en relation avec le milieu physique local et avec l'économie et la société globales.
Système pédologique : volume pédologique dans lequel les *horizons* sont organisés entre eux, verticalement et latéralement, à l'échelle de l'unité de relief.
Tardiglaciaire : période couvrant la fin du Würm (Alpes) -Weichsélien (Europe du Nord) en Europe (entre 15 000 et 10 000 BP).
Taux de fourniture sédimentaire : pourcentage des matériaux qui atteint l'embouchure des fleuves par rapport aux matériaux produits par l'érosion des versants.
Taxinomie : du grec *taxis*, arrangement, et *nomos*, loi. Science de la classification, notamment des êtres vivants ou fossiles, des roches et des sols. Adj. taxinomique (ou taxo-).
Taxochorologie : analyse systémique du milieu naturel proposée par G. Bertrand en 1968, qui consiste dans le découpage du paysage en unités hiérarchisées et emboîtées, correspondant à des niveaux d'organisation spatiale de taille décroissante (zone, domaine, région naturelle, *géosystème*, *géofaciès* et *géotope*).
Tectonique : déformation de la surface du globe par les forces internes.
Terminus ante quem : date la plus proche de l'Actuel que ne peut dépasser un phénomène ou un objet archéologique.
Terminus post quem : date la plus éloignée par rapport à l'Actuel, à laquelle on peut rapporter un phénomène ou un objet.
Texture : en sédimentologie et pédologie, appréciation de la taille des particules d'un volume et de l'arrangement des constituants (texture sableuse, argilo-limoneuse…).
Tourbification : accumulation de tourbe.
Tressé : se dit d'un style fluvial à chenaux multiples enserrant des bancs alluviaux mobiles formés de sable ou de galets.
Tronc subfossile : tronc fossilisé dans les alluvions à l'Holocène; la nappe phréatique a permis une bonne conservation du bois.
Troncature : dans le cas des sols, ablation partielle des horizons supérieurs par un agent de l'érosion (ruissellement, homme…).
Unité microstratigraphique : plus petite unité stratigraphique, d'épaisseur variable, identifiable à l'échelle microscopique; elle résulte d'une combinaison particulière de mécanismes naturels et anthropiques, différente de celle des unités microstratigraphiques adjacentes.
Unités fonctionnelles : unités écologiques de base (un banc, une mouille); elles sont regroupées en *ensembles* (par exemple un chenal).
Weichsélien : nom donné à la dernière période glaciaire en Europe du Nord.
Würm : nom donné à la dernière période glaciaire dans les Alpes.
Xénomorphe : s'applique à un minéral qui, bien que cristallisé, présente une forme quelconque, les faces caractéristiques du minéral n'ayant pu se développer.

ADRESSES UTILES

PETROGRAPHIE, PETROCHIMIE

Les laboratoires

Plusieurs laboratoires français sont très actifs dans le domaine de la pétrogéochimie appliquée à l'archéologie.

Laboratoire de Recherche des Musées de France (LRMF)

6, rue des Pyramides - 75041 PARIS cedex 01
Téléphone :
+01 40 20 56 65
Télécopie :
+01 47 03 32 46
Mail lefevre@culture.fr (contact Sophie Lefèvre, responsable de la communication)

Le Laboratoire de Recherche des Musées de France (LRMF) fondé en 1931 est l'un des plus anciens et importants laboratoires du monde des musées. Il dépend de la Mission Recherche du Ministère de la Culture et de la Direction des Musées de France.

Le laboratoire abrite une soixantaine de personnes aux compétences très variées recrutées parmi les agents de la Direction des Musées de France ou par la Mission Recherche du Ministère de la Culture, le CNRS et le CEA.

Le LRMF a orienté la recherche vers plusieurs études thématiques :
- la caractérisation physico-chimique des matériaux
- la chimie de la matière picturale
- les arts du feu
- le vieillissement des œuvres, leur conservation et restauration

Principales méthodes et techniques mises en œuvre

Méthodes d'examen
- lumière visible : photographie (tout objet) ; microscopie optique (métaux, pierres, céramiques et coupe de peinture) ; macrophotographie
- infrarouge : mise en évidence des repentirs ou dessins sous-jacents
- ultraviolet : détection de restaurations par des phénomènes de fluorescence
- radiographie : étapes de réalisation, modification, restauration, état de conservation de l'objet
- microscopie électronique à balayage (MEB x 300 000) : observation de petits objets non plans

Méthodes d'analyse
- diffraction X : caractérisation de la structure des objets cristallisés (minéraux, corrosion)
- spectrométrie infrarouge : identification des molécules du composé chimique par les bandes d'absorption IR
- détection X couplée au microscope électronique à balayage : analyse élémentaire non destructive de l'échantillon par la détection des rayons X émis en réponse à un bombardement d'électrons

- fluorescence X : analyse quantitative et qualitative élémentaire de l'échantillon par l'étude des rayons X émis en réponse à un bombardement primaire
- AGLAE (Accélérateur Grand Louvre d'Analyse Elémentaire) : caractérisation physico-chimique de la matière et étude de la vie des objets (fabrication, vieillissement naturel, conservation défavorable...). L'ensemble des techniques IBA (Ion Beam Analysis) regroupe :
- PIXE (Particule Induced X-Ray Emission) : émission de rayons X induite par des particules chargées
- PIGME (Particule Induced gamma -Ray Emission) : émission de rayons gamma induite par des particules chargées
- NRA (Nuclear Reaction Analysis) : analyse par réaction nucléaire
- RBS (Rutherford Backscattering Spectroscopy) : spectrométrie par rétrodiffusion Rutherford
- PIXE et PIGME permettent l'analyse d'éléments pour tous les matériaux (objets d'art et d'archéologie)
- NRA et RBS déterminent la répartition des éléments chimiques dans l'épaisseur de l'échantillon, mettent en évidence les altérations de surface

Le laboratoire édite la revue Technè, dont le numéro 2 est consacré aux outils et aux méthodes mis en œuvre au laboratoire.

Laboratoire de Recherche des Monuments Historiques (LRMH)

Adresse : 29 rue de Paris - 77420 CHAMPS-SUR-MARNE (France)
Téléphone : +33 1 60 05 01 45
Télécopie : +33 1 64 68 46 87
Mail : lrmh@culture.fr

L'institution dépend du Service du Ministère de la Culture, Direction du Patrimoine, Sous-direction des monuments historiques.

Le LRMH étudie, entre autre :
- les matériaux constitutifs du patrimoine : pierre, vitrail, métal, peinture, polychromie sur bois et pierre, textile, grottes ornées
- les phénomènes d'altération qui compromettent leur conservation : altérations dues au vieillissement naturel, à l'environnement climatique, à la pollution, aux micro-organismes, et les traitements à appliquer
- les conditions de conservation des monuments et objets traités, ce que l'on appelle la conservation préventive.

Sa mission principale est d'apporter une aide aux maîtres d'œuvre des restaurations (architectes en chef et inspecteurs des monuments historiques, architectes des bâtiments de France, conservateurs des antiquités et objets d'art), aux responsables des monuments et des objets (conservateurs régionaux des monuments historiques), comme aux restaurateurs, afin qu'ils puissent, dans les meilleures conditions :
- établir un bon constat d'état et un diagnostic des altérations observées
- proposer les meilleurs remèdes
- définir les conditions de conservation les plus appropriées, afin de prévenir de futures altérations
- améliorer la connaissance de l'œuvre dans sa composition, ses techniques, son histoire

Techniques mises en œuvre

Pour ses observations et analyses chimiques de matériaux et de produits d'altération, le LRMH dispose de toute une gamme d'équipements scientifiques :
- spectromètre de fluorescence X
- microscope électronique à balayage, associé à une microsonde (MEB-EDS)

- spectromètre infrarouge à transformée de Fourrier (IRTF)
- appareils de mesures physiques : colorimétrie, dynamométrie (fibres textiles), rugosimétrie (pierre)

Laboratoire d'Archéologie des Métaux (LAM)

Adresse :
Avenue du Général de Gaulle
B.P 15 - 54140 JARVILLE
Téléphone : +33 3 83 15 27 70
Télécopie : +33 3 83 55 59 87

L'objectif de cette association de loi 1901 est de faire : 1) une restauration des collections publiques et des objets découverts lors de fouilles archéologiques (objets métalliques) et 2) une étude des techniques de métallurgie ancienne

Principales méthodes et techniques pétrogéochimiques mises en œuvre :
- radiographie
- microscopie appliquée à l'étude métallographique

Le Bureau de Recherches Géologiques et Minières

B.P. 6009
45060 Orléans Cedex
Tel. 02.38.64.30.17
Fax.02.38.64.39.25
http ://www.brgm.fr

Le Bureau de Recherches Géologiques et Minières (EPIC) a à sa disposition un ensemble de moyens d'analyses dans les domaines de la caractérisation des roches et matériaux, des minerais et des eaux. Ces moyens analytiques, les traitements de données qui les suivent et les ressources humaines qui les mettent en oeuvre peuvent être sollicités tant pour la résolution de questions archéologiques ponctuelles que pour le traitement de grandes séries d'échantillons.

Analyses effectuées par le BRGM (liste non exhaustive) et susceptibles d'intéresser la communauté des archéologues, restaurateurs, conservateurs

Analyses type « roche & matériaux »
Analyse générale de roche par fluorescence X
Analyses des terres rares par ICP/MS
Analyses par ICP/MS et ablation laser
Analyse élémentaire par absorption atomique
Analyse des éléments infratraces par ICP/MS
Déterminations diverses : Carbone total, Soufre total, Carbone organique, Carbone minéral, Fer ferreux, Halogènes sur lixiviat (F, Cl, Br, I), Mesure de la perte au feu 1000°C, Mesure de la perte de poids 450°C, Mesure de l'humidité à 105°C, Mesure du pH

Analyses isotopiques
Isotopes stables
Isotopes radiogéniques courtes périodes
Déséquilibres radioactifs U/Th
Isotopes radiogéniques longue période

Préparations minéralogiques et pétrographiques
Lames minces
Lames minces polies

Etudes minéralogiques de lames minces et de sections polies
Etude pétrographique de granulat ou de sable (dossier carrière)
Analyse pétrographique standard d'une lame mince comprenant : analyse qualitative et quantitative lithophase et biophase, nom de la roche, genèse, structure, texture, matrice, ciment, diagenèse
En lumière réfléchie (sections polies [lames minces polies])
Liste paragénétique des phases opaques avec abondance relative
Etude minéralogique complète (minéraux opaques et transparents)
Etude minéralogique avec l'apport de l'analyse à la microsonde électronique et ou MEB

Minéralogie des minéraux en grains Examen de batée - détermination des phases minérales et appréciation semi-quantitative
Etudes de minéraux lourds :
Séparation de phase minérale

Caractérisations texturales des roches
Porosité mercure
Porosité mercure double compression
Perméabilité à l'eau à plusieurs pressions
Diffractométrie de rayons X
Déterminations minéralogiques par diffractogrammes de poudres (roches sédimentaires - associations minérales diverses - minéraux d'altération - phases minérales cristallisées synthétiques)

GEOARCHEOLOGIE ET GEOMORPHOLOGIE

1) Pour obtenir des données sur les sondages géologiques : consulter la banque des données du sous-sol du BRGM (Bureau de la Recherche Géologique et Minière) ; chaque région de programme possède une «banque» accessible au public. La liste peut être obtenue au siège du BRGM, Av. de la Recherche Scientifique, Orléans-La Source.

2) Les départements (ou UFR) de Géographie et de Géologie (ou Sciences de la Terre) des universités françaises possèdent en général les compétences et les moyens techniques nécessaires à l'interprétation des coupes de terrain et à l'analyse des échantillons de sédiments. On se contentera de donner les adresses des laboratoires particulièrement impliqués dans des collaborations avec les archéologues.

Aix : Département de Géographie, Université de Provence, 29 av. Robert Schuman, 13 621 Aix-en-Provence 1.

Angers : Département de Géographie, Université d'Angers, 35 rue de la Barre, 49 000 Angers.

Bordeaux : Institut du Quaternaire, Université de Bordeaux I, 33 405 Talence.

Caen : Centre de Géomorphologie du CNRS, rue des Tilleuls, 14 000 Caen.

Clermont-Ferrand : Département de Géographie, Faculté des Lettres et Sciences humaines, Université Blaise Pascal, Bd Gergovia, 63 000 Clermont-Ferrand.

Dijon : Centre des Sciences de la Terre, 6 bd Gabriel, 21 000 Dijon.

Grenoble : Institut de Géographie Alpine, Université Joseph Fourier, 17 rue Maurice Gignoux, 38 031 Grenoble.

Lille : Laboratoire de Géomorphologie et d'Etude du Quaternaire, Université des Sciences et Techniques de Lille-Flandre-Artois, 59 655 Villeneuve-d'Ascq cedex.

Limoges : Département de Géographie, Université de Limoges, 39E rue Camille-Guérin, 87 036 Limoges cedex.

Lyon : UMR 5600, Laboratoire Rhodanien de Géomorphologie, Université Lyon 2, Bd P. Mendès-France, 69 500 Bron & Département des Sciences de la Terre, Université Claude Bernard, 43 bd du 11 Novembre 1918, 69 622 Villeurbanne.

Nancy : UFR des Sciences Historiques et Géographiques, Université de Nancy 2, BP 3397, 54015 Nancy.

Nantes : Département de Géographie, Faculté des Lettres et Sciences Humaines, chemin de la Censive du Tertre, BP 81 227, 44 312 Nantes cedex 3.

Paris : URA 141 du CNRS, «Laboratoire de Géographie Physique P. Birot», 1, place A. Briand, 92 195 Meudon Principal cedex & Laboratoire de géographie Physique, Université Paris VII, tour 54, 2 place Jussieu, 75 251 Paris 05.

Périgueux : Centre National de Préhistoire, 38 rue du 26e R.I., 24 000 Périgueux.

Tautavel : Musée de la Préhistoire, 16 route de Vingrau, 66 720 Tautavel.

Tours : Laboratoire de Géologie, Faculté des Sciences, Parc Grandmont, 37 200 Tours.

Valbonne : CNRS Sophia-Antipolis, rue Albert Einstein, 06 565 Valbonne cedex.

Valence : Centre de Recherches Archéologiques, Place des Ormeaux, 26 000 Valence.

PEDOLOGIE

Laboratoires de recherche

I.N.A. : Institut National Agronomique, Paris-Grignon, 78850 THIVERVAL-GRIGNON, France.

I.N.R.A. : Institut National de la Recherche Agronomique (Angers, Maine-et-Loire ; Ardon, Loiret ; Bordeaux, Gironde ; Champenoux, Meurthe-et-Moselle ; Colmar, Haut-Rhin ; Dijon, Côte-d'Or ; Laon, Aisne ; Montpellier, Hérault ; Rennes, Ille-et-Vilaine ; Versailles, Yvelines...).

O.R.S.T.O.M. 32, rue Henri Varagnat, 93143 BONDY Cedex.

C.P.B. : Centre de Pédologie Biologique, C.N.R.S., B.P.5, 17, rue N.D. des Pauvres, 54501 VAN-DOEUVRE-LES-NANCY Cedex.

Les Directions Départementales de l'Agriculture (D.D.A.) des divers départements français...
Les Unités de Recherche des Départements des Sciences de la Terre de la plupart des Universités françaises... (notamment Besançon, Dijon, Lyon, Orléans, Paris 6 et 7, Poitiers, Rennes, Strasbourg, Toulon...).

Pour le Sud de la France et le domaine méditerranéen
C.N.A.R.B.R.L. : Compagnie Nationale d'Aménagement de la Région du Bas-Rhône et du Languedoc, Nîmes, Gard. Aujourd'hui appelée B.R.L., 1105, avenue Pierre Mendès-France, B.P. 4001, 30001 NIMES cedex.
Société du Canal de Provence et d'Aménagement de la Région Provence, B.P. 100, 13603 AIX-EN-PROVENCE Cedex 1.
AGROPOLIS : avenue Agropolis, 34394 MONTPELLIER Cedex 05 - AGROPOLIS est un complexe international de recherche et d'enseignement supérieur en agronomie tropicale et méditerranéenne. Il regroupe les six grands organismes de recherche en Science du Sol : l'Ecole Nationale Supérieure Agronomique (Agro Montpellier), le Centre National d'Etudes Agronomiques des Régions Chaudes (CNEARC), le Centre de Coopération Internationale en Recherche Agronomique pour le Développement (CIRAD), l'Institut Français de Recherche Scientifique pour le Développement en Coopération (Laboratoire d'étude du comportement des sols cultivés de l'ORSTOM), le Centre d'Ecologie Fonctionnelle et Evolutive du C.N.R.S., l'Institut National de la Recherche Agronomique (INRA).

Où acquérir les cartes pédologiques : I.N.R.A., Centre de Recherches d'Orléans, ARDON, F-45160 OLIVET.

MICROMORPHOLOGIE

Laboratoires

I.N.A. P.-G. (Institut National Agronomique Paris-Grignon)
BP 1
Laboratoire de Science du Sol et Hydrologie
78850 Thiverval-Grignon - France

I.N.R.A-E.N.S.A. (Institut National de la Recherche Agronomique-Ecole Nationale Supérieure Agronomique)
Unité Sol et Agronomie Rennes-Quimper
65 rue Saint-Brieuc
35042 Rennes CEDEX - France

Institut du Quaternaire
Université de Bordeaux 1
Avenue des Facultés
33405 Talence - France

Earth Science Institute
Soil Science Unit
Université de Gand
Krijgslaan 281-S8
B-9000 Gand - Belgique

Institut de Préhistoire et Géologie du Quaternaire
U.M.R. 5808 du C.N.R.S.
Université de Bordeaux 1
Avenue des Facultés
33405 Talence - France

Illustrations des couvertures

Page 2 de couverture, en haut - Lattes, lame 149. Séquence d'occupation comprenant deux lames minces, la lame 149 est immédiatement au-dessus de la lame 150 (Fig. 3). A la base de la lame 149 l'espace est réaménagé par un remblai de matériaux d'origine alluviale (1). L'occupation de l'espace se traduit ensuite par une alternance de surfaces d'activités piétinées avec des épisodes de tapis végétaux au sol (2, 4, 6, 8, 10 et 12) et de réaménagements de sol (3, 5, 7, 9, 11 et 13). Les matériaux et les modes d'aménagements peuvent varier : l'unité (3) est constituée des mêmes sédiments que le premier remblai, alors que la plupart des autres sols sont construits à partir de matériaux d'origine alluviale, limono-argileux, finement malaxés, avec des ajouts végétaux, puis déposés à l'état humide. Dans les surfaces d'activités seuls de fins rejets sont présents (charbons, os). Leur nature témoigne d'activités domestiques (combustion, préparation de la nourriture), et leur faible abondance indique que l'espace était entretenu. La dernière surface d'activité, un sol sous tapis végétal (12), marque un changement d'utilisation de l'espace. Dans cette partie de la séquence, l'ambiance sèche et l'absence d'activité biologique indiquent que l'espace était en intérieur.

Page 2 de couverture, en bas - Compans, lame 3. Séquence en fond de fosse. A la base de la séquence, le sol naturel (1) constitué d'un horizon enrichi en argiles, c'est dans ce sol que la structure a été creusée. La base de la fosse a été aménagée par un apport de sédiments malaxés (2) ; la première surface d'activité (3) est piétinée dans une ambiance humide à très humide ; la structure est ensuite réaménagée avec un fin lit de matériaux naturels compactés (4), cet aménagement étant surmonté d'une surface d'activité en ambiance très humide ; les constituants anthropiques sont principalement des résidus végétaux non brûlés et des phytolithes ; ensuite, l'action des phénomènes naturels est dominante : la séquence se termine par une succession d'apports par ruissellement et désagrégation (5 et 7), dans lesquels est intercalé un épisode de rejet (6) et de décantation (De). La séquence est déstructurée dans la zone centrale par un chenal racinaire (Ch).

Ci-contre, en haut - Archéologie et pédologie en Mésopotamie : les environs de Chûsh (Suse), dans le Khuzistan iranien, et le site de Tépé Djaffarabad, à quelques kilomètres au nord (photos Pierre Poupet (CNRS) 1974).
a : le paysage de la plaine du cours d'eau nommé le Chaour, au Nord de Suse ; au fond, à droite, le Tépé Djaffarabad.
b : précipitation des carbonates et des sulfates de calcium à la surface des sols isohumiques développés sur les limons du Khuzistan.
c : coupe stratigraphique dans le tell de Djaffarabad, montrant les accumulations de matières organiques (en sombre) et les précipitations secondaires de sulfates (en clair) dues aux processus pédologiques qui ont affecté les couches archéologiques de l'habitat.

Ci-contre, en bas - Les différents stades d'évolution des sols (photos P. Poupet (CNRS) 1983-1989).
a : sur les sables éoliens de la dune du Pyla (bassin d'Arcachon, Gironde, France), naissance d'un sol très peu différencié de type A-M.
b : sur les sables du cordon littoral ancien de la baie d'Aigues-Mortes (Gard, France), un sol différencié, lessivé, de type A-E-((BFe)-C-M s'est développé, en relation avec un petit bâtiment et un système de fossés, caractéristiques d'une structure agraire de l'Antiquité fondée vers la fin du IIe siècle de notre ère.
c : le sol très différencié, podzolique, de type A-E-Bh-Bp-C-M-, développé sur les sables et graviers qui forment le sous-sol des Landes de Gascogne (sud-ouest de la France).

Achevé d'imprimer en avril 1999
sur les presses de l'Imprimerie de l'Indépendant - 53200 Château-Gontier

Dépôt légal : 2e trimestre 1999